"十三五"职业教育国家规划教材

iCourse·教材

高等职业教育电类基础课新形态一体化教材

DIANLU FENXI YU YINGYONG

电路分析与应用

（第2版）

江路明　主编

高等教育出版社·北京

内容提要

本书是“十三五”职业教育国家规划教材，也是国家级精品资源共享课“电路分析基础”的配套教材。本书依据易学、够用、实用的原则编写，突出职业教育的特点；在内容安排上和教学活动中立足学生的素质特点。

本书共分为安全用电、指针式万用表组装与调试、荧光灯照明电路的安装与测试、变压器的应用与测试、生产车间供电线路的安装与调试五个学习情境。

为了学习者能够快速且有效地掌握核心知识和技能，也方便教师采用更有效的传统方式教学，或者更新颖的线上线下的翻转课堂教学模式，本书配有微课，学习者可以通过扫描书中的二维码进行观看。与本书配套的数字课程将在“智慧职教”（www.icve.com.cn）网站上线，读者可登录网站学习，授课教师可以调用本课程构建符合自身教学特色的SPOC课程，详见“智慧职教”服务指南。此外，本书还提供了其他丰富的数字化课程教学资源，包括教学课件、微课、动画、习题答案等教学资源，教师可发邮件至编辑邮箱 gzdz@pub.hep.cn 索取。

本书可作为高等职业院校和高等专科学校电力技术类、电子信息类和电气类等相关专业的教材，也可供工程技术人员参考。

图书在版编目（CIP）数据

电路分析与应用 / 江路明主编. -- 2版. -- 北京：高等教育出版社，2019.11（2022.1重印）
ISBN 978-7-04-052978-4

Ⅰ. ①电… Ⅱ. ①江… Ⅲ. ①电路分析－高等职业教育－教材 Ⅳ. ① TM133

中国版本图书馆 CIP 数据核字 (2019) 第 249074 号

策划编辑 曹雪伟　责任编辑 曹雪伟　封面设计 李树龙　版式设计 杜微言
插图绘制 于　博　责任校对 吕红颖　责任印制 高　峰

出版发行 高等教育出版社
社　　址 北京市西城区德外大街4号
邮政编码 100120
印　　刷 北京市密东印刷有限公司
开　　本 889mm×1194mm 1/16
印　　张 12.25
字　　数 280千字
购书热线 010-58581118
咨询电话 400-810-0598
网　　址 http://www.hep.edu.cn
　　　　 http://www.hep.com.cn
网上订购 http://www.hepmall.com.cn
　　　　 http://www.hepmall.com
　　　　 http://www.hepmall.cn
版　　次 2016年9月第1版
　　　　 2019年11月第2版
印　　次 2022年 1 月第 2 次印刷
定　　价 45.00元

物 料 号 52978-00

“智慧职教”服务指南

“智慧职教”是由高等教育出版社建设和运营的职业教育数字教学资源共建共享平台和在线课程教学服务平台，包括职业教育数字化学习中心平台（www.icve.com.cn）、职教云平台（zjy2.icve.com.cn）和云课堂智慧职教App。用户在以下任一平台注册账号，均可登录并使用各个平台。

● 职业教育数字化学习中心平台（www.icve.com.cn）：为学习者提供本教材配套课程及资源的浏览服务。

登录中心平台，在首页搜索框中搜索“电路分析与应用”，找到对应作者主持的课程，加入课程参加学习，即可浏览课程资源。

● 职教云（zjy2.icve.com.cn）：帮助任课教师对本教材配套课程进行引用、修改，再发布为个性化课程（SPOC）。

1. 登录职教云，在首页单击“申请教材配套课程服务”按钮，在弹出的申请页面填写相关真实信息，申请开通教材配套课程的调用权限。

2. 开通权限后，单击“新增课程”按钮，根据提示设置要构建的个性化课程的基本信息。

3. 进入个性化课程编辑页面，在“课程设计”中“导入”教材配套课程，并根据教学需要进行修改，再发布为个性化课程。

● 云课堂智慧职教App：帮助任课教师和学生基于新构建的个性化课程开展线上线下混合式、智能化教与学。

1. 在安卓或苹果应用市场，搜索“云课堂智慧职教”App，下载安装。

2. 登录App，任课教师指导学生加入个性化课程，并利用App提供的各类功能，开展课前、课中、课后的教学互动，构建智慧课堂。

“智慧职教”使用帮助及常见问题解答请访问help.icve.com.cn。

前 言

本书是“十二五”职业教育规划教材修订版，也是国家级精品资源共享课的配套教材。随着高职教育改革的不断深入，教学方式和教学内容都发生了很大变化，本书在编写中充分考虑高职教育的特点，主要特色如下：

1. 立足专业，紧贴大纲，点到为止。本书依据职业院校电类专业电工电子课程标准的要求，精挑细选课程内容，并在降低难度上下工夫。鉴于课程标准对大部分知识点的要求仅是了解，我们在编写教材时，尽量以实物图、示意图说话，力求让学生知道图中的实物是什么，用在哪里，优点是什么，缺点是什么，什么样的操作不能做。而对于少数要求掌握的知识点，精练地安排习题讲解或使用方法介绍。

2. 密切联系生产和生活实际。鉴于电类专业较为宽泛，本书中的引例、对比实例和练习多选用生产和生活中具有典型性、普遍性以及前沿性的电气元器件和电子产品，同时在书中穿插“小知识”，将一些与教学内容联系紧密及具有前沿性的生活常识、科学知识、节能环保知识介绍给学生，既能加强学生对基础知识和技能的理解，又能加强学生对新技术、新产品和新工艺的了解。

3. 理论阐述与实践操作相结合，体现职业教育特色。本书在阐述理论知识的同时，将一些简单易行、实用性强的实践操作技能作为“操作练习”穿插于全书，即使学生在无人指导的情况下，也能自行完成，从而使理论知识与实践技能的联系更加紧密，以激发学生的学习兴趣，增强学生的实际动手能力。

4. 教材与课程网站相结合，丰富的配套数字教学资源辅助学习，其中，部分资源还添加了二维码标志，读者可通过移动终端方便地扫码观看。

本书将一些实用性强又有一定难度的实践操作技能作为“技能训练”安排在每章的后面。每一个“技能训练”就是一个简单化了的实训项目。

本次修订将原有配套的Abook数字课程全新升级为“智慧职教”（www.icve.com.cn）在线课程，依托“智慧职教教学平台”可方便教师采用“线上线下”翻转课堂教学模式，提升教师信息化教学水平。学习者可登录网站进行在线学习，也可通过扫描书中的二维码观看微课视频，书中配套的教学资源可在智慧职教课程页面进行在线浏览或下载。

本书由江西应用职业技术学院江路明任主编，并负责学习情境一、学习情境二的编写和统稿，江西应用职业技术学院黎小桃任副主编，并负责学习情境三的编写，江西应用职业技术学院余秋香任副主编，并负责学习情境四的编写，赣南医学院林如丹负责学习情境五的编写，广州市风标电子科技有限公司匡载华审阅了全书，并参与统稿。本书配套微课由江西应用技术职业学院黎小桃、邬金萍、余秋香等制作。

限于时间，书中不足和错误之处在所难免，恳请广大读者批评指正。

编 者

2015年7月

目 录

学习情境一 安全用电 1

项目1 用电安全操作规程 1

任务1 电力系统基本知识 1

任务2 安全用电的基本常识 6

项目2 触电急救的方法 9

任务1 触电急救训练 9

任务2 常用电工工具和仪表的使用 16

思考与练习 24

课外阅读 24

学习情境二 指针式万用表的组装与调试 25

项目1 电路的基本概念与定律 25

任务1 电路模型与电路变量 25

任务2 基尔霍夫定律及应用 30

任务3 电阻元件及其串并联 36

任务4 电压源与电流源 40

项目2 直流电路的分析与应用 43

任务1 电路的等效 43

任务2 支路电流法 47

任务3 网孔分析法 48

任务4 节点电压法 50

任务5 叠加定理 53

任务6 戴维南定理 55

任务7 最大功率传输定理 58

项目3 指针式万用表电路分析 60

项目4 指针式万用表的组装和调试实训 66

思考与练习 71

学习情境三 荧光灯照明电路的安装与测试 75

项目1 一阶线性电路的分析与应用 75

任务1 电容与电感 75

任务2 电路的过渡过程与换路定律 80

任务3 一阶动态电路的零输入响应 84

任务4 一阶动态电路的零状态响应 87

任务5 一阶动态电路的全响应与三要素法 90

项目2 荧光灯照明电路的安装与测试实训 95

思考与练习 100

学习情境四 变压器的应用与测试 103

项目1 变压器的结构与特性 103

任务1 互感电压与同名端 103

任务2 互感线圈的串并联 106

任务3 空心变压器和理想变压器 110

项目2 变压器的使用与测试 116

思考与练习 119

学习情境五 生产车间供电线路的安装与调试 123

项目1 正弦交流稳态电路的分析与应用 123

任务1 正弦交流电的三要素和有效值 123

任务2 相量形式的基尔霍夫定律 128

任务3 R、L、C元件的电压与电流 131

相量关系
任务4　串、并联电路分析　143
任务5　谐振电路　150
任务6　功率因数的提高　157
项目2　三相交流电路的分析与应用　161
任务1　对称三相电源　161
任务2　三相电路的分析与计算　165
项目3　生产车间供电线路的设计与安装　172
思考与练习　180
课外阅读　185
参考文献　186

学习情境一
安全用电

本学习情境主要内容包括电力系统基本知识、安全用电的基本常识、安全用电操作规程及触电原因、触电形式、触电急救方法、电工工具和仪表的使用等。通过本学习情境的学习，学生应掌握安全用电操作规程、正确使用电工工具和仪表，能进行触电急救，了解安全用电与供配电基本常识。本学习情境的教学重点包括供配电基本常识、电工工具设备的使用、安全用电常识、安全用电操作规程、触电原因、触电形式、触电急救方法等；教学难点包括触电急救的基本流程以及注意事项、常用电工仪表的选择和仪表测量结果误差产生的原因及处理方法。

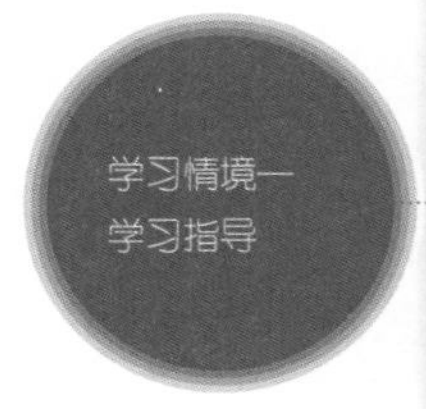

项目 1　用电安全操作规程

任务 1　电力系统基本知识

演示文稿：
用电安全操作规程

任务导入　现代生活离不开电，电力生产影响着国民经济发展。对于电类专业的学生有必要了解电力系统的基本知识。本任务将讨论电力系统的相关概念与知识。

拓展阅读：
学生宿舍安全用电常识及注意事项

任务目标　了解电力系统的基本概念；了解电力的产生、传输、分配；掌握常见的低压配电系统结构。

一、电力系统概述

1. 电力系统

把由发电、输电、变电、配电、用电设备及相应的辅助系统组成的电能生产、输送、分配、使用的统一整体称为电力系统。图 1.1 为电力传输系统示意图。

2. 电力网

由输电设备、变电设备和配电设备组成的网络称为电力网。

3. 电力网的电压等级

电网电压是有等级的，电网的额定电压等级是根据国民经济发展的需要、技术经济的合

笔 记

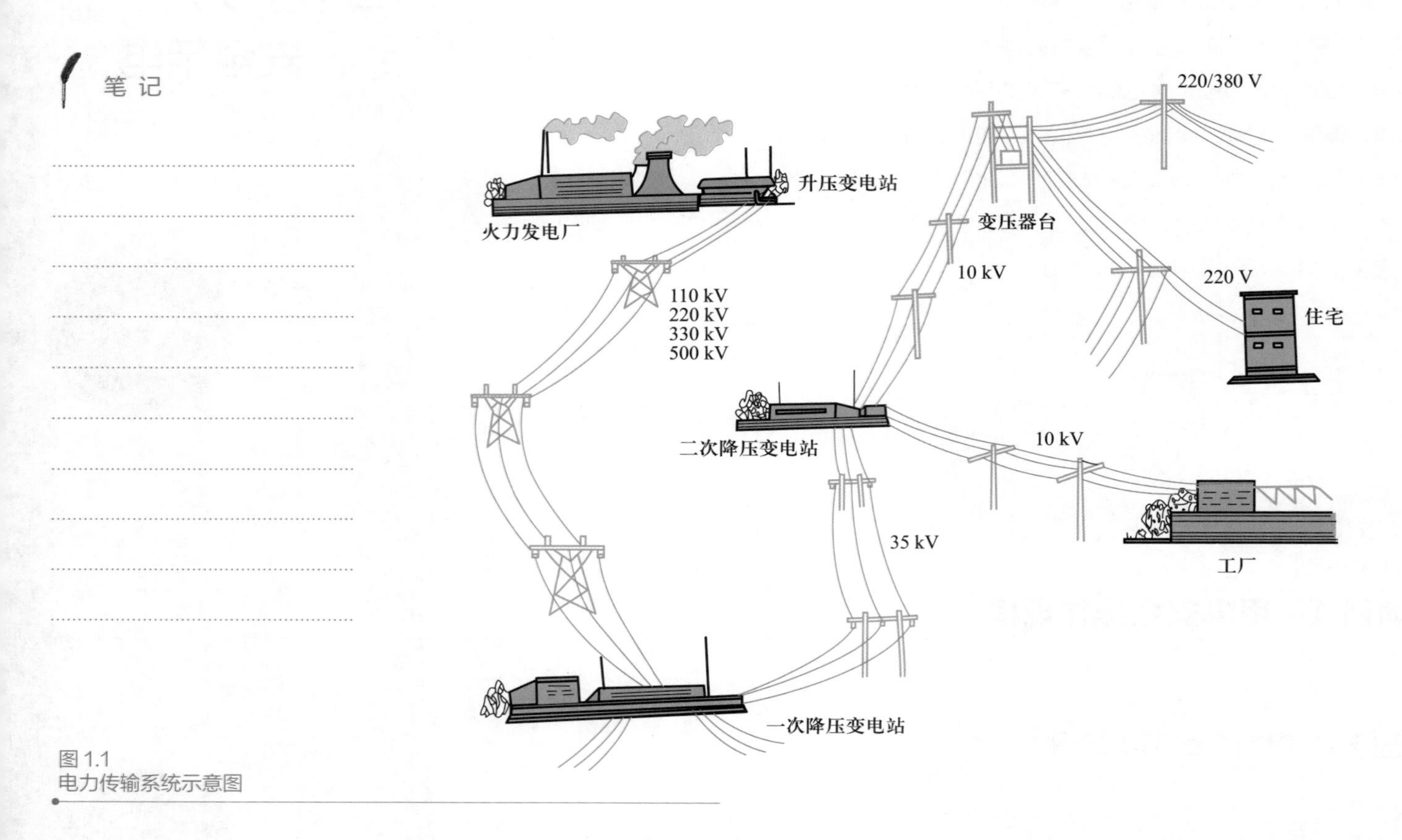

图 1.1
电力传输系统示意图

理性以及电气设备的制造水平等因素，经全面分析论证，由国家统一制定和颁布的。

我们国家电力系统的电压等级有220/380V、3kV、6kV、10kV、20kV、35kV、66kV、110kV、220kV、330kV、500kV。随着标准化的要求提高，3kV、6kV、20kV、66kV已很少使用。供电系统以10kV、35kV为主，输配电系统以110kV以上为主。发电机过去有6kV与10kV两种，现在以10kV为主，低压用户均是220/380V。

4. 供电质量

决定用户供电质量的指标为电压、频率和可靠性。

（1）电压

理想的供电电压应该是幅值恒为额定值的三相对称正弦电压。由于供电系统存在阻抗、用电负荷的变化和用电负荷的性质等因素，实际供电电压无论是在幅值上、波形上还是三相对称性上都与理想电压之间存在着偏差。

① 电压偏差：指电网实际电压与额定电压之差。实际电压偏高或偏低对用电设备的良好运行都有影响。

国家标准规定电压偏差允许值为：

- 35kV及以上电压供电的，电压正负偏差的绝对值之和不超过额定电压的 ±10%。
- 10kV及以下三相供电的，电压允许偏差为额定电压的 ±7%。
- 220V单相供电的，电压允许偏差为额定电压的 +7%、−10%。

笔记

计算公式：

电压偏差（%）=（实际电压－额定电压）/额定电压 ×100%

② 电压波动和闪变：在某一时段内，电压急剧变化偏离额定值的现象称为电压波动。当电弧炉等大容量冲击性负荷运行时，剧烈变化的负荷电流将引起线路压降的变化，从而导致电网发生电压波动。由电压波动引起的灯光闪烁，光通量急剧波动，对人眼、脑的刺激现象称为电压闪变。

国家标准规定对电压波动的允许值为：

- 10kV及以下为2.5%。
- 35~110kV为2%。
- 220kV及以上为1.6%。

③ 高次谐波：高次谐波的产生，是非线性电气设备接到电网中投入运行，使电网电压和电流波形发生不同程度畸变，偏离了正弦波。

高次谐波除电力系统自身背景谐波外，主要是由用户方面的大功率变流设备、电弧炉等非线性用电设备所引起。高次谐波的存在将导致供电系统能耗增大，电气设备绝缘老化加快，并且干扰自动化装置和通信设施的正常工作。

④ 三相不对称：三相电压不对称指三个相电压的幅值和相位关系上存在偏差。三相不对称主要由系统运行参数不对称、三相用电负荷不对称等因素引起。供电系统的不对称运行，对用电设备及供配电系统都有危害，低压系统的不对称运行还会导致中性点偏移，从而危及人身和设备安全。

电力系统公共连接点正常运行方式下不平衡度国家规定的允许值为2%，短时不得超过4%，单个用户不得超过1.3%。

（2）供电频率允许偏差

电网中发电机发出的正弦交流电每秒中交变的次数称为频率，我国规定的标准频率为50Hz。

我国国标规定，电力系统正常频率偏差允许值为 ±0.1Hz，实际执行中，当系统容量小于300MV时，偏差值可以放宽到 ±0.5Hz。

（3）供电可靠率

供电可靠率是指供电企业某一统计期内对用户停电的时间和次数，直接反映供电企业的持续供电能力。

供电可靠率反映了电力工业对国民经济电能需求的满足程度，已经成为衡量一个国家经济发达程度的标准之一。供电可靠性可以用如下一系列年指标加以衡量：供电可靠率、用户平均停电时间、用户平均停电次数、用户平均故障停电次数等。

我国规定的城市供电可靠率是99.96/100，即用户年平均停电时间不超过3.5小时。我国供电可靠率目前一般城市地区达到了3个9（即99.9%）以上，用户年平均停电时间不超过9小时；重要城市中心地区达到了4个9（即99.99%）以上，用户年平均停电时间不超过53分钟。

笔 记

计算公式：

供电可靠率（%）=［8 760（年供电小时）－年停电小时/8 760］×100%

（4）用电负荷

用电负荷：用户的用电设备在某一时刻实际取用的功率的总和。

电力负荷分类的方法比较多，最有意义的是按电力系统中负荷发生的时间对负荷分类和根据突然中断供电所造成的损失程度分类。

按时间对负荷分类：

① 高峰负荷：指电网或用户在一天时间内所发生的最大负荷值。一般选一天24小时中最高的一个小时的平均负荷为最高负荷，通常还有一个月的日高峰负荷、一年的月高峰负荷等。

② 最低负荷：指电网或用户在一天24小时内发生的用电量最低的负荷。通常还有一个月的日最低负荷、一年的月最低负荷等。

③ 平均负荷：指电网或用户在某一段确定时间阶段内的平均小时用电量。

按中断供电造成的损失程度分类：

① 一级负荷：突然停电将造成人身伤亡或引起对周围环境的严重污染，造成经济上的巨大损失，如重要的大型设备损坏，重要产品或重要原料生产的产品大量报废，连续生产过程被打乱，需要很长时间才能恢复生产；以及突然停电会造成社会秩序严重混乱或在政治上造成重大不良影响，如重要交通和通信枢纽、国际社交场所等的用电负荷。

② 二级负荷：突然停电将在经济上造成较大损失，如生产的主要设备损坏，产品大量报废或减产，连续生产过程需较长时间才能恢复；以及突然停电会造成社会秩序混乱或在政治上造成较大影响，如交通和通信枢纽、城市主要水源，广播电视、商贸中心等的用电负荷。

③ 三级负荷：不属于一级和二级负荷者。

二、电力的产生

电源主要由发电机产生，目前世界上的发电方式主要有火力发电、水力发电和核电。其他小容量的有风能、地热能、太阳能、潮汐等。

1. 火电

利用煤、石油和天然气等化石燃料所含能量发电的方式统称为火力发电。

火力发电的优势是：早期建设成本低，发电量稳定，一年四季均匀生产。所以在世界各国的电力生产中都占主要地位，一般在70%左右。

火力发电的缺点是：所用的煤、油、气等是不可再生资源，虽然储量多，但始终会枯竭，且污染严重。我国火电是以煤电为主，油、气、化学能等火电是限制性的计划性发展。

2. 水电

水力发电是利用循环的水资源进行，主要利用阶梯交接、河流落差大的优势，以产生强大的水能动力用于发电，属于生态环保发电类型。

水电最大的优势是：环保、发电成本低、调峰能力强（可以根据负荷随时调整发电量）。

水力发电的缺点是：前期建设成本高、时间长、年发电量不均匀。所以一般水电发电量只能占总量的30%左右及以下。

笔 记

3. 核电

核电站只需消耗很少的核燃料就可以产生大量的电能，每千瓦时电能的成本比火电站要低20%以上。核电站还可以大大减少燃料的运输量。例如，一座100万千瓦的火电站每年耗煤三四百万吨，而相同功率的核电站每年仅需铀燃料三四十吨，运输量相差1万倍。

核电的另一个优势是：干净、无污染，几乎是零排放。用核电取代火电，是世界发展的大趋势。

核电的缺点是：早期建设成本高，技术要求高，平时故障少，一旦发生大故障（如核泄漏），将是毁灭性的大灾难。

此外，还有利用太阳光能、风力、潮汐、海流等其他形式的能源进行发电的。

三、电力的传输

图1.1为电力传输系统示意图。那么，为什么要升压供电？因为当电流增大，传输距离越长，热能消耗就越大，电能便损失越大，所以，为了减少传输线路上的损失，当在传输容量一定的条件下，如果提高输电电压，减小输电电流，那么就可以减少电能消耗。

我国常用的输电电压等级：有35kV、110kV、220kV、330kV、500kV等多种。

拓展阅读：
中国特高压输电技术

四、电力的分配

配电的作用是将电能分配到各类用户。常用的配电电压有10kV或6kV的高压和380/220V的低压。低压配电线路是指经配电变压器，将高压10kV降低到380/220V等级的线路。

五、常见的低压配电系统

常见的低压配电系统有三相四线制系统和三相三线制系统。

与低压配电系统相关的几个基本概念：

直流电：指大小和方向均不随时间变化的电流，也叫恒定电流，简称直流（简写DC）。

交流电：指大小和方向随时间作周期性变化的一种电流。现代发电厂生产的电能都是交流电，家庭用电和工业动力用电也都是交流电。可分为单相交流电和三相交流电。

三相四线制：在低压配电网中，输电线路一般采用三相四线制（图1.2），其中三条线路分别代表A、B、C三相，另一条是中性线N（如果该回路电源侧的中性点接地，则中性线也称为零线，如果不接地，则从严格意义上来说，中性线不能称为零线）。在进入用户的单相输电线路中，有两条线，一条称为相线，俗称火线，另一条称为零线，零线正常情况下要通过电流来构成单相线路中电流的回路。而三相系统中，三相平衡时，中性线（零线）是无电流的，故称三相四线制，如图1.2所示。

三相三线制：当三相交流发电机的三个定子绕组的末端连接在一起，从三个绕组的始端引出三根相线向外供电、没有中线的三相制称为三相三线制，如图1.3所示。电力系统高压架空线路一般采用三相三线制。

相线：分别从发电机绕组三个始端引出的线，颜色为红、绿、黄。

零线：中性点接地时的中性线，颜色为黑。

地线：接地装置引出的线，对人身设备起保护作用，颜色为黄绿双色线。

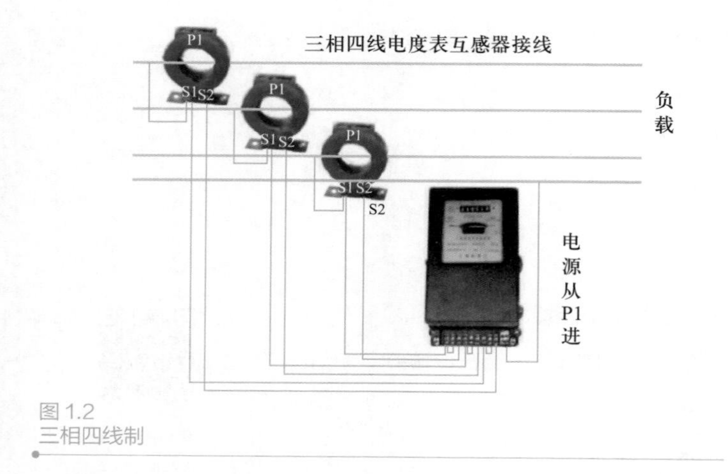

图 1.2
三相四线制

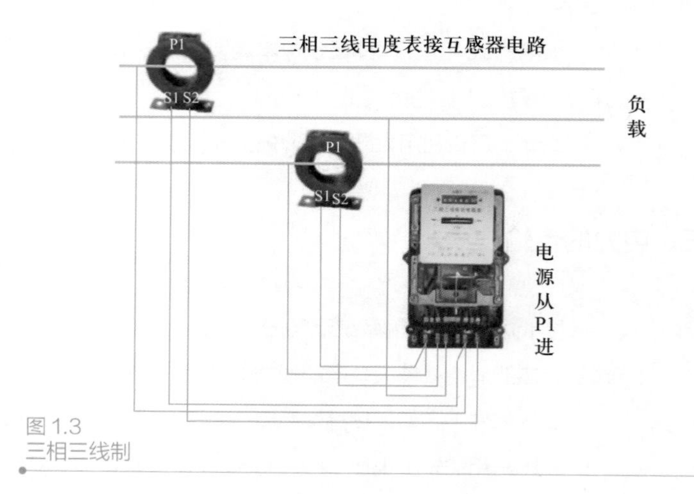

图 1.3
三相三线制

任务 2　安全用电的基本常识

任务导入

电气工作人员如果缺乏必要的用电安全知识，不仅会造成电能浪费，而且会发生电气事故，危及人身安全，给国家和人民带来重大损失。因此，电气安全已日益得到人们的关注和重视。本任务介绍安全用电的基本常识。

任务目标

通过本任务的学习，掌握安全用电基本常识，能严格遵守电气安全操作规程。

一、安全电压

不带任何防护设备，对人体各部分组织均不造成伤害的电压值，称为安全电压。

世界各国对于安全电压的规定有：50V、40V、36V、25V、24V等，其中以50V、25V居多。

国际电工委员会（IEC）规定安全电压限定值为50V。我国规定12V、24V、36V三个电压等级为安全电压级别。

在湿度大、狭窄、行动不便、周围有大面积接地导体的场所使用的手提照明器具，如金属容器内、矿井内、隧道内等，应采用12V安全电压。

凡手提照明器具，在危险环境、特别危险环境的局部照明灯、高度不足2.5m的一般照明灯、携带式电动工具等，若无特殊的安全防护装置或安全措施，均应采用24V或36V安全电压。

二、安全用电基本常识

电能是一种方便的能源，但如果在生产和生活中不注意安全用电，也会带来灾害。例如，触电可造成人身伤亡，设备漏电产生的电火花可能酿成火灾、爆炸，高频用电设备可产生电磁污染等。

微课：安全用电

如何安全用电，其基本常识包括如下几个方面：

① 不掌握电气知识和技术的人员不可安装和拆卸电气设备及电路。

② 禁止用一线（相线）一地（接地）安装电器。

③ 开关控制的必须是相（火）线。

④ 绝不允许私自乱接电线。

⑤ 在一个插座上不可接过多或功率过大的电器。

⑥ 不准用铁丝或铜丝代替正规熔体。

⑦ 不可用金属丝绑扎电源线。

⑧ 不允许在电线上晾晒衣物。

⑨ 不可用湿手接触带电的电器，如开关、灯座等，更不可用湿布揩擦电器。

⑩ 电视天线不可触及电线。

⑪ 电动机和电气设备上不可放置衣物，不可在电动机上坐立，雨具不可挂在电动机或开关等电器的上方。

⑫ 任何电气设备或电路的接线桩头均不可外露。

⑬ 堆放和搬运各种物资、安装其他设备要与带电设备和电源线相距一定的安全距离。

⑭ 在搬运电钻、电焊机和电炉等可移动电器之前，应首先切断电源，不允许拖拉电源线来搬移电器。

⑮ 发现任何电气设备或电路的绝缘有破损时，应及时对其进行绝缘恢复。

⑯ 在潮湿环境中使用可移动电器，必须采用额定电压为36V的低压电器，若采用额定电压为220V的电器，其电源必须采用隔离变压器；在金属容器如锅炉、管道内使用移动电

笔 记

器一定要用额定电压为12V的低压电器，并要加接临时开关，还要有专人在容器外监护；低压移动电器应装特殊型号的插头，以防插入电压较高的插座上。

⑰ 雷雨时，不要接触或走近高电压电杆、铁塔和避雷针的接地导线的周围，不要站在高大的树木下，以防雷电入地时发生跨步电压触电；雷雨天禁止在室外变电所或室内的架空引入线上进行作业。

⑱ 切勿走近断落在地面上的高压电线，万一高压电线断落在身边或已进入跨步电压区域时，要立即用单脚或双脚并拢跳到10m以外的地方。为了防止跨步电压触电，千万不可奔跑。

三、照明开关和三孔插座的正确安装

1. 照明开关

照明开关须接在相线上。如果将照明开关装设在零线上，虽然断开时电灯不亮，但是灯头的相线仍然是接通的。人们看到灯不亮，就会错误地认为是处于断电状态，而实际上灯具上各点的对地电压仍是220V的危险电压。如果灯灭时人们触及这些实际上带电的部位，就会造成触电事故。所以，各种照明开关或单相小容量用电设备的开关，只有串接在相线上才能确保安全。

2. 单相三孔插座的正确安装

通常，单相用电设备，特别是移动式用电设备，都应使用三芯插头和与之配套的三孔插座。三孔插座上有专用的保护接零（地）插孔，在采用接零保护时，有人常常仅在插座底内将此孔接线桩头与引入插座内的那根零线直接相连，这是极为危险的。因为万一电源的零线断开，或者电源的相（火）线、零线接反，其外壳等金属部分就将带上与电源相同的电压，这就会导致触电。因此，接线时专用接地插孔应与专用的保护接地线相连。采用接零保护时，接零线应从电源端专门引来，而不应就近利用引入插座的零线。

项目 2　触电急救的方法

任务 1　触电急救训练

演示文稿：触电急救的方法

任务导入　触电急救知识和训练是安全用电的重点学习内容，掌握了必备的触电急救知识，就可以明显地提高抢救的成功率，把死亡率和伤残率降到最低限度。

任务目标　通过学习触电急救知识，具备触电急救的能力。

一、触电及触电原因

触电包括直接触电和间接触电。直接触电是指人体直接接触或过分接近带电体而触电；间接触电指人体触及正常时不带电而发生故障时才带电的金属导体。

动画：高压电弧触电

人体能感知的触电跟电压、时间、电流、电流通道、频率等因素有关。例如：人手能感知的最低直流为5mA，对60Hz交流的感知电流为1~10mA。随着交流频率的提高，人体对其感知敏感度下降，当电流频率高达15~20kHz时，人体无法感知电流。

常见的触电原因：

① 线路架设不合规格。

② 电气操作制度不严格。

③ 用电设备不合要求。

④ 用电不规范。

二、触电伤害

主要形式可分为电击和电伤两大类。

电击：电流通过人体内部器官，会破坏人的心脏、肺部、神经系统等，使人出现痉挛、呼吸窒息、心搏骤停甚至死亡。

电伤：电流通过体表时，会对人体外部造成局部伤害，即电流的热效应、化学效应、机械效应对人体外部组织或器官造成伤害，如电灼伤、金属溅伤、电烙印。

笔 记

三、影响触电伤害的因素

1. 电流的种类和频率

流过人体的电流越大，危险性就越大；工频电流危害要大于直流电流。不同电流对人体的影响见表1.1。

表1.1 不同电流对人体的影响

电流/mA	通电时间	工频电流	直流电流
		人体反应	人体反应
0~0.5	连续通电	无感觉	无感觉
0.5~5	连续通电	有麻刺感	无感觉
5~10	数分钟以内	痉挛、剧痛，但可摆脱电源	有针刺感、压迫感及灼热感
10~30	数分钟以内	迅速麻痹、呼吸困难、血压升高，不能摆脱电流	压痛、刺痛、灼热感强烈、并伴有抽筋
30~50	数秒到数分钟	心跳不规则、昏迷、强烈痉挛、心脏开始颤动	感觉强烈，剧痛，并伴有抽筋
50~数百	低于心脏搏动周期	感受强烈，冲击，但未发生心室颤动	剧痛、强烈痉挛。呼吸困难或麻痹
	低于心脏搏动周期	昏迷、心室颤动、呼吸、麻痹、心脏停搏	

2. 电流通过的途径

电流通过人体脑部和心脏时最为危险。

3. 电流大小及触电时间长短

脉冲电流在40~90mA，直流电流在50mA以下对人体是安全的。但电击时间也是很重要的一个因素，人体所能承受的电流常常和电击时间有关，如果电击时间极短，人体能耐受高得多的电流而不至于伤害；反之电击时间很长时，即使电流小到8~10mA，也可能使人致命。

4. 人身体电阻

取决于电流路径、接触电压、电流持续时间、频率，皮肤潮湿度，接触面积，施加的压力和温度等。人身体电阻越小，触电时流过人体的电流越大，危险性就越大。

5. 电压大小

安全电压为不高于36V。

四、触电事故方式

按照人体触及带电体的方式和电流流过人体的途径，触电可分为单相触电、两相触电和跨步电压触电。

1. 单相触电

由于电线绝缘破损、导线金属部分外露、导线或电气设备受潮等原因使其绝缘部分的能力降低，导致站在地上的人体直接或间接地与火线接触，这时电流就通过人体流入大地而造成单相触电事故，如图1.4所示。

动画：单相触电

2. 两相触电

两相触电是指人体同时触及两相电源或两相带电体，电流由一相经人体流入另一相，这时加在人体上的最大电压为线电压，其危险性最大。两相触电如图1.5所示。

动画：两相触电

3. 跨步电压触电

对于外壳接地的电气设备，当绝缘损坏而使外壳带电，或导线断落发生单相接地故障时，电流由设备外壳经接地线、接地体（或由断落导线经接地点）流入大地，向四周扩散。如果此时人站立在设备附近地面上，两脚之间也会承受一定的电压，称为跨步电压。跨步电压的大小与接地电流、土壤电阻率、设备接地电阻及人体位置有关。当接地电流较大时，跨步电压会超过允许值，发生人身触电事故。特别是在发生高压接地故障或雷击时，会产生很高的跨步电压，如图1.6所示。跨步电压触电也是危险性较大的一种触电方式。

动画：跨步电压触电

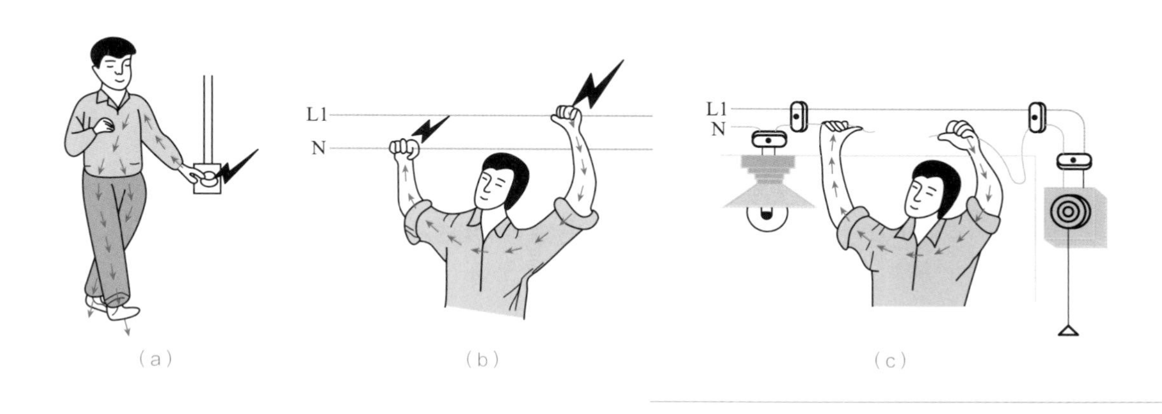

图 1.4
单相触电

图 1.5
两相触电

图 1.6
跨步电压触电

笔 记

五、触电的预防

1. 直接触电的预防

（1）绝缘措施

良好的绝缘是保证电气设备和线路正常运行的必要条件。例如：新装或大修后的低压设备和线路，绝缘电阻不应低于0.5MΩ；高压线路和设备的绝缘电阻不低于1 000MΩ。

（2）屏护措施

凡是金属材料制作的屏护装置，应妥善接地或接零。

（3）间距措施

在带电体与地面间、带电体与其他设备间应保持一定的安全间距。间距大小取决于电压的高低、设备类型、安装方式等因素。

2. 间接触电的预防

（1）加强绝缘

对电气设备或线路采取双重绝缘，使设备或线路绝缘牢固。

（2）电气隔离

采用隔离变压器或具有同等隔离作用的发电机。

六、触电急救

触电急救的要点是动作迅速，救护得法。发现有人触电，首先要使触电者尽快脱离电源，然后根据具体情况，进行相应的救治。

1. 使触电者尽快脱离电源

① 如果触电现场远离开关或不具备关断电源的条件，救护者可站在干燥木板上，用一只手抓住衣服将其拉离电源，如图1.7所示。也可用干燥木棒、竹竿等将电线从触电者身上挑开，如图1.8所示。

图 1.7
将触电者拉离电源

图 1.8
将触电者身上电线挑开

笔 记

② 如触电发生在火线与大地间，可用干燥绳索将触电者身体拉离地面，或用干燥木板将人体与地面隔开，再设法关断电源。

③ 如手边有绝缘导线，可先将一端良好接地，另一端与触电者所接触的带电体相接，将该相电源对地短路。

④ 也可用手头的刀、斧、锄等带绝缘柄的工具，将电线砍断或撬断。

2. 对症救治

对于触电者，可按以下三种情况分别处理：

① 对触电后神志清醒者，要有专人照顾、观察，情况稳定后方可正常活动；对轻度昏迷或呼吸微弱者，可针刺或掐人中、十宣、涌泉等穴位，并送医院救治。

② 对触电后无呼吸但心脏有跳动者，应立即采用口对口人工呼吸；对有呼吸但心脏停止跳动者，则应立刻进行胸外心脏按压法进行抢救。

③ 如触电者心跳和呼吸都已停止，则须同时采取人工呼吸和俯卧压背法、仰卧压胸法、心脏按压法等措施交替进行抢救。

3. 救治方法

（1）口对口人工呼吸

病人取仰卧位，即胸腹朝天。救护人站在其头部的一侧，自己深吸一口气，对着伤病人的口（两嘴要对紧不要漏气）将气吹入，造成吸气.为使空气不从鼻孔漏出，此时可用一手将其鼻孔捏住，然后救护人嘴离开，将捏住的鼻孔放开，并用一手压其胸部，以帮助呼气。这样反复进行，频率在14~16次/min。

如果病人口腔有严重外伤或牙关紧闭时，可对其鼻孔吹气（必须堵住口），即为口对鼻吹气。救护人吹气力量的大小，依病人的具体情况而定。一般以吹进气后，病人的胸廓稍微隆起为最合适。口对口之间，如果有纱布，则放一块叠二层厚的纱布，或一块一层的薄手帕。但注意，不要因此影响空气出入。

操作要领如图1.9所示。

图 1.9 口对口人工呼吸法 （a）触电者平卧姿势 （b）急救者吹气方法 （c）触电者呼气姿态

（2）胸外心脏按压法

病人仰卧在床上或地上，头低10°，背部垫上木板，解开衣服，在胸廓正中间有一块狭长的骨头，即胸骨，胸骨下正是心脏。急救人员跪在病人的一侧，双手上下重叠，手掌贴于心前区（胸骨下1/3交界处），以冲击动作将胸骨向下压迫，使其下陷3~4cm，随即放松（挤压时要慢，放松时要快），让胸部自行弹起，如此反复，有节奏地按压，频率在60~80次/min，到心跳恢复为止。

操作要领如图1.10~图1.13所示。

（3）俯卧压背法

伤病人取俯卧位，即胸腹贴地，腹部可微微垫高，头偏向一侧，两臂伸过头，一臂枕于头下，另一臂向外伸开，以使胸廓扩张。救护人面向其头，两腿屈膝跪地于伤病人大腿两旁，把两手平放在其背部肩胛骨下角（大约相当于第七对肋骨处）、脊柱骨左右，大拇指靠近脊柱骨，其余四指稍开并微弯。救护人俯身向前，慢慢用力向下压缩，用力的方向是向下、稍向前推压。当救护人的肩膀与病人肩膀将成一直线时，不再用力。在这个向下、向前推压的过程中，即将肺内的空气压出，形成呼气。然后慢慢放松回身，使外界空气进入肺内，形成吸气。

按上述动作，反复有节律地进行，14~16次/min。

图 1.10 正确压点

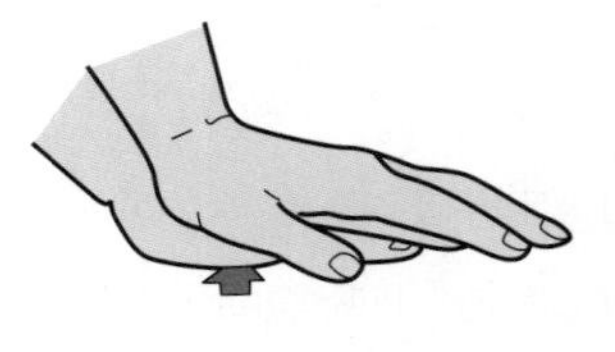

图 1.11 双手上下重叠

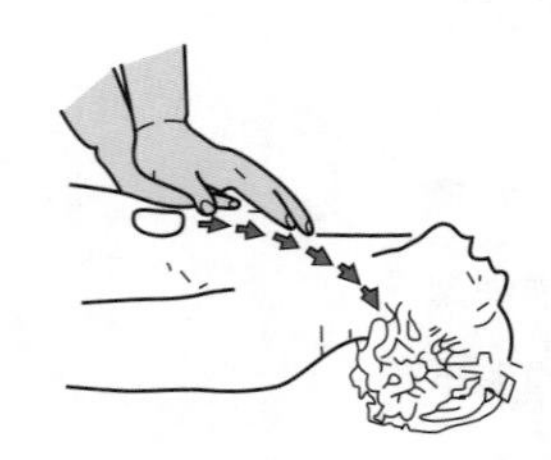

图 1.12 向下按压

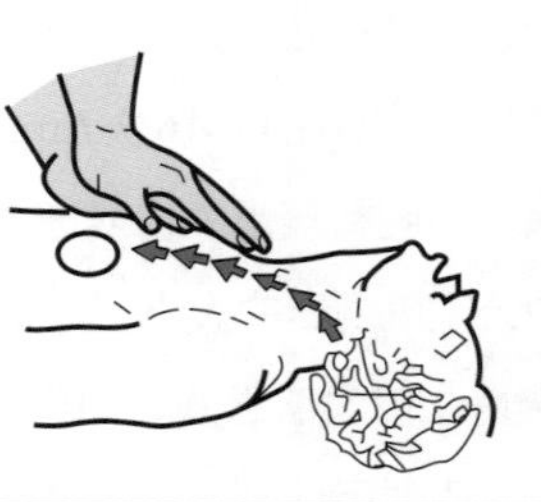

图 1.13 突然放松

（a）单人操作法

（b）双人操作法

图 1.14
对心跳和呼吸均停止者的急救

笔 记

（4）仰卧压胸法

病人取仰卧位，背部可稍加垫，使胸部凸起。救护人屈膝跪地于病人大腿两旁，把双手分别放于乳房下面（相当于第六、七对肋骨处），大拇指向内，靠近胸骨下端，其余四指向外。放于胸廓肋骨之上，如图 1.14 所示。

实验研究和统计表明，如果从触电后 1min 开始救治，则 90% 可以救活；如果从触电后 6min 开始抢救，则仅有 10% 的救活机会；而从触电后 12min 开始抢救，则救活的可能性极小。因此当发现有人触电时，应争分夺秒，采用一切可能的办法。

【技能训练】

常用触电急救方法的观察与操作训练

一、训练目的

① 学会根据触电者的触电症状，选择合适的急救方法。

② 掌握两种常用触电急救方法：口对口人工呼吸法和胸外心脏按压法的操作要领。

二、工具器材

视频播放设备、口对口人工呼吸法和胸外心脏按压法教学视频、棕垫。

三、训练步骤及内容

① 组织学生观看口对口人工呼吸法和胸外心脏按压法的教学视频。

② 以一人模拟停止呼吸的触电者，另一人模拟施救人。“触电者”仰卧于棕垫上，“施救人”按要求调整好“触电者”的姿势，按正确要领进行吹气和换气。“施救人”必须掌握好吹气、换气时间和动作要领。

③ 以一人模拟心脏停止跳动的触电者，另一人模拟施救人。“触电者”仰卧于棕垫上，

笔 记

“施救人”按要求摆好“触电者”的姿势，找准胸外按压位置，按正确手法和时间要求对“触电者”施行胸外心脏按压。

④ 以上模拟训练二人一组，交换进行，认真体会操作要领。

任务 2 常用电工工具和仪表的使用

任务导入	常用电工工具有验电器、剥线钳、万用表等。常用电工仪表包括万用表、兆欧表、电流表、电压表等。本任务介绍它们的正确使用方法。

任务目标	认识常用电工工具和仪表，能正确使用它们。

一、常用电工工具

1. 验电器

它是用来判断电气设备或线路上有无电源存在的工具，分为低压和高压两种。

（1）低压验电器的使用方法

① 必须按照图 1.15 所示方法握住笔身，并使氖管小窗背光朝向自己，以便于观察。

（a）笔式

（b）螺钉旋具式

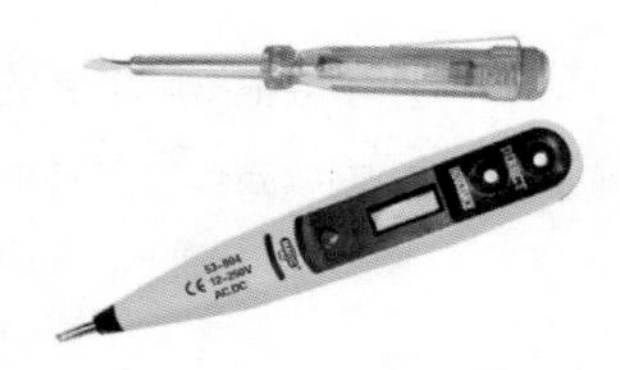

（c）实物图

图 1.15 低压验电笔握法

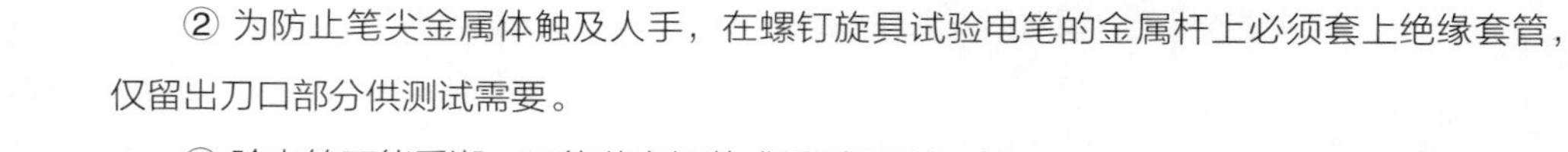

② 为防止笔尖金属体触及人手，在螺钉旋具试验电笔的金属杆上必须套上绝缘套管，仅留出刀口部分供测试需要。

③ 验电笔不能受潮，不能随意拆装或受到严重振动。

④ 应经常在带电体上试测，以检查是否完好。不可靠的验电笔不准使用。

⑤ 检查时如果氖管内的金属丝单根发光，则是直流电；如果是两根都发光，则是交流电。

（2）高压验电器的使用方法

① 使用时应两人操作，其中一人进行验电操作，另一人进行监护。

② 在户外时，必须在晴天的情况下使用。

③ 进行验电操作的人员要戴上符合要求的绝缘手套，并且握法要正确，如图1.16所示。

④ 使用前应在带电体上试测，以检查是否完好。不可靠的验电器不准使用。高压验电器应每6个月进行一次耐压试验，以确保安全。

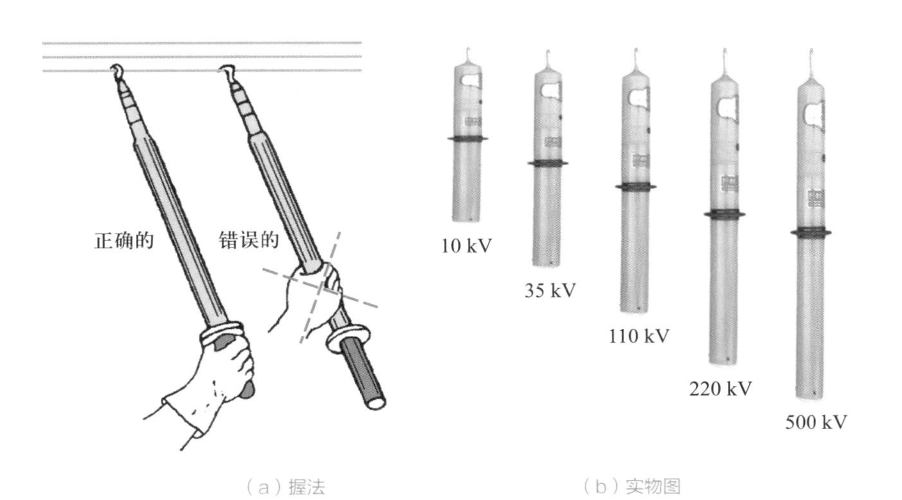

（a）握法　（b）实物图

图 1.16 高压验电器握法

2. 剥线钳

用来剥离$6mm^2$以下的塑料或橡皮电线的绝缘层。钳头上有多个大小不同的切口，以适用于不同规格的导线，如图1.17所示。使用时导线必须放在稍大于线芯直径的切口上切剥，以免损伤线芯。

拓展资源：不同类型的剥线钳

3. 电烙铁

电烙铁是烙铁钎焊的热源，有内热式和外热式两种，外形如图1.18所示。

拓展资源：钳类、旋具及电工刀

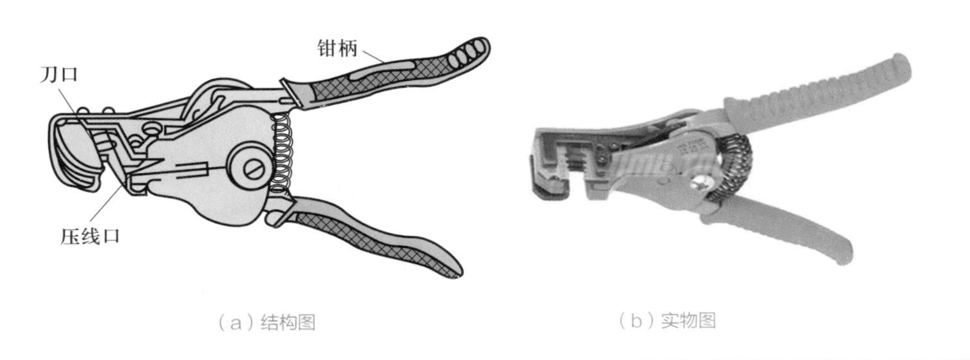

（a）结构图　（b）实物图

图 1.17 剥线钳

拓展资源：不同类型的电烙铁

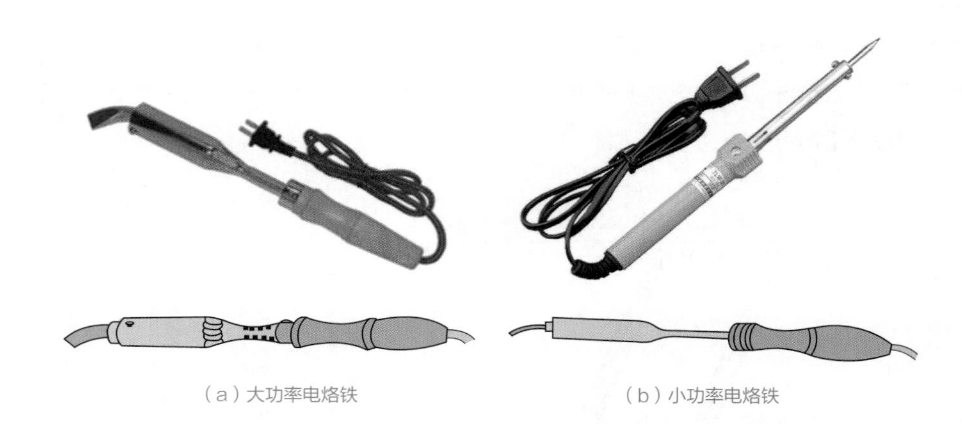

（a）大功率电烙铁　（b）小功率电烙铁

图 1.18 电烙铁

使用时应注意：

① 根据焊接面积大小选择合适的电烙铁。

② 电烙铁用完要随时拔去电源插头。

③ 在导电地面（如混凝土）使用时，电烙铁的金属外壳必须妥善接地，防止漏电时触电。

二、常用电工仪表

1. 万用表

仿真演示：500 型万用表

万用表是电工与电子技术学习与实践中使用最频繁的仪表。常用的万用表有指针式（模拟式）和数字式两种。一般万用表的测量种类有交直流电压、直流电流和直流电阻等；有的万用表还能测量交流电流、电容、电感以及三极管的电流放大系数等。

（1）指针式万用表

指针式万用表的型号繁多，500 型万用表如图 1.19 所示。指针式万用表的使用方法如下：

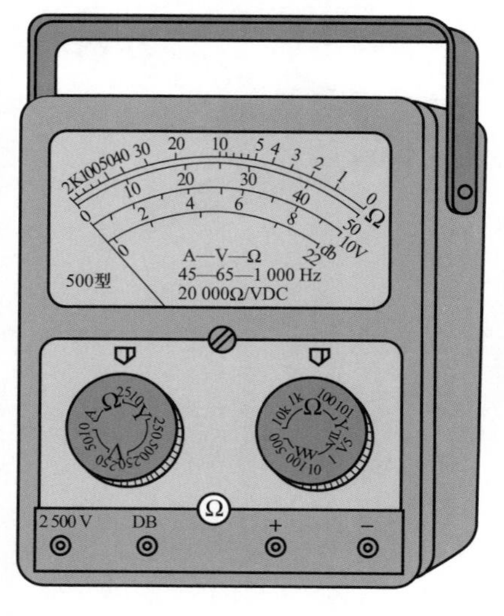

（a）面板示意图

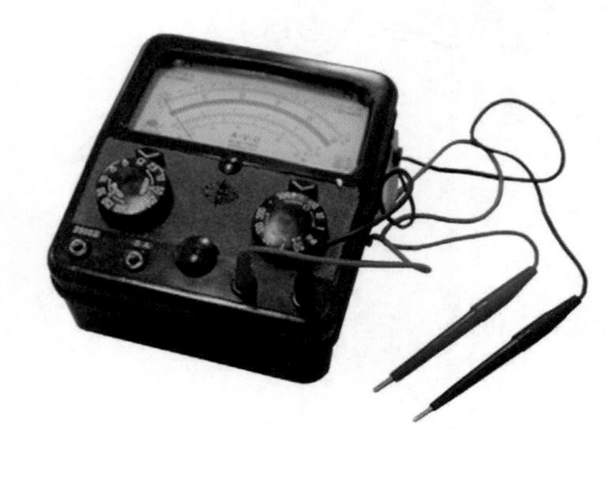

（b）实物图

图 1.19 500 型万用表

笔 记

① 端钮（或插孔）选择要正确。红色表笔连接线要接到红色端钮上（或标有“+”号插孔内），黑色表笔的连接线应接到黑色端钮上（或接到标有“-”号插孔内），有的万用表备有交直流2 500V的测量端钮，使用时黑色测试棒仍接黑色端钮（或“-”的插孔内），而红色测试棒接到2 500V的端钮上（或插孔内）。

② 转换开关位置的选择要正确。根据测量对象将转换开关转到需要的位置上。如测量电流应将转换开关转到相应的电流挡，测量电压转到相应的电压挡。有的万用表面板上有两个转换开关，一个选择测量种类，另一个选择测量量程。使用时应先选择测量种类，然后选择测量量程。

③ 量程选择要合适。根据被测量的大致范围，将转换开关转至该种类的适当量程上。测量电压或电流时，最好使指针在量程的1/2~2/3的范围内，读数较为准确。

④ 正确进行读数。在万用表的标度盘上有很多标度尺，它们分别适用于不同的被测对象。因此测量时，在对应的标度尺上读数的同时，也应注意标度尺读数和量程挡的配合，以避免差错。

⑤ 欧姆挡的正确使用。选择合适的倍率挡。测量电阻时，倍率挡的选择应以使指针停留在刻度线较稀的部分为宜，指针越接近标度尺的中间，读数越准确；指针越向左，刻度线越挤，读数的准确度越差。

调零。测量电阻之前，应将两根测试棒碰在一起，同时转动“调零旋钮”，使指针刚好指在欧姆标度尺的零位上，这一步骤称为欧姆挡调零。每换一次欧姆挡，测量电阻之前都要重复这一步骤，从而保证测量准确性。如果指针不能调到零位，说明电池电压不足需要更换。

不能带电测量电阻。测量电阻时万用表是由干电池供电的，被测电阻决不能带电，以免损坏表头。在使用欧姆挡间隙中，不要让两根测试棒短接，以免浪费电池。

⑥ 注意操作安全。

- 在使用万用表时要注意，手不可触及测试棒的金属部分，以保证安全和测量的准确度。
- 在测量较高电压或较大电流时，不能带电转动转换开关，否则有可能使开关烧坏。
- 万用表用完后最好将转换开关转到交流电压最高量程挡，此挡对万用表最安全，以防下次测量时疏忽而损坏万用表。
- 当测试棒接触被测线路前应再作一次全面的检查，看一看各部分位置是否有误。

（2）数字万用表

动画：
数字万用表
动画演示

数字万用表是以数字的方式显示测量结果，可以自动显示数值单位等。例如DT-830型数字万用表，如图1.20所示，具有测量精度高、显示直观、可靠性好、功能全、体积小等优点。能精确地测量电流、电压、电阻等参量。

仿真演示：数字万用表的使用

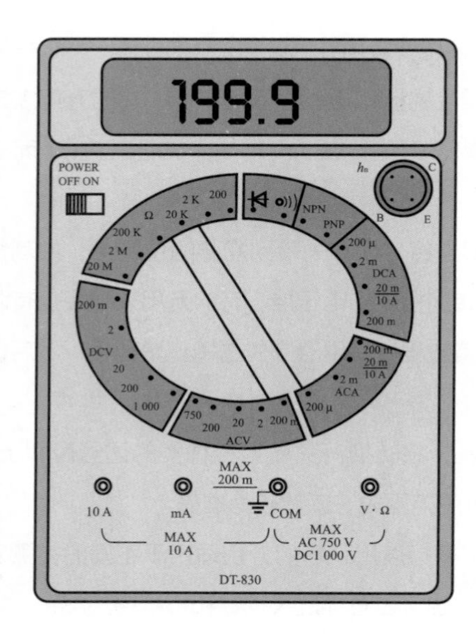

（a）面板示意图

数字万用表的使用：
① 使用前的检查与调整
② 测量电压
③ 测量电流
④ 测量电阻
⑤ 检查线路通断
⑥ 测量二极管
⑦ 测量三极管

（b）实物图

图 1.20 DT-830 型数字万用表

2. 兆欧表

俗称摇表，是用来测量大电阻和绝缘电阻的，它的计量单位是兆欧（MΩ），故称兆欧表。兆欧表的种类有很多，但其作用大致相同，常用ZC11型兆欧表如图1.21所示。

（1）兆欧表选用

规定兆欧表的电压等级应高于被测物的绝缘电压等级。所以测量额定电压在500V以下的设备或线路的绝缘电阻时，可选用500V或1 000V量程兆欧表；测量额定电压在500V以上的设备或线路的绝缘电阻时，应选用1 000~2 500V量程兆欧表；测量绝缘子时，应选用2 500~5 000V量程兆欧表。一般情况下，测量低压电气设备绝缘电阻时可选用0~200MΩ量程兆欧表。

（2）绝缘电阻的测量方法

兆欧表有三个接线柱，上端两个较大的接线柱上分别标有“接地”（E）和“线路”（L），在下方较小的一个接线柱上标有“保护环”（或“屏蔽”）（G）。

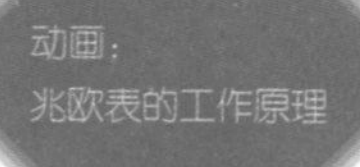

① 线路对地的绝缘电阻。将兆欧表的“接地”接线柱（即E接线柱）可靠地接地（一般接到某一接地体上），将“线路”接线柱（即L接线柱）接到被测线路上，如图1.22（a）

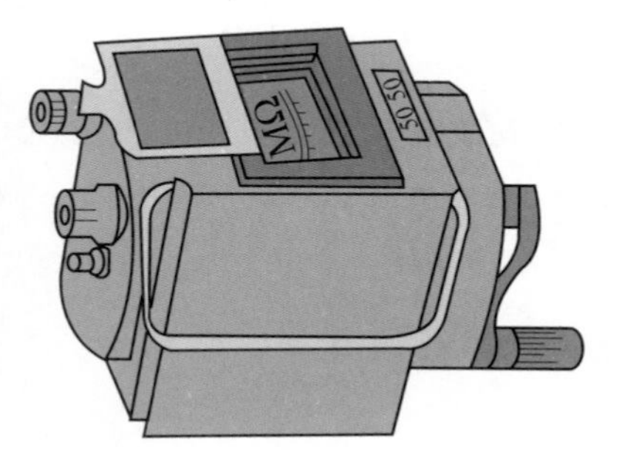

（a）示意图

（b）实物图

图 1.21 兆欧表的外形

笔 记

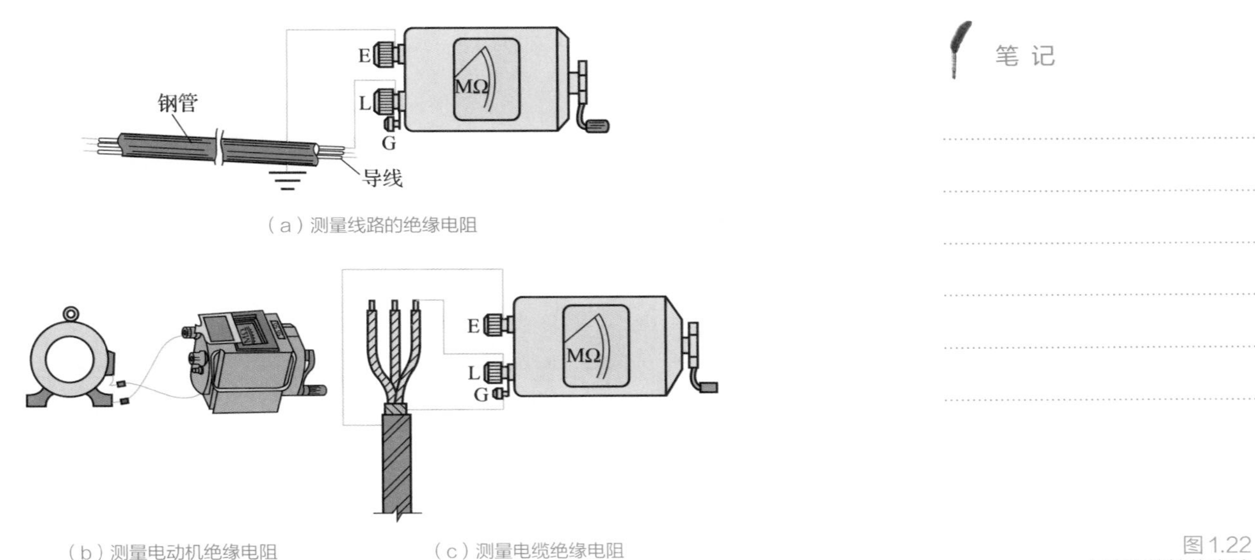

（a）测量线路的绝缘电阻

（b）测量电动机绝缘电阻　（c）测量电缆绝缘电阻

图 1.22
兆欧表的接线方法

所示。连接好后，顺时针摇动兆欧表，转速逐渐加快，保持在约120r/min后匀速摇动，当转速稳定，表的指针也稳定后，指针所指示的数值即为被测物的绝缘电阻值。

实际使用中，E、L两个接线柱也可以任意连接，即E可以与被测物相连接，L可以与接地体连接（即接地），但G接线柱决不能接错。

② 测量电动机的绝缘电阻。将兆欧表E接线柱接机壳（即接地），L接线柱接到电动机某一相的绕组上，如图1.22（b）所示，测出的绝缘电阻值就是某一相的对地绝缘电阻值。

③ 测量电缆的绝缘电阻。测量电缆的导电线芯与电缆外壳的绝缘电阻时，将接线柱E与电缆外壳相连接，接线柱L与线芯连接，同时将接线柱G与电缆壳、芯之间的绝缘层相连接，如图1.22（c）所示。

（3）使用注意事项

① 使用前应作开路和短路试验。使L、E两接线柱处在断开状态，摇动兆欧表，指针应指向“∞”；将L和E两个接线柱短接，慢慢地转动，指针应指向“0”处。这两项都满足要求，说明兆欧表是好的。

② 测量电气设备的绝缘电阻时，必须先切断电源，然后将设备进行放电，以保证人身安全和测量准确。

③ 兆欧表测量时应放在水平位置，并用力按住兆欧表，防止在摇动中晃动，摇动的转速为120r/min。

④ 引接线应采用多股软线，且要有良好的绝缘性能，两根引线切忌绞在一起，以免造成测量数据的不准确。

⑤ 测量完后应立即对被测物放电，在兆欧表的摇把未停止转动和被测物未放电前，不可用手去触及被测物的测量部分或拆除导线，以防触电。

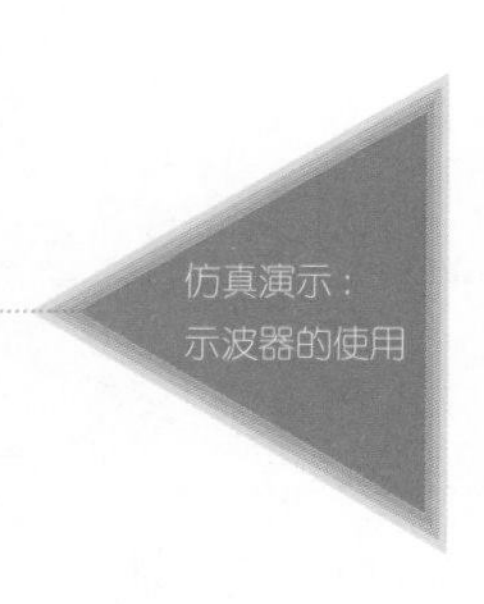

3. 示波器（如图 1.23 所示）

（1）使用说明

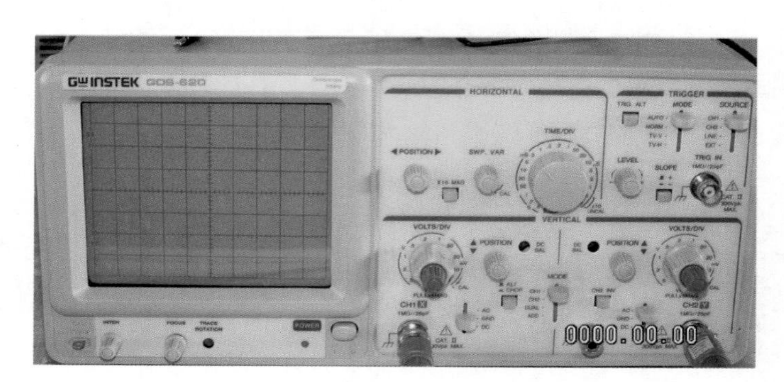

图 1.23
示波器

拓展资源：
信号源和示波器的使用

笔　记

① 接通电源，打开机器的开关，电源指示灯亮，屏幕会出现光迹，调节亮度、聚焦等，使得光迹亮度适中。

② 用探头（一般为 10∶1）将校正信号输入 CH1 端，调节纵横位移。

③ 当只需观察一路信号时，MODE 选择 CH1 或者 CH2；若要观察两路号，MODE 需要选择交替方式 ALT，该方式下，两个通道信号交替显示；若选择 ADD 则可以观察两路信号的代数和。

④ 输入和输出的耦合方式有三种，分别为 AC（交流）、DC（直流）、GND（地）。直流耦合方式适用于观察含有直流分量的被测信号；交流耦合方式下，被测信号中的直流分量被隔断，只能显示信号中的交流分量；接地方式下，对应通道的输入端接地，无信号输入。

（2）单一频道基本操作法

以 CH1 为例，介绍单一频道基本操作法。CH2 单一频道基本操作程序是相同的，仅需注意要改为设定 CH2 栏的旋钮及按键组。（插上电源插头之前，请务必确认各按钮已调至适当的位置。）

① 按下电源开关，并确认电源指示灯亮起。约 20s 后 CRT（Cathode Ray Tube，阴极射线管）显示屏蔽电极应会出现一条轨迹

② 转动 INTEN 和 FOCUS 旋钮，以调整出适当的轨迹亮度及聚焦。

③ 调 CH1 POSITION 及 TRACE ROTATION 旋钮，使轨迹与中央水平刻度线平行。

④ 将探针连接至 CH1 输入端，并将探针接上 2VP-P 校准信号端子。

⑤ 将 AC-GND-DC 置于 AC 位置，此时，CRT 上会显示峰–峰值为 2V 的方波。

⑥ 调整 FOCOUS 旋钮，使轨迹更清晰。此时再调整 POSITION（上下、左右）旋钮，以使波形与刻度线齐平，并使电压值（VP–P）及周期（T）易于读数。

（3）双频道操作法

双频道操作法与单一频道操作法步骤大致相同。

① 将 VERT MODE 置于 DUAL 位置，此时显示屏上应有两条扫描线，CH1 的轨迹为校准信号的方波，CH1 则因尚未连接信号，轨迹呈一条直线。

② 将探针连接至 CH2 输入端，并将探针接上 2VP–P 校准信号端子。

③ 将AC-GND-DC置于AC位置，调整POSITION（上下、左右）旋钮，以使两条轨迹同时在CRT上显示。当ALT/CHOP放开时（ART模式），则CH1、CH2和输入信号将以交替扫描方式轮流显示，一般使用于较快速的水平扫描文件位；当ALT/CHOP按下时（CHOP模式），则CH1、CH2和输入信号将以大约250kHz斩切方式显示在屏幕上，一般使用于较慢速的水平扫描文件位。在双轨迹（DUAL或ADD）模式中操作时，SOURCE选择器必须拨向CH1或CH2位置，选择其一作为触发源。若CH1及CH2的信号同步，两者的波形会是稳定的；若不同步，则仅有选择器所设定之触发源的波形会稳定，此时，若按下TRIG.ALT旋钮，则两者波形都会同步稳定显示。注意：请勿在CHOP模式时按下TRIG.ALT旋钮，因为TRIG.ALT功能仅适用于ALT模式。

动画：双踪示波器的原理

【技能训练】

常用电工工具和仪表的使用

拓展资源：直流电压表、直流电流表、直流单臂电桥和信号发生器的仿真演示

一、训练目的

① 掌握低压验电器、剥线钳、电烙铁等常用电工工具的使用方法；
② 掌握万用表、兆欧表等常用电工仪表的使用方法。

笔 记

二、工具器材

验电器、剥线钳、电烙铁、万用表、兆欧表和导线、焊锡丝、几个电子元件等。

三、训练内容

① 选择某一带电电路或带电插座，在老师的指导下，学会验电器的使用。
② 取若干导线，学会剥线钳的使用。
③ 取若干导线或元器件、焊锡丝、电路板等学会电烙铁的使用。
④ 万用表的使用：
用万用表测量实验室电源或插座的交流电压。
用万用表测量直流稳压电源的输出电压和几个电池的电动势。
用万用表测量几个电子元件的电阻。
⑤ 兆欧表的使用：
测量线路对地的绝缘电阻。
测量电动机的绝缘电阻。
测量电缆的绝缘电阻。

四、注意事项

① 注意低压验电器的使用安全。

② 禁止用万用表的电流挡和电阻挡去测量电压。

③ 兆欧表在测量电气设备的绝缘电阻时，必须先切断电源，然后将设备进行放电，以保证人身安全和测量准确。测量完后应立即对被测物放电，在兆欧表的摇把未停止转动和被测物未放电前，不可用手去触及被测物的测量部分或拆除导线，以防触电。

【思考与练习】

1. 何谓电力系统？电力系统的组成是什么？
2. 电力系统为什么要采用高压甚至超高压送电？
3. 什么是变电所？
4. 电能质量的指标有哪几项？
5. 什么是安全电压？安全电压一般是多少？
6. 什么是安全电流？安全电流一般是多少？
7. 什么叫触电？它对人体有什么危害？
8. 触电有哪几种类型？
9. 发现有人触电时怎么办？
10. 对电击所致的心博骤停病人实施胸外心脏按压法，应该每分钟按压多少次？
11. 常见的触电事故是怎样发生的？
12. 保护零线的统一标志是什么？
13. 兆欧表使用时应注意哪些问题？
14. 应用示波器观测波形时的操作步骤是什么？
15. 万用表使用时应注意哪些问题？

【课外阅读】

GB 19517—2009《国家电气设备安全技术规范》

DL493—2015《农村低压安全用电规程》（国家电力行业标准）

学习情境二

指针式万用表的组装与调试

通过本学习情境的学习，学生应掌握电路的基本物理量及相互关系；熟悉电阻、电压源、电流源等电路元件的伏安特性；掌握欧姆定律、基尔霍夫定律等基本定律；理解电路的基本分析计算方法（电路的等效分析法、支路电流法、节点电压法、网孔分析法、叠加定理、戴维南定理等），能在指针式万用表电路的分析中加以应用；能够正确使用工具、选择仪表对元件进行检测，进行简单电路的安装与测试；掌握指针式万用表电路的组装与调试。

本学习情境的教学重点包括指针式万用表电路分析，基尔霍夫定律，欧姆定律，电阻元件串、并联电路与分压、分流公式，电路元件伏安特性的测绘，常用电路分析方法，电路的分析检测方法与检修能力；教学难点包括指针式万用表的故障组装与调试，指针式万用表电路分析。

项目 1　电路的基本概念与定律

任务 1　电路模型与电路变量

演示文稿：电路的基本概念与定律

任务导入

在人们的日常生活和生产实践中，电路无处不在。为了便于对电路进行分析和计算，常把实际元件加以近似化、理想化，用足以表征其主要特征的“模型”来表示。研究电路的基本规律，首先应掌握电路中的主要物理量：电流、电压和功率。本任务讨论电路模型的概念以及电路中的几个主要物理量。

任务目标

理解电路模型的基本概念；掌握电路中的主要物理量；掌握电压、电流的参考方向及功率的计算方法。

一、电路

人们在日常生活或在生产和科研中广泛地使用着各种实际电路。这些电路的形式、特性和作用各不相同。

1. 电路的组成

所谓电路，就是由电源、负载和中间环节等元器件按一定方式连接起来，为电流的流通提供路径的总体，也称为网络。图 2.1 所示为一个手电筒电路。

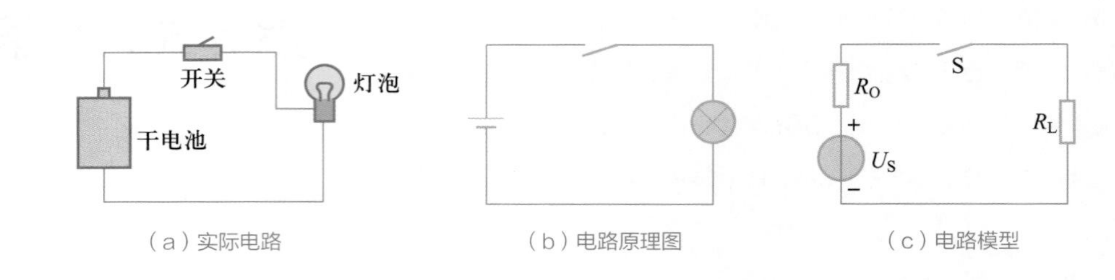

图 2.1
手电筒电路

2. 电路的作用

电路的作用大致可分为电能的传输与转换及信号的传输、处理和存储两类。

（1）电能的传输与转换

例如：电力网络将电能从发电厂输送到各个工厂、广大农村和千家万户，再通过负载把电能转换成其他形式的能量。

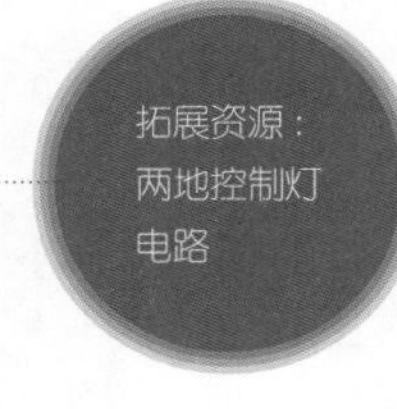

（2）信号的传输、处理和存储

例如：电视接收天线将含有图像和声音信息的高频电视信号通过高频传输线送到电视机中，经过选择、变频、放大和检波等处理，恢复出原来的图像和声音信息，在显像管上呈现图像并在扬声器中发出声音。

二、电路模型

动画：
电路模型

1. 理想电路元件

理想电路元件是指实际器件的理想化模型。

实际器件的应用中一般同时存在以下三种现象：

① 电能的消耗现象。

② 电磁能存储现象。

③ 电场能量的存储现象。

为简化电路分析，将实际器件加以理想化、近似化，用电路元件反映实际器件的主要性质和特征。这样，用电阻元件来反映器件消耗电能的特征，用电感元件来反映器件存储磁场能量的特征，用电容元件来反映器件存储电场能量的特征。它们的符号如图 2.2 所示。

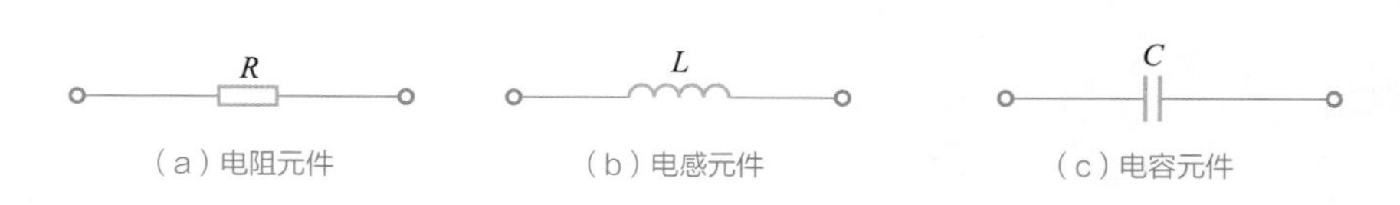

图 2.2
理想电路元件的符号

2. 电路模型

电路模型是由实际电路抽象而成，它近似地反映实际电路的电气特性，它由理想元件组成。如图 2.3 所示为晶体管放大电路的电路模型。

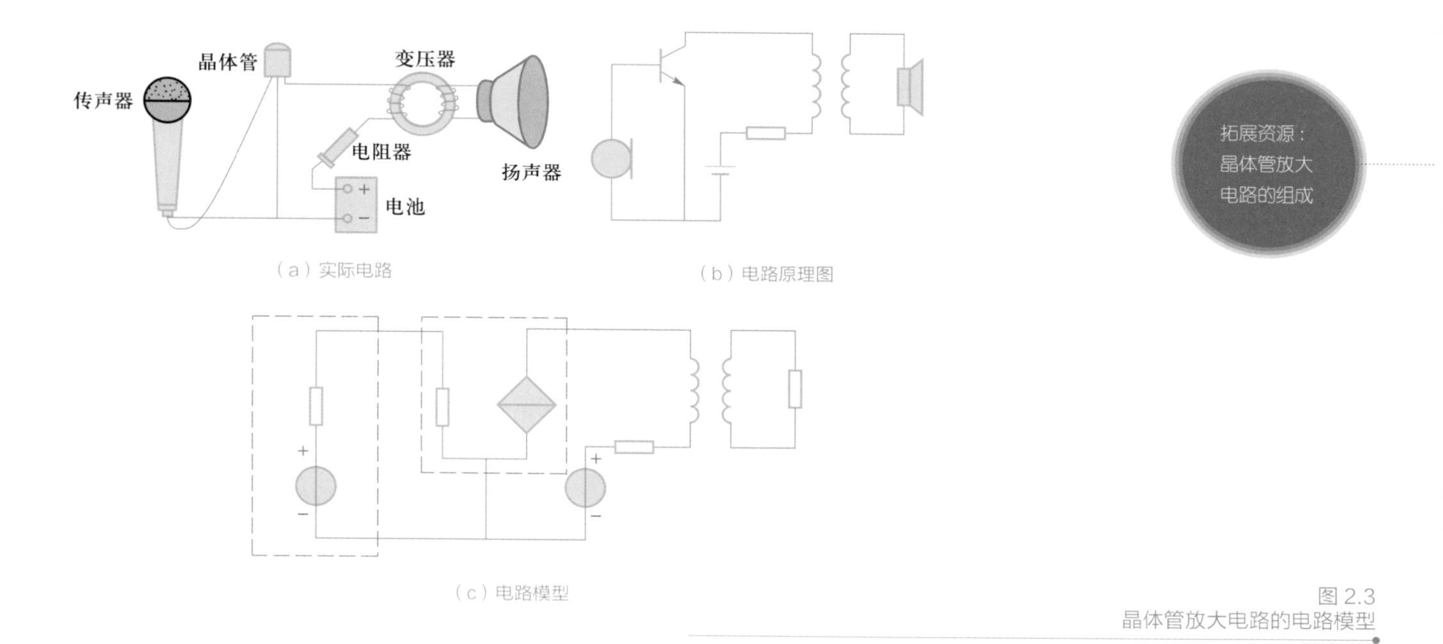

（a）实际电路　　（b）电路原理图

（c）电路模型

图 2.3
晶体管放大电路的电路模型

3. 电路变量

（1）电流

① 定义：单位时间内通过导体横截面的电量。习惯上将正电荷运动的方向规定为电流的方向。其定义式为

$$i(t)=\frac{\mathrm{d}q}{\mathrm{d}t} \tag{2.1}$$

动画：电流的定义

② 符号：i（或I）。

③ 单位：安（A）。

$$1\mathrm{kA}=1\ 000\mathrm{A}=10^{3}\mathrm{A}\qquad 1\mathrm{mA}=10^{-3}\mathrm{A}\qquad 1\mu\mathrm{A}=10^{-6}\mathrm{A}$$

④ 分类：

● 直流（direct current，简称dc或DC）：指电流的大小和方向不随时间变化，也称恒定电流。可以用符号I表示。

● 交流（alternating current，简称ac或AC）：指电流的大小和方向都随时间做周期性变化，且在一个周期内平均值为零的时变电流称为交流，用小写字母i表示。

电流的大小可用电流表来测量，对直流电路用直流电流表测量。测量时，应将电流表串入被测电路中，并要保证电流从电流表的正端流入，负端流出。

（2）电压

① 定义：a、b两点间的电压表征单位正电荷由a点转移到b点时所获得或失去的能量。其定义式为

$$u(t)=\frac{\mathrm{d}\upsilon}{\mathrm{d}q} \tag{2.2}$$

如果正电荷从a转移到b，获得能量，则a点为低电位，b点为高电位，即a为负极，b为正极。

笔 记

② 符号：u（或U）。

③ 单位：伏（V）。

④ 分类：直流电压与交流电压。

（3）参考方向

① 概念的引入：在求解电路的过程中，常常出现许多的未知电量，其方向不能预先确定，因此需要任意选定电压和电流的方向作为其参考方向，以利于解题。规定如果电压或电流的实际方向与参考方向一致则其值为正，若相反则为负。这样就可以用计算得出值的正负与原来定的参考方向来确定电量的实际方向。

② 应用。参考方向的应用可以使用箭头和双下标两种表示方式，如图2.4所示。

电流的参考方向 A B 电流的实际方向 $i_{AB}>0$

电流的参考方向 A B 电流的实际方向 $i_{AB}<0$

图 2.4
电流的方向

电路中的电压、电流的参考方向可以任意指定。

一般来说，参考方向一经指定，在计算与分析过程中不再任意改变。

关联参考方向（associated reference direction）：

所谓参考方向关联是指电压与电流所取定的参考方向一致，如图2.5中的电压和电流方向。在关联参考方向下$u=Ri$，$p=ui$，反之，在非关联参考方向情况下，$u=-Ri$，$p=-ui$。

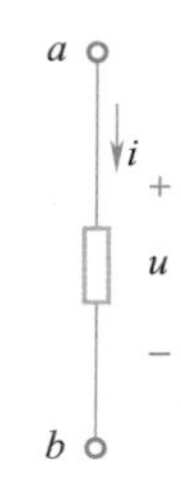

图 2.5
功率的计算

（4）功率

① 定义：单位时间内能量的变化。其定义式为：

$$p(t)=\frac{\mathrm{d}\omega}{\mathrm{d}t}=u(t)\frac{\mathrm{d}q}{\mathrm{d}t}=u(t)i(t) \tag{2.3}$$

把能量传输（流动）的方向称为功率的方向，消耗功率时功率为正，产生功率时功率为负。

② 符号：p（P）。

③ 单位：瓦（W），除瓦之外，也可用kW（千瓦）或mW（毫瓦）作单位。

笔 记

（5）功率计算中应注意的问题

功率的计算公式为：

$$p(t)=u(t)i(t)$$

① 实际功率$p(t)>0$时，电路部分吸收能量，此时的$p(t)$称为吸收功率。

② 实际功率$p(t)<0$时，电路部分发出能量，此时的$p(t)$称为发出功率。

具体计算时，若选取元件或电路部分的电压u与电流i方向关联，即方向一致，如图2.5所示。则在这样的参考方向情况下，计算得出的功率若大于零，则表示这一电路部分吸收能量，此时的$p(t)$称为吸收功率；计算得出的功率若小于零，则表示这一电路部分产生能量，此时的$p(t)$称为发出功率。

例如，可以用以下方式来记忆：

电阻元件中，流过它的电流与其两端的电压实际上总为相同方向，因此，其功率$p(t)=u(t)i(t)>0$，而电阻元件为消耗电能的元件。那么在电压和电流方向取定为关联参考方向时，如果计算得出的功率值大于零，则说明该电路部分吸收功率，消耗能量。

当独立电压源为电路供能时，流过它的电流与其两端的电压实际上总为相反方向，因此，其功率$p(t)=u(t)i(t)<0$，而此时独立电源为产生电能的元件。那么在电压和电流方向取定为关联参考方向时，如果计算得出的功率值小于零，则说明该电路部分发出功率，电路部分产生电能。

（6）电能的计算

生活中还需要计算一段时间内电路所消耗（或产生）的电能。

在$t_0 \sim t_1$时间内，电路消耗的电能为：

直流时
$$W=P\cdot t=UIt \tag{2.4}$$

在国际单位制中，电能的单位是焦［耳］（J），时间为秒（s）。工程上，电能的单位一般用kW · h表示。

日常生活和生产实践常用的千瓦时表，也称电度表，就是用来测量电能消耗量的仪表。

$$1\text{度（电）}=1\text{kW}\cdot\text{h}=3.6\times10^6\text{J}$$

【例2.1】图2.6所示电路中，已知U_1=1V，U_2=−6V，U_3=−4V，U_4=5V，U_5=−10V，I_1=1A，I_2=−3A，I_3=4A，I_4=−1A，I_5=−3A。试求：（1）各二端元件吸收的功率；（2）整个电路吸收的功率。

解：各二端元件吸收的功率为

$$P_1=U_1I_1=(1\text{V})\times(1\text{A})=1\text{W}$$

$$P_2=U_2I_2=(-6\text{V})\times(-3\text{A})=18\text{W}$$

$$P_3=-U_3I_3=-(-4\text{V})\times(4\text{A})=16\text{W}$$

$$P_4=U_4I_4=(5\text{V})\times(-1\text{A})=-5\text{W}\text{（发出5W）}$$

$$P_5=-U_5I_5=-(-10\text{V})\times(-3\text{A})=-30\text{W}\text{（发出30W）}$$

整个电路吸收的功率为：

$$\sum_{k=1}^{5}P_k=P_1+P_2+P_3+P_4+P_5=(1+18+16-5-30)\text{W}=0\text{W}$$

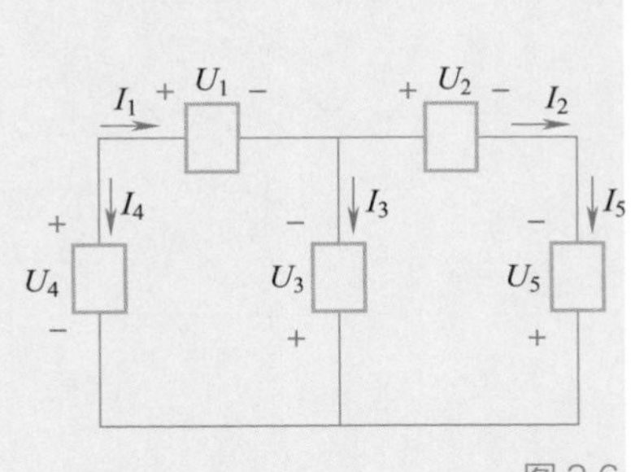

图2.6
例2.1电路图

【例2.2】有一个电饭锅，额定功率为750W，每天使用2h；一台电视机，功率为150W，每天使用4h；一台电冰箱，输入功率为120W，电冰箱的压缩机每天工作8h。试计算每月（30天）耗电多少W。

解：月耗电=(0.75kW × 2h + 0.15kW × 4h + 0.12kW × 8h) × 30

=(1.5度 + 0.6度 + 0.96度) × 30

=91.8度

答：每月耗电91.8度

笔 记

任务2　基尔霍夫定律及应用

任务导入

电路分析方法的根本依据是：元件的约束关系；电路的约束关系：基尔霍夫定律。基尔霍夫定律包括电流定律和电压定律，它用来描述电路中各电流和电压的约束关系。

任务目标

理解基尔霍夫定律的基本实质，能熟练列出电路中电流、电压的约束方程，包括它的广义应用；学会实际测试方法和计算机仿真。

一、电路的几个名词

1. 支路

电路中具有两个端钮且通过同一电流的每个分支（至少含一个元件）称为支路。如图2.7中efab、be、bcde均为支路。efab称为有源支路，bcde称为无源支路。

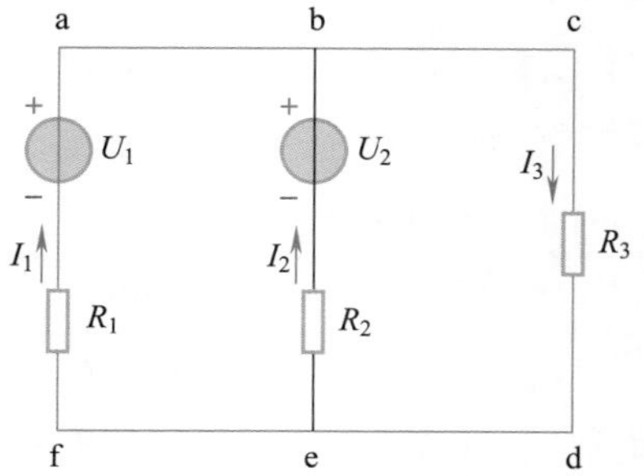

图2.7
电路的组成

2. 节点

三条或三条以上支路的连接点称为节点。图 2.7 中的 b 点和 e 点都是节点。

3. 回路

电路中任何一个闭合路径称为回路。图 2.7 中的 befab、bedcb、abcdefa 均为回路。

4. 网孔

内部不含支路的回路称为网孔。图 2.7 中的 abefa 和 bcdeb 都是网孔，但回路 abcdefa 不是网孔。

动画：基尔霍夫电流定律动画演示

5. 网络

一般把含元件较多的电路称为网络。

二、基尔霍夫电流定律（简称 KCL）

KCL 指出：任意时刻，流入一个节点的电流总和等于从该节点流出的电流的总和。也可以描述为：任意时刻，流入电路中的任一个节点的各支路电流代数和恒等于零，即

$$\sum i = 0 \tag{2.5}$$

KCL 源于电荷守恒。

在列节点电流方程以前，先要选定各支路电流的参考方向，如把流进节点的电流前面取正号，则流出节点的电流前面取负号。图 2.8 所示电路有五条支路的电流汇聚于一个节点，参考方向均已选定，其中 i_1、i_2、i_4 是流进节点，取正号，而电流 i_3、i_5 是由节点流出，取负号，则该节点的电流方程为

$$i_1+i_2-i_3+i_4-i_5=0$$

基尔霍夫电流定律还可以扩展到电路的任意封闭面。

图 2.9 中，虚线所围成的闭合面可视为广义节点，由 KCL 图 2.9（a）有

$$i_1+i_2+i_3=0$$

由图 2.9（b）有

$$i_b+i_c-i_e=0$$

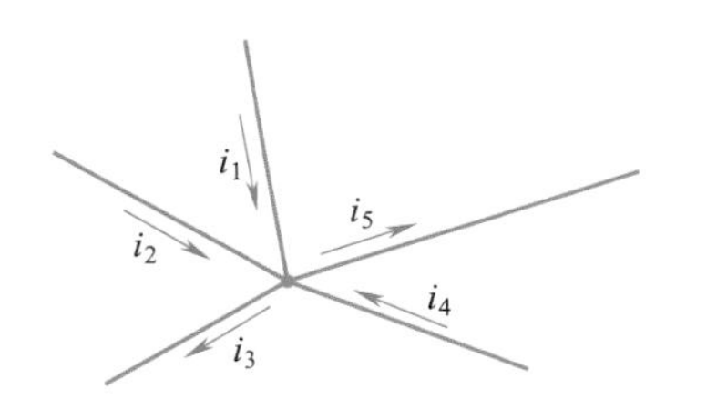

图 2.8
节点电流示意图

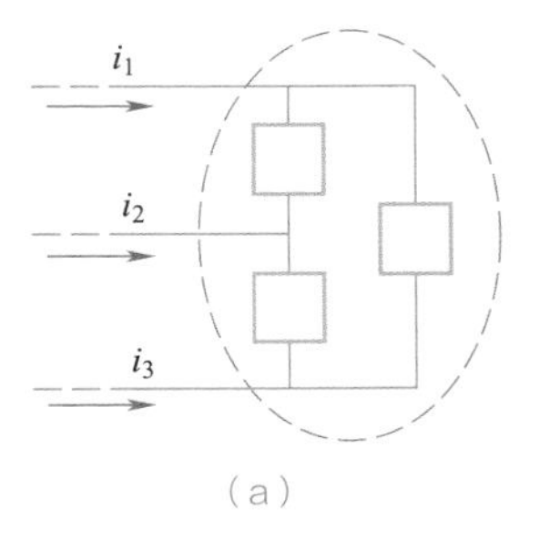

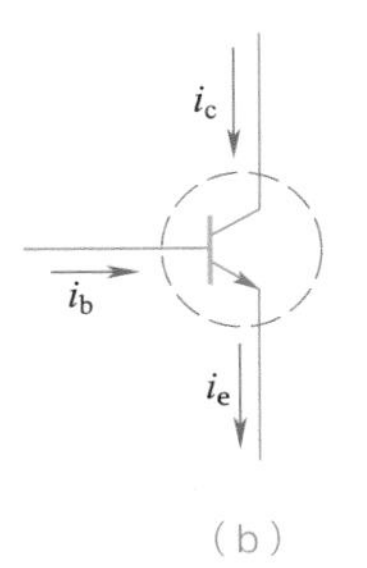

图 2.9
KCL 在广义节点上的应用

笔 记

动画：
基尔霍夫电压定律动画演示

应用KCL，应注意以下几点：

① 如前所述，KCL可以推广运用于电路中任一假设的闭合面（广义节点）。

② 在应用KCL解题时，应选定各支路电流的参考方向。

三、基尔霍夫电压定律（简称KVL）

KVL指出：任一时刻，沿电路中的任何一个回路，所有支路的电压代数和恒等于零，即

$$\sum u=0 \tag{2.6}$$

或表述为：在一个闭合回路内，从闭合回路的任意点起始，沿回路环绕一周，再回到该点，电位升高的总和等于电位降低的总和。这就是KVL源于能量守恒原理。

对于复杂电路，可以预先假定电流的方向，根据所假定的电流方向来确定回路中某处电位是升高还是降低，列出回路方程。

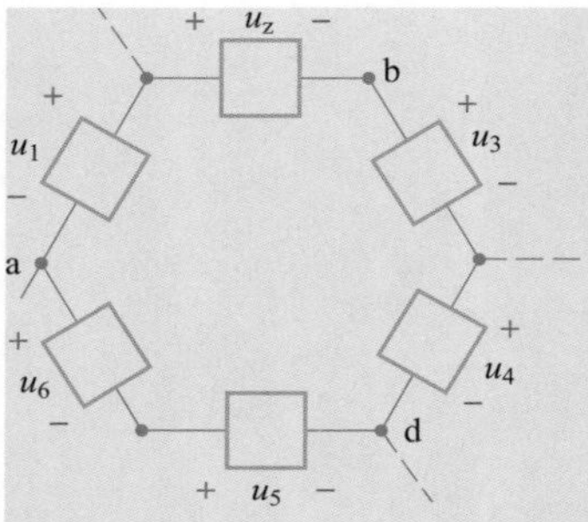

图2.10
例2.3图

【例2.3】图2.10为一复杂电路中的一个回路。已知各元件电压为$u_1=u_6=4V$，$u_2=u_3=6V$，$u_4=-14V$，求u_5。

解：根据图中所标出的各段电压的参考方向，列出KVL方程，得

$$-u_1+u_2+u_3+u_4-u_5-u_6=0$$

将已知数据代入，得

$$-(4)V+6V+6V+(-14)V-u_5-4V=0$$

解得：$u_5=-10V$

u_5为负值说明它的实际极性与图中所假设的极性相反。

KVL不仅适用于闭合回路，还可以推广到不闭合回路，但要将开口处的电压列入方程。如图2.11所示。

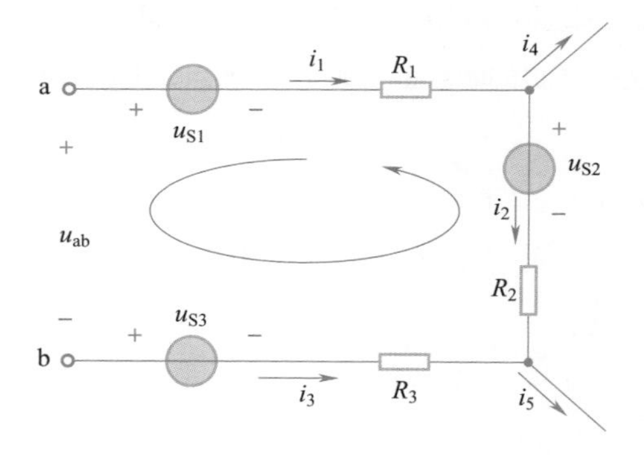

图2.11
KVL推广到不闭合回路

由图2.11得

$$u_{ab}+u_{S3}+i_3R_3-i_2R_2-u_{S2}-i_1R_1-u_{S1}=0$$

四、基尔霍夫定律值得注意的几点

笔 记

① KCL、KVL与组成支路的元件性质及参数无关。

② KCL表明在每一节点上电荷是守恒的；KVL是电压与路径无关的具体体现。

③ KCL、KVL只适用于集总参数的电路。（由集总参数元件构成的电路称为集总参数电路，而集总参数元件就是理想元件。）

【技能训练】

仿真演示：基尔霍夫定律

基尔霍夫定律的测试

一、测试目的

① 测试基尔霍夫定律的正确性，加深对基尔霍夫定律的理解。

② 学会用电流插头、插座测量各支路电流。

二、测试内容

动画：基尔霍夫定律中电流和电压的测试

1. 测试线路

测试线路如图 2.12 所示。

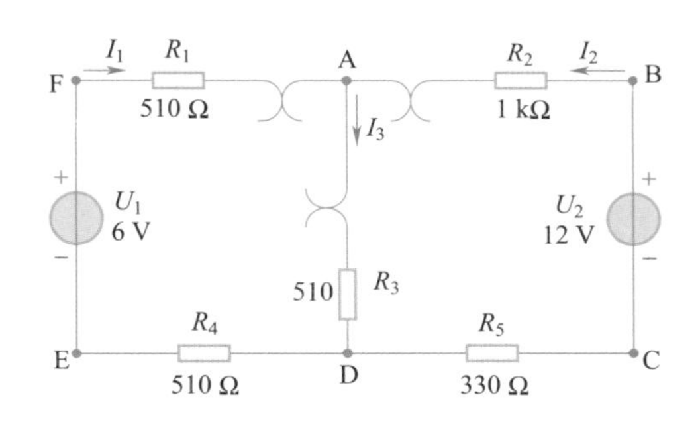

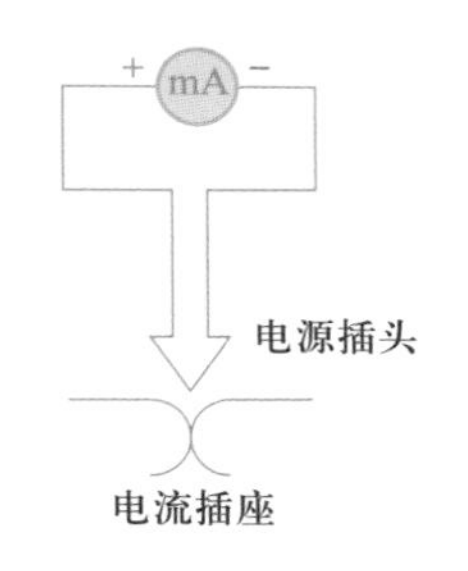

图 2.12
测试线路图

2. 测试步骤

① 测试前先任意设定三条支路和三个闭合回路的电流正方向。

② 分别将两路直流稳压源接入电路，令 U_1=6V，U_2=12V。

③ 熟悉电流插头的结构，将电流插头的两端接至数字毫安表的“+”、“−”两端。

④ 将电流插头分别插入三条支路的三个电流插座中，读出并记录电流值。

⑤ 用直流数字电压表分别测量两路电源及电阻元器件上的电压值，并记录于表 2.1 中。

实验演示：基尔霍夫定律与叠加定理

笔 记

表2.1 实验数据

被测量	I_1/mA	I_2/mA	I_3/mA	U_1/V	U_2/V	U_{FA}/V	U_{AB}/V	U_{AD}/V	U_{CD}/V	U_{DB}/V
计算值										
测量值										
相对差										

3. 分析

① 根据实验数据，选定节点A，验证KCL的正确性。

② 根据实验数据，选定实验电路中的任一个闭合路，验证KVL的正确性。

③ 误差原因分析。

三、注意事项

① 所有需要测量的电压值，均以电压表测量的读数为准。U_1、U_2也需测量，不应取电源本身的显示值。

② 防止稳压电源的两个输出端碰线短路。

③ 用指针式电压表或电流表测量电压或电流时，如果仪表指针反偏，则必须调换仪表极性，重新测量。此时指针正偏，可读得电压或电流值。若用数字显示电压表或电流表测量，则可直接读出电压或电流值。但应注意：所读得的电压或电流值的正确正、负号应根据设定的电流参考方向来判断。

【计算机仿真】（基于 Proteus）

一、基尔霍夫电流定律的仿真

1. 构建电路

① 元器件清单，见表2.2。

表2.2 元器件清单

元器件名称	所属类	所属子类	标志
RES	DEVICE	Generic	R
BATTERY	ACTIVE	SOURCES	BAT

② 放置元器件、放置电源和地、连线、元器件属性设置、电气检测。

2. 电路仿真

① 按图2.13连接电路，并设置直流电流表。

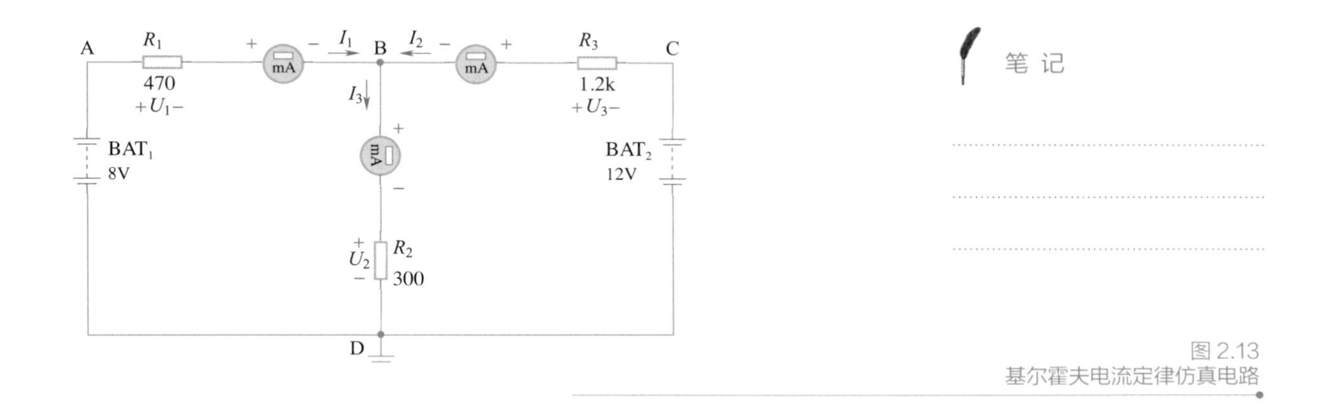

图 2.13
基尔霍夫电流定律仿真电路

② 单击“启动”按钮，启动仿真。

③ 将各电流表中的数值记入表 2.3 中，并求 ΣI。

表 2.3　实验数据

被测值	I_1/mA	I_2/mA	I_3/mA	U_2/V	U_3/V	U_{AB}/V	U_{AD}/V	U_{CD}/V	U_{BD}/V
计算值									
测量值									
相对误差									

根据实验数据，选定节点 B，验证 KCL 的正确性。

二、基尔霍夫电压定律的仿真

① 仿真电路如图 2.14 所示，根据回路 1 和回路 2 的环绕方向，在图中标出各电阻的电压方向。

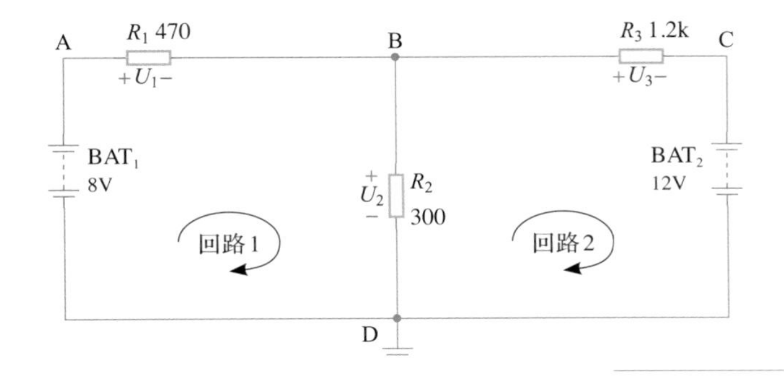

图 2.14
基尔霍夫电压定律仿真电路

② 设置仿真时显示电流的方向。

③ 单击“启动”按钮，启动仿真。

④ 将各电压值记入表 2.4 中，并求 ΣU。

笔 记

表2.4 实验数据

被测值	U_1/V	U_2/V	U_3/V	E_1/V	E_2/V	ΣU/V	
						回路1	回路2
计算值							
测量值							
相对误差							

根据实验数据，选定回路1和2，验证KVL的正确性。

【课外阅读】古斯塔夫·罗伯特·基尔霍夫

基尔霍夫（Gustav Robert Kirchhoff，1824—1887），德国物理学家。1845年，21岁时他发表了第一篇论文，提出了稳恒电路网络中电流、电压、电阻关系的两条电路定律，即著名的基尔霍夫电流定律（KCL）和基尔霍夫电压定律（KVL）。直到现在，基尔霍夫电路定律仍旧是解决复杂电路问题的重要工具，基尔霍夫被称为电路求解大师。

任务3 电阻元件及其串并联

任务导入 电路元件是实际电气元件的理想模型，掌握电路元件的特性是研究电路的基础，本学习任务介绍最基本的无源元件电阻及其串并联。

任务目标 掌握电阻元件的伏安特性；理解电阻串并联的作用；学会基本物理量的计算。

一、电阻元件

电阻元件是从实际电阻器抽象出来的模型，它是一种对电流呈现阻碍作用的耗能元件。如电阻器、灯泡、电烙铁和电炉等。

1. 欧姆定律

欧姆定律：施加于电阻元件上的电压与通过的电流成正比。

关联方向下：

$$u=Ri \tag{2.7}$$

笔 记

2. 电导

电阻的倒数称为电导，它是表示材料导电能力的一个参数，即

$$G=\frac{1}{R} \tag{2.8}$$

电导的单位为西（门子）（S）。

3. 线性电阻元件

在任何时刻，两端电压与其电流的关系都服从欧姆定律的电阻元件称为线性电阻元件。

电阻元件的符号、实物图及伏安特性曲线如图 2.15 所示。

线性电阻元件的伏安特性曲线是过坐标原点的一条直线。

动画：电阻的定义

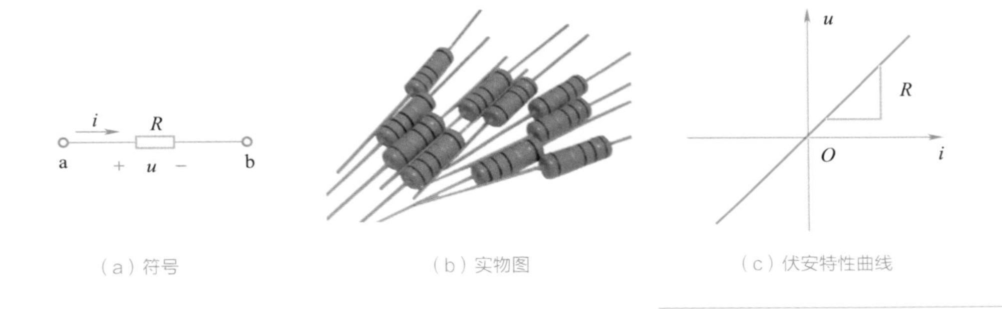

（a）符号　（b）实物图　（c）伏安特性曲线

图 2.15 线性电阻元件的符号、实物图及伏安特性曲线

4. 非线性电阻元件

非线性电阻元件的伏安特性曲线是一条曲线，其电压和电流不成正比，不服从欧姆定律。二极管就是一种非线性电阻元件。

如图 2.16 所示为二极管的符号、实物图及伏安特性曲线。

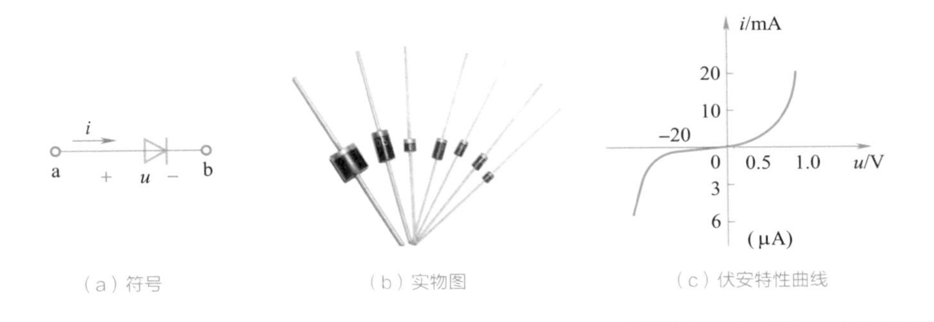

（a）符号　（b）实物图　（c）伏安特性曲线

图 2.16 二极管的符号、实物图及伏安特性曲线

5. 电阻元件的功率

线性时不变电阻吸收的功率为

$$P=UI=RI^2=GU^2 \tag{2.9}$$

电阻的单位为欧姆（Ω），常用的单位还有 kΩ 和 MΩ，1MΩ = 10^6Ω，功率的单位是瓦（W）。

【例2.4】两个标明220V、60W的白炽灯，若分别接在380V和110V电源上，消耗的功率各是多少？（假定白炽灯电阻是线性的。）

解：根据题意可解得两白炽灯的电阻 $R=\dfrac{U^2}{P}=806.666\,7\Omega$

当接在380V的电源上时，消耗的功率 $P=\dfrac{380^2}{R}\text{W}=179\text{W}$；

当接在110V的电源上时，消耗的功率 $P=\dfrac{110^2}{R}\text{W}=15\text{W}$。

二、电阻元件的串联和并联

1. 电阻的串联

动画：电阻的串联

如图2.17所示，n个电阻串联可等效为一个电阻

$$R=R_1+R_2+\cdots+R_n \tag{2.10}$$

2. 电阻的串联具有分压作用

笔 记

如图2.18所示，由KVL和欧姆定律，得

$$U_1=R_1I=\frac{U}{R_1+R_2+R_3}R_1=\frac{R_1}{R_1+R_2+R_3}U$$

$$U_2=R_2I=\frac{U}{R_1+R_2+R_3}R_2=\frac{R_2}{R_1+R_2+R_3}U$$

$$U_3=R_3I=\frac{U}{R_1+R_2+R_3}R_3=\frac{R_3}{R_1+R_2+R_3}U$$

如图2.19所示，n个电阻并联可等效为一个电阻

$$\frac{1}{R}=\frac{1}{R_1}+\frac{1}{R_2}+\cdots+\frac{1}{R_n} \tag{2.11}$$

动画：电阻的并联

3. 电阻的并联具有分流作用

如图2.20所示，两个电阻并联时：

$$i_1=\frac{R_2}{R_1+R_2}i$$

$$i_2=\frac{R_1}{R_1+R_2}i$$

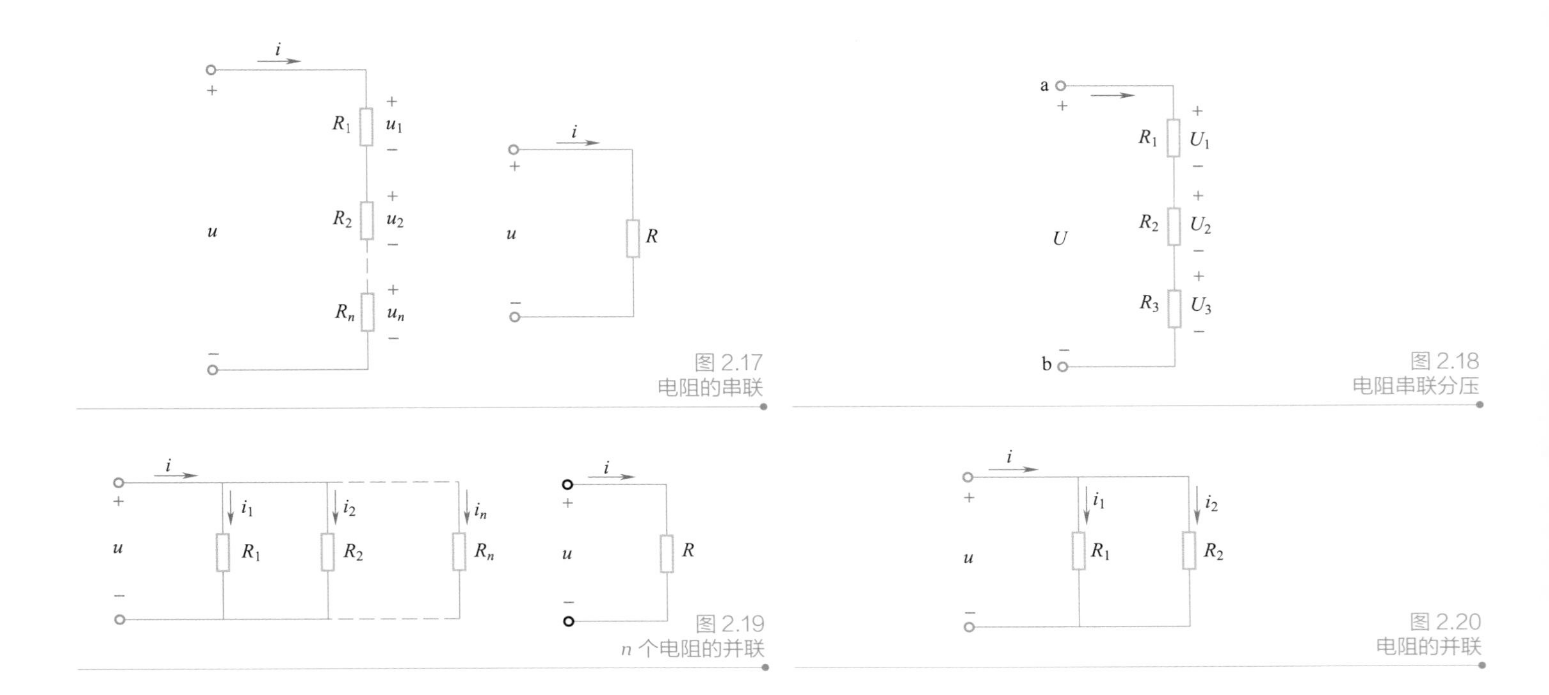

图 2.17
电阻的串联

图 2.18
电阻串联分压

图 2.19
n 个电阻的并联

图 2.20
电阻的并联

三、开路与短路

电阻有两种值得注意的特殊情况——开路与短路。

1. 开路

如果一个电阻阻值$R=\infty$，则其两端电压为任意数值，流过电阻的电流均为0，称该电阻为开路，如图2.21（a）所示。开路又称断路。

动画：
过载和短路
动画分析

2. 短路

如果一个电阻阻值$R=0$，则流过任意数值的电流其电阻两端电压均为0，称该电阻为短路，如图2.21（b）所示。

图 2.21
开路与短路

开路状态：电源与负载断开，称为开路状态，又称空载状态。

开路状态电流为零，负载不工作，因此$U=IR=0$，而开路处的端电压$U_0=E$。

短路状态：电源两端没有经过负载而直接连在一起时，称为短路状态。短路是电路最严重、最危险的事故，是禁止的状态。短路电流$I_S=E/R_0$很大，如果没有短路保护，会发生火灾。产生短路的原因主要是接线不当，线路绝缘老化损坏等。应在电路中接入短路保护。

笔 记

四、电路中各点电位的分析

1. 电位的有关概念

电位是电路中某点到参考点之间的电压。当我们选定电路中b点为参考点，就是规定b点的电位为零。由于参考点的电位为零，所以参考点又称零电位点。

参考点是可以任意选定的，但一经选定之后，各点电位的计算即以该点为准。如果换一个参考点，则各点电位也就不同，即电位随参考点的选择而异。

在工程中常选大地作为参考点，即认为大地电位为零。

2. 电路中各点电位的分析

如图2.22所示，要计算电路中各点的电位，首先选定e点为参考点，即e点的电位为零。下面依次求出各点的电位。

$$V_a=U_{ae}=U_{S1}$$

$$V_b=U_{be}=I_3R_3$$

$$V_c=U_{ce}=I_2R_2'-U_{S2}$$

$$V_d=U_{de}=-U_{S2}$$

求一点的电位往往有几条路径，电路中两点电压是与路径无关的。所以，在求电路中某点电位时，应尽量选取最简单的路径。

动画：电位的测试

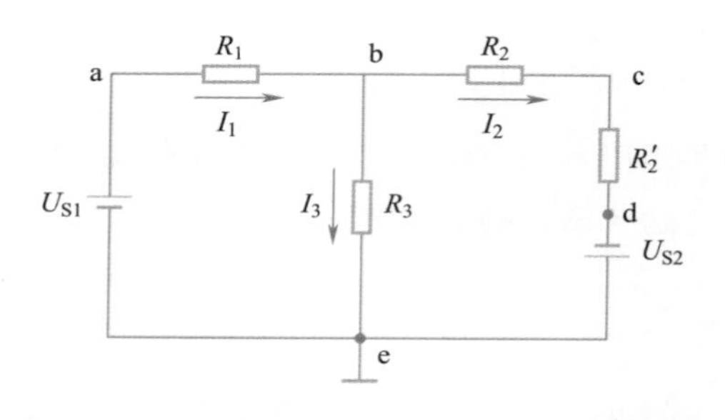

图2.22 电位分析

任务4 电压源与电流源

任务导入	电路中的耗能元件流过电流时，会不断消耗能量，因此，电路中必须有提供能量的元件即电源。常用的直流电源有干电池、蓄电池、直流发电机、直流稳压电源、直流稳流电源等。常用的交流电源有交流发电机、电力系统提供的正弦交流电源、交流稳压电源等。为了得到各种实际电源的电路模型，本任务介绍两种电路元件——电压源和电流源。
任务目标	理解电压源与电流源的基本性质，掌握它们的伏安特性。

一、电压源

笔 记

1. 理想电压源

理想电压源是由内部损耗很小，以致可以忽略的实际电源抽象得到的理想化二端电路元件。如果一个实际电源的输出电压与外接电路无关，即电压源输出电压的大小和方向与流经它的电流无关，也就是说无论接什么样的外电路，输出电压总保持为某一个给定值或某一个给定的时间函数，则该电压源称为理想电压源。

理想电压源的图形符号如图2.23（a）所示。

恒定电压源（或直流电压源）即U_S为恒定值，有时用图2.23（b）所示的图形符号表示，电压值用U_S表示。

电压源具有两个基本性质：

① 它的端电压是一个定值U_S，或是一个确定的时间函数u_S，与流过的电流无关。

② 流过电压源的电流由与和它相连接的外电路所决定。

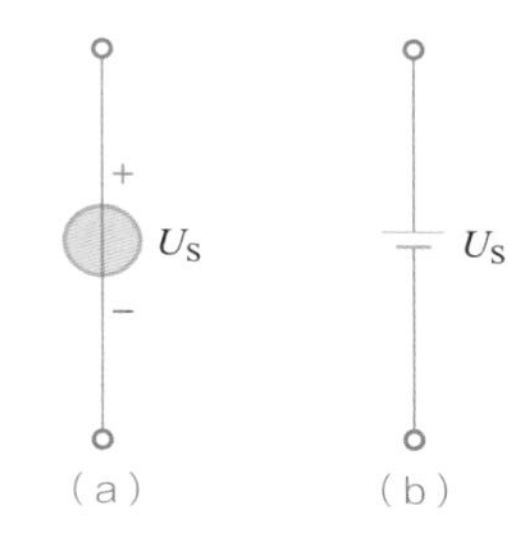

图 2.23 电压源

2. 电压源的伏安特性

电压源的输出电压与输出电流之间的关系（伏安特性）也称为电源的外特性，如图2.24所示。

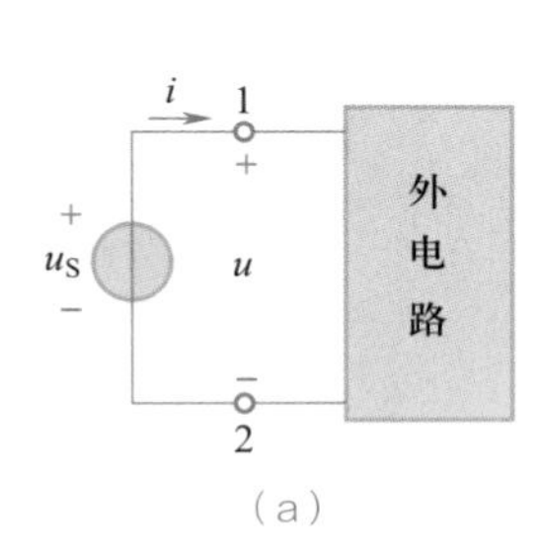

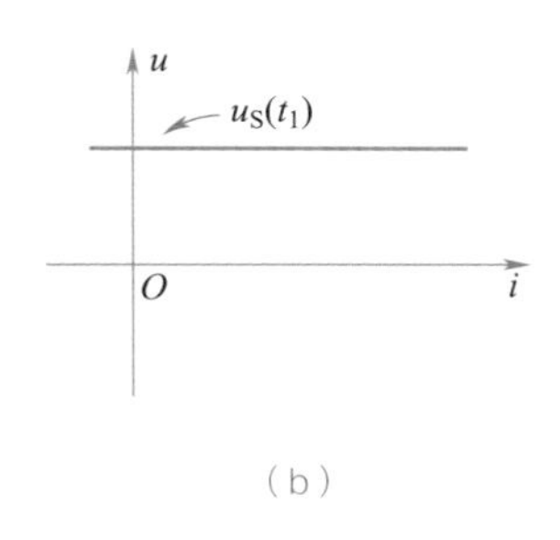

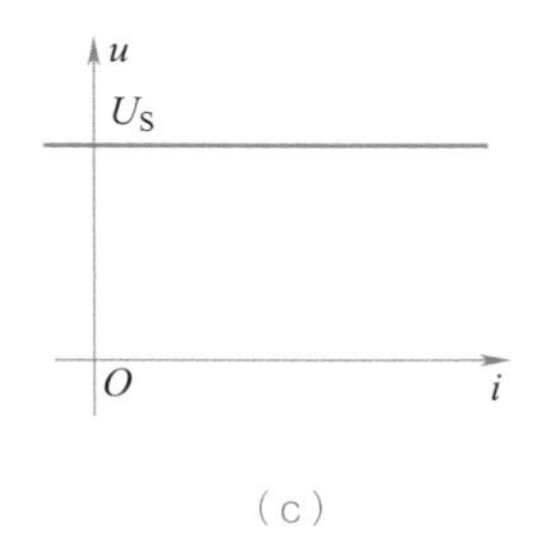

图 2.24 电压源的伏安特性

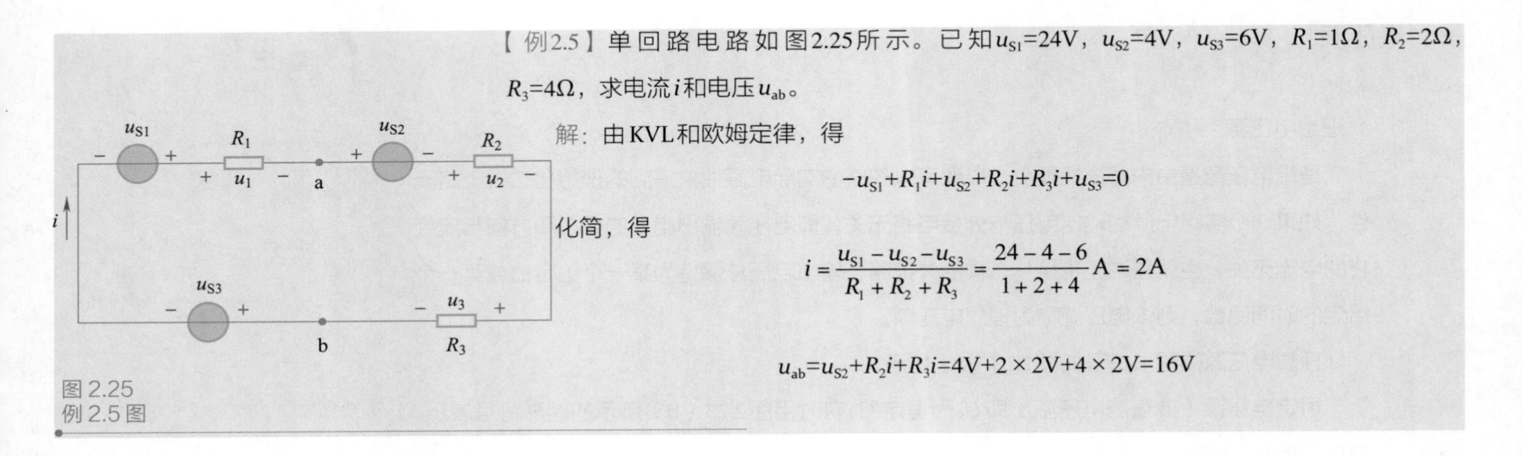

【例2.5】单回路电路如图2.25所示。已知u_{S1}=24V，u_{S2}=4V，u_{S3}=6V，R_1=1Ω，R_2=2Ω，R_3=4Ω，求电流i和电压u_{ab}。

解：由KVL和欧姆定律，得

$$-u_{S1}+R_1i+u_{S2}+R_2i+R_3i+u_{S3}=0$$

化简，得

$$i=\frac{u_{S1}-u_{S2}-u_{S3}}{R_1+R_2+R_3}=\frac{24-4-6}{1+2+4}\text{A}=2\text{A}$$

$$u_{ab}=u_{S2}+R_2i+R_3i=4\text{V}+2\times 2\text{V}+4\times 2\text{V}=16\text{V}$$

图2.25
例2.5图

二、电流源

理想电流源又称恒流源，它的电流与两端的电压无关，总保持某一给定值或给定的时间函数。光电池可作为一例，光电池电流只与照度有关而与光电池本身的端电压无关。

理想电流源的电路图形符号如图2.26（a）所示。

电流源具有两个基本性质：

① 它发出的电流是一个定值I_S或是一个确定的时间函数i_S，与两端电压无关。当电压为零值时，它发出的电流仍为I_S或i_S。

② 电流源两端的电压由与和它相连接的外电路所决定，如图2.26（b）所示。

如图2.26（c）和（d）所示，电流源的伏安特性为一条不通过原点且与电压轴平行的直线。

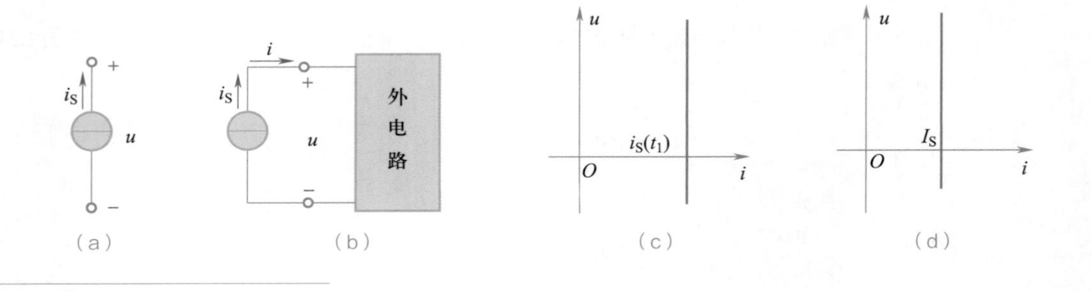

图2.26
理想电流源及其伏安特性曲线

【技能训练】

电阻元件伏安特性的测定

一、训练目的

① 学会线性电阻元件伏安特性的测定。

② 掌握常用电工仪表使用方法。

二、训练器材

① 可调直流稳压电源。
② 万用表。
③ 直流电流表。
④ 电阻元件。

三、训练内容

按图2.27接线，调节稳压电源的输出电压U，从0V开始缓慢地增加，一直到10V，记下相应的电压表和电流表的读数U_R、I，填入表2.5中。

笔 记

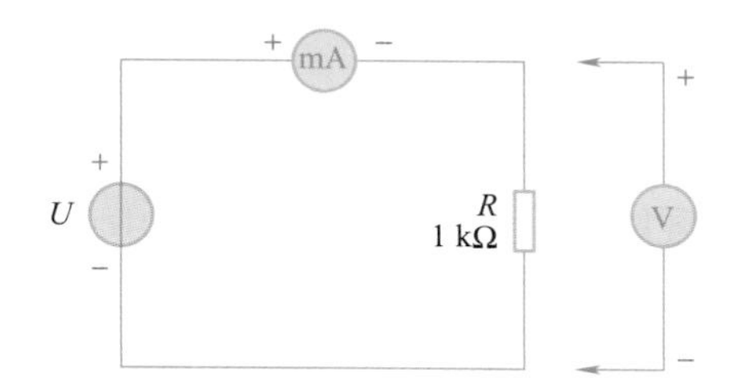

图 2.27
实验电路

表2.5　实验数据

U_R/V	0	2	4	6	8	10
I/mA						

根据U_R、I数据，在方格纸上绘制出电阻的伏安特性曲线，并加以分析。

注意：测量前，先估算电压和电流值，合理选择仪表的量程，极性不能接错。

项目 2　直流电路的分析与应用

任务 1　电路的等效

任务导入

在分析电路时，常将电路进行等效，从而简化电路。本学习任务讨论串联、并联电阻等效变换，电源的等效变换。

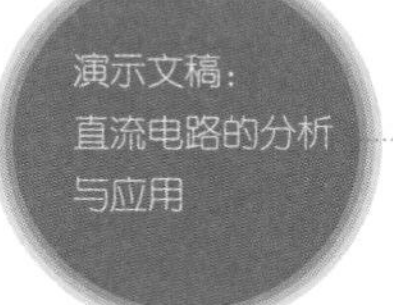

笔 记

任务目标	掌握电路等效变换的原理与方法。

一、单口网络等效的概念

① 单口网络：只有两个端钮与其他电路相连接的网络，称为二端网络。当强调二端网络的端口特性，而不关心网络内部的情况时，称二端网络为单口网络。

② 等效单口网络：当两个单口网络的电压电流关系完全相同时，称这两个单口是互相等效的，如图2.28所示。

图 2.28
单口网络等效

二、电阻的串联、并联、混联

动画：
串联电路和并联
电路的动画演示

1. 电阻的串联

如图2.29所示，用KVL方程可得到该二端网络端口上的电压电流关系

$$
\begin{aligned}
u &= u_1+u_2+u_3+\cdots+u_n \\
&= R_1i_1+R_2i_2+R_3i_3+\cdots+R_ni_n \\
&= (R_1+R_2+R_3+\cdots+R_n)i \\
&= Ri
\end{aligned}
$$

n个电阻串联总电阻为

$$R=\frac{u}{i}=\sum_{k=1}^{n}R_k \tag{2.12}$$

2. 电阻的并联

并联电路的基本特征是各并联元件的电压相同，即互相并联的各元件接在同一对节点之间，这也是判断并联电路的基本依据，如图2.30所示。

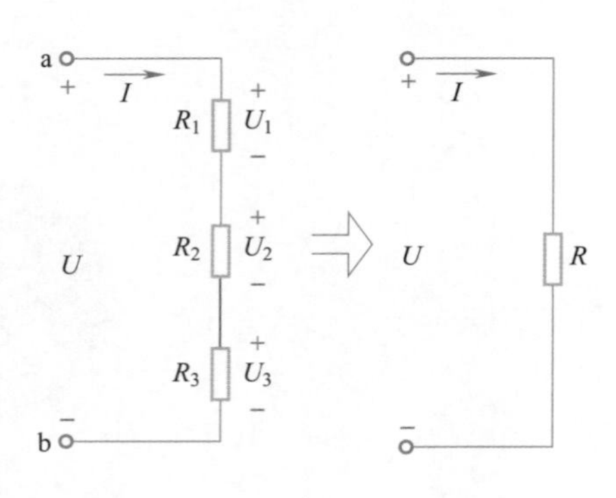

图 2.29
电阻的串联

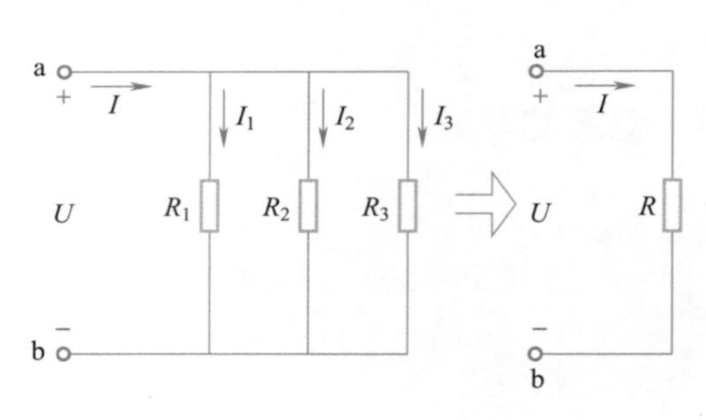

图 2.30
电阻的并联

笔 记

用KCL方程可得该二端网络端口上的电压电流关系

$$\begin{aligned} i &= i_1+i_2+i_3+\cdots+i_n \\ &= G_1u_1+G_2u_2+G_3u_3+\cdots+G_nu_n \\ &= (G_1+G_2+G_3+\cdots+G_n)u \\ &= Gu \end{aligned}$$

n个电阻并联总电阻为

$$G=\frac{i}{u}=\sum_{k=1}^{n}G_k \tag{2.13}$$

3. 电阻的混联

在电阻电路中，既有电阻的串联关系又有电阻的并联关系，称为电阻混联。对混联电路的分析和计算大体上可分为以下几个步骤：

① 先整理清楚电路中电阻串联和并联关系，必要时重新画出串联和并联关系明确的电路图。

② 利用串联和并联等效电阻公式计算出电路中总的等效电阻。

③ 利用已知条件进行计算，确定电路的总电压与总电流。

④ 根据电阻分压关系和分流关系，逐步推算出各支路的电流或电压。

【例2.6】如图2.31所示，已知$R_1=R_2=8\Omega$，$R_3=R_4=6\Omega$，$R_5=R_6=4\Omega$，$R_7=R_8=24\Omega$，$R_9=16\Omega$；$U=224V$。试求：

（1）电路总的等效电阻R_{AB}与总电流I_Σ；

（2）电阻R_9两端的电压U_9与通过它的电流I_9。

解：（1）R_5、R_6、R_9三者串联后，再与R_8并联，E、F两端等效电阻为

$$R_{EF}=(R_5+R_6+R_9)\ //\ R_8=24\Omega\ //\ 24\Omega=12\Omega$$

R_{EF}、R_3、R_4三者电阻串联后，再与R_7并联，C、D两端等效电阻为

$$R_{CD}=(R_3+R_{EF}+R_4)\ //\ R_7=24\Omega\ //\ 24\Omega=12\Omega$$

总的等效电阻为

$$R_{AB}=R_1+R_{CD}+R_2=28\Omega$$

总电流为

$$I_\Sigma=U/R_{AB}=224/28A=8A$$

（2）利用分压关系求各部分电压：

$$U_{CD}=R_{CD}I_\Sigma=96V$$

$$U_{EF}=\frac{R_{EF}}{R_3+R_{EF}+R_4}U_{CD}=\frac{12}{24}\times96V=48V$$

$$I_9=\frac{U_{EF}}{R_5+R_6+R_9}=2A$$

$$U_9=R_9I_9=32V$$

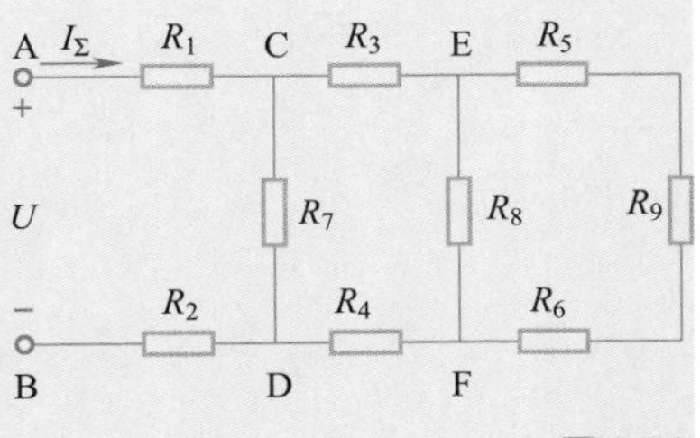

图 2.31
例 2.6 图

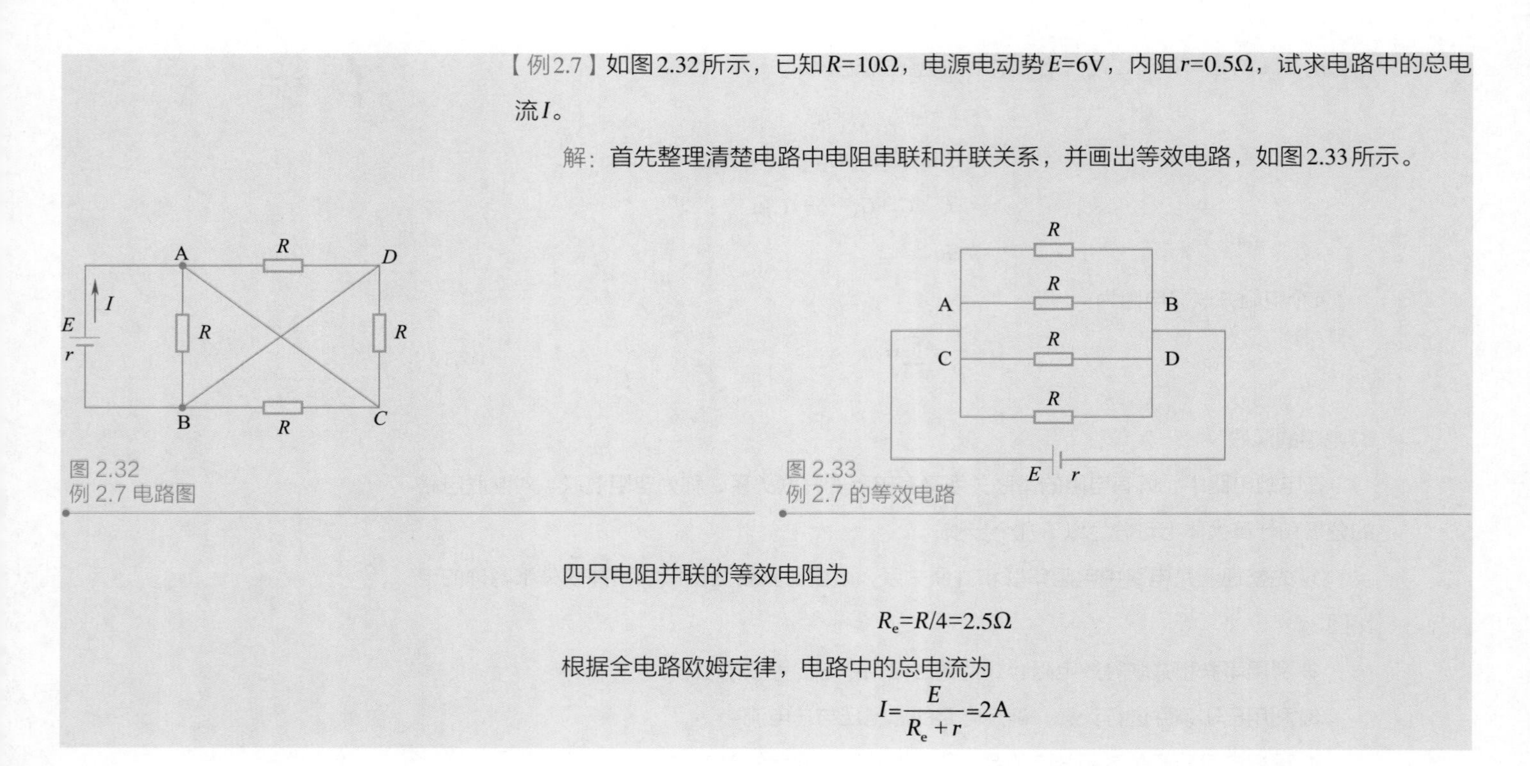

【例2.7】如图2.32所示，已知R=10Ω，电源电动势E=6V，内阻r=0.5Ω，试求电路中的总电流I。

解：首先整理清楚电路中电阻串联和并联关系，并画出等效电路，如图2.33所示。

图 2.32
例 2.7 电路图

图 2.33
例 2.7 的等效电路

四只电阻并联的等效电阻为

$$R_e=R/4=2.5\Omega$$

根据全电路欧姆定律，电路中的总电流为

$$I=\frac{E}{R_e+r}=2\text{A}$$

三、电源电路的等效

动画：电压源的串联

1. 电压源的串联

电压源的串联如图2.34所示。

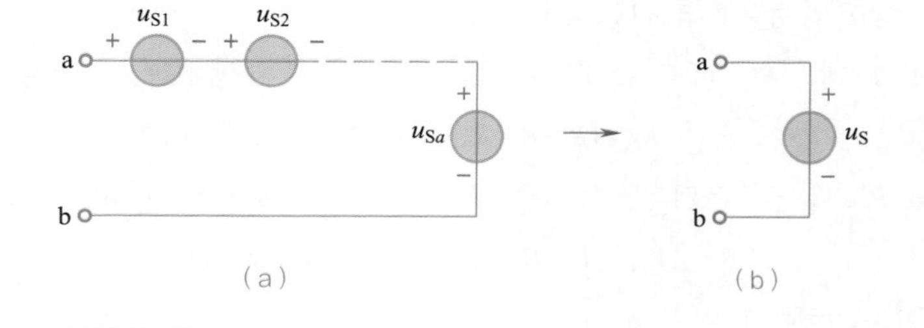

图 2.34
电压源的串联

总电压为

$$u_S=\sum_{k=1}^{n}u_{Sk} \tag{2.14}$$

其中与u_S参考方向相同的电压源u_{Sk}取正号，相反则取负号。

动画：电流源的并联

2. 电流源的并联

电流源的并联如图2.35所示。

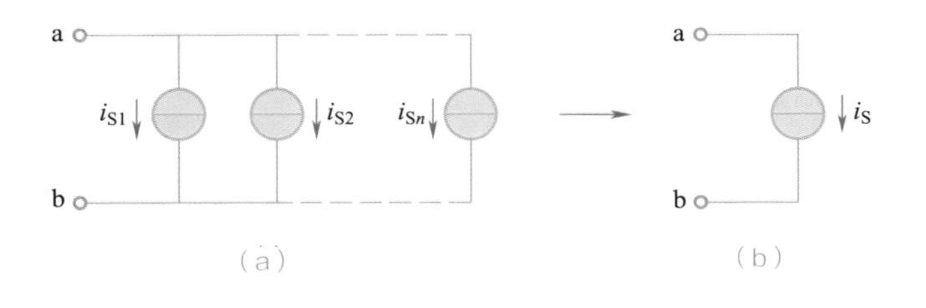

图 2.35
电流源的并联

图2.35中，与i_S参考方向相同的电流源i_{Sk}取正号，相反则取负号。

任务 2　支路电流法

任务导入　在分析计算复杂电路时，可以应用支路电流法。支路电流法是以支路电流为未知变量列出电路方程组，然后联立求解的方法。

任务目标　通过本任务学习，学会利用支路电流法分析求解复杂电路。

一、方法概述

动画：支路电流法的动画演示

以各支路电流为未知量，应用基尔霍夫定律列出节点电流方程和回路电压方程，解出各支路电流，从而可确定各支路（或各元件）的电压及功率，这种解决电路问题的方法称为支路电流法。对于具有b条支路、n个节点的电路，可列出（$n-1$）个独立的电流方程和$b-$（$n-1$）个独立的电压方程。

二、举例

【例2.8】如图2.36所示电路，已知E_1=42V，E_2=21V，R_1=12Ω，R_2=3Ω，R_3=6Ω，试求：各支路电流I_1、I_2、I_3。

解：该电路支路数b=3、节点数n=2，所以应列出1个节点电流方程和2个回路电压方程，并按照$\Sigma RI=\Sigma E$列回路电压方程的方法：

（1）$I_1=I_2+I_3$（任一节点）

（2）$R_1I_1+R_2I_2=E_1+E_2$（网孔1）

（3）$R_3I_3-R_2I_2=-E_2$（网孔2）

代入已知数据，解得

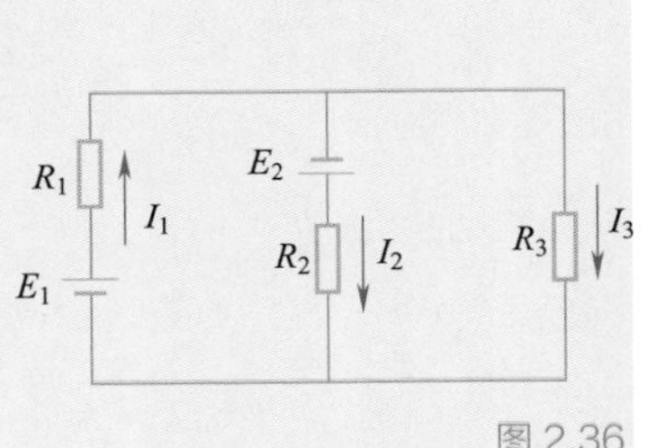

图 2.36
例 2.8 的电路图

$$I_1=4\text{A}$$

$$I_2=5\text{A}$$

$$I_3=-1\text{A}$$

电流I_1与I_2均为正数，表明它们的实际方向与图中所标定的参考方向相同，I_3为负数，表明它们的实际方向与图中所标定的参考方向相反。

任务3 网孔分析法

任务导入

当电路的支路条数过多时，应用支路电流法存在方程数目过多的问题。本任务所介绍的网孔分析法可以解决上述问题，对于b条支路n个节点的电路，只需列$b-(n-1)$个彼此独立的KVL方程，即可对电路进行求解。

任务目标

通过本任务学习，学会利用网孔分析法分析求解复杂电路。

一、方法概述

动画：网孔分析法的动画演示

网孔分析法是以假想的网孔电流为未知量，应用KVL，写出网孔方程，联立解出网孔电流，各支路电流则为有关网孔电流的代数和，这种分析方法称为网孔分析法，简称网孔法。网孔法适用于平面电路。

网孔电流实际上是一种假想电流，即假想在电路中每一个网孔里都有一个电流。

二、网孔方程的建立

如图2.37所示，假设网孔1、2的电流分别表示为I_a，I_b，其参考方向如图所示，选取绕行方向与网孔电流参考方向一致，则根据KVL，列出网孔方程

$$I_\text{a}R_1+(I_\text{a}-I_\text{b})R_2-U_{\text{S1}}=0$$

$$I_\text{b}R_3+(I_\text{b}-I_\text{a})R_2+U_{\text{S3}}=0$$

整理得

$$\left.\begin{aligned}(R_1+R_2)I_\text{a}-R_2I_\text{b}&=U_{\text{S1}}\\-R_2I_\text{a}+(R_2+R_3)I_\text{b}&=-U_{\text{S3}}\end{aligned}\right\}$$

网孔方程可写成一般形式

$$\left.\begin{aligned}R_{11}I_\text{a}+R_{12}I_\text{b}&=U_{\text{S11}}\\R_{21}I_\text{a}+R_{22}I_\text{b}&=U_{\text{S22}}\end{aligned}\right\}\tag{2.15}$$

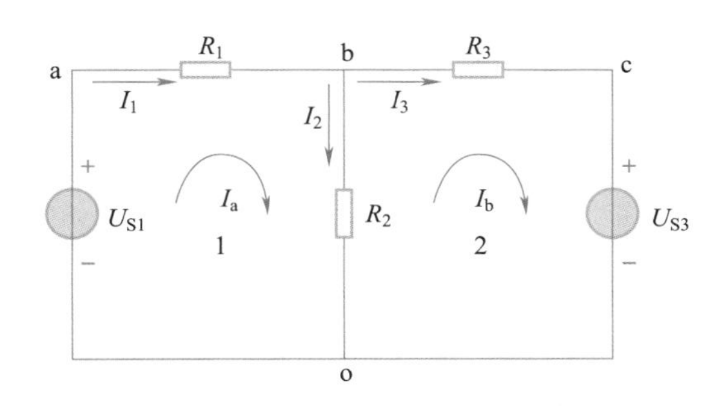

图 2.37
网孔分析法

笔 记

其中，R_{11}和R_{22}分别称为网孔1、2的自阻，

$$R_1+R_2=R_{11} \qquad R_2+R_3=R_{22}$$

$R_{12}=R_{21}=-R_2$称为互阻，代表网孔2与网孔1之间的公共电阻。

网孔方程一般形式：

$$\left.\begin{aligned} R_{11}I_a+R_{12}I_b=U_{S11} \\ R_{21}I_a+R_{22}I_b=U_{S22} \end{aligned}\right\} \qquad (2.16)$$

其中

$$R_1+R_2=R_{11}$$

$$R_2+R_3=R_{22}$$

$$R_{12}+R_{21}=-R_2$$

由于网孔绕行方向一般选择与网孔电流参考方向一致，所以自阻总是正的。当通过网孔1、2的公共电阻的两个网孔电流的参考方向一致时，互阻取正，相反时互阻取负。U_{S11}和U_{S22}分别是网孔1和网孔2电压源电压的代数和，当电压源电压的参考方向与网孔电流的参考一致时，前面取“-”号，否则取“+”号。

三、网孔分析法解题步骤

① 在电路图上标明网孔电流及其参考方向。若全部网孔电流均选为顺时针（或逆时针）方向，则网孔方程的全部互电阻项均取负号。

② 列出各网孔方程。注意自阻总是正的。互阻的正负取决于通过公共电阻的有关网孔电流的参考方向，一致时为正，否则为负。

③ 求解网孔方程，得到各网孔电流。

④ 选定各支路电流的参考方向，根据支路电流与网孔电流的线性组合关系，求得各支路电流。

⑤ 利用元件的伏安关系，求得各支路电压。

【例2.9】电路如图2.38所示，已知$U_{21}=12V$，$U_{S2}=7.5V$，$U_{S3}=1.5V$，$R_1=0.1\Omega$，$R_2=0.2\Omega$，$R_3=0.1\Omega$，$R_4=2\Omega$，$R_5=6\Omega$，$R_6=10\Omega$。求各支路电流。

解：列网孔方程

$$(R_1+R_2+R_4)I_a-R_2I_b-R_4I_c=U_{S1}-U_{S2}$$

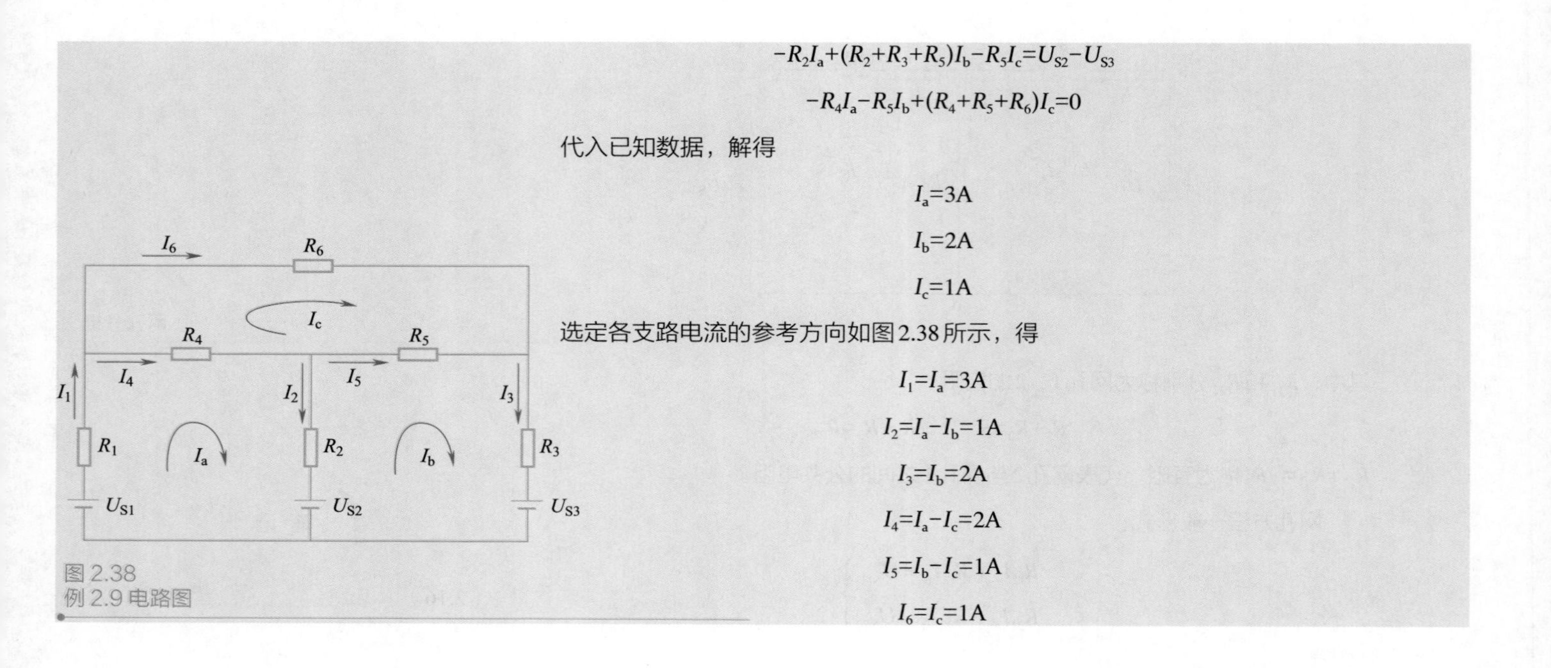

图 2.38
例 2.9 电路图

$$-R_2I_a+(R_2+R_3+R_5)I_b-R_5I_c=U_{S2}-U_{S3}$$

$$-R_4I_a-R_5I_b+(R_4+R_5+R_6)I_c=0$$

代入已知数据，解得

$$I_a=3A$$

$$I_b=2A$$

$$I_c=1A$$

选定各支路电流的参考方向如图 2.38 所示，得

$$I_1=I_a=3A$$

$$I_2=I_a-I_b=1A$$

$$I_3=I_b=2A$$

$$I_4=I_a-I_c=2A$$

$$I_5=I_b-I_c=1A$$

$$I_6=I_c=1A$$

任务 4　节点电压法

任务导入

节点电压法可以解决支路法方程数目多的问题，该方法已广泛应用于电路的计算机辅助电路分析和电力系统的计算，是实际应用最普遍的一种求解方法。

任务目标

通过本任务学习，学会利用节点电压法分析求解复杂电路。

动画：
节点电压法的
动画演示

一、节点电压的概念

指独立节点对非独立节点的电压。

二、基本指导思想

用未知的节点电压代替未知的支路电压来建立电路方程，以减少联立方程的元数。

三、解题步骤

应用基尔霍夫电流定律建立节点电流方程，然后用节点电压去表示支路电流，最后求解节点电压。

笔 记

具体步骤如下：

① 选择参考节点，设独立节点电位选定参考节点和各支路电流的参考方向，并对独立节点分别应用基尔霍夫电流定律列出电流方程。

② 根据基尔霍夫电压定律和欧姆定律，建立用节点电压和已知的支路电导表示支路电流的支路方程。

③ 将支路方程和节点方程相结合，消去节点方程中的支路电流变量，代之以节点电位变量，经移项整理后，获得以两节点电位为变量的节点方程。

④ 解方程得节点电位。

由节点电位求支路电压，进而求支路电流。

四、节点方程的建立

如图2.39所示，各支路电流的参考方向标在图上，根据KCL，得

$$I_1+I_2+I_3-I_{S1}=0$$

$$-I_3+I_4+I_5=0$$

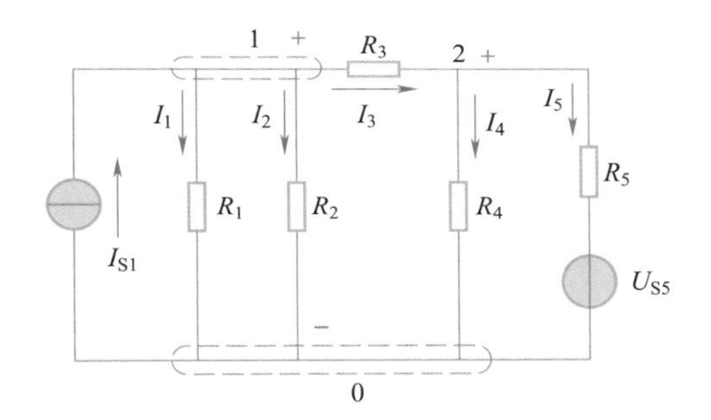

图 2.39
节点方程的建立

根据欧姆定律和KVL，得

$$I_1=\frac{U_{10}}{R_1}=G_1U_{10}$$

$$I_2=G_2U_{10}$$

$$I_3=\frac{U_{12}}{R_3}=\frac{U_{10}-U_{20}}{R_3}=G_3\left(U_{10}-U_{20}\right)$$

$$I_4=\frac{U_{20}}{R_4}=G_4U_{20}$$

$$I_5=\frac{U_{20}-U_{S5}}{R_5}=\frac{U_{20}}{R_5}-\frac{U_{S5}}{R_5}=G_5U_{20}-G_5U_{S5}$$

将支路电流代入节点方程并整理，得

$$(G_1+G_2+G_3)U_{10}-G_3U_{20}=I_{S1}$$

$$-G_3U_{10}+(G_3+G_4+G_5)U_{20}=G_5U_{S5}$$

笔 记

写成一般形式

$$\left.\begin{aligned} G_{11}U_{10}+G_{12}U_{20}=I_{S11} \\ G_{21}U_{10}+G_{22}U_{20}=I_{S22} \end{aligned}\right\} \tag{2.17}$$

其中：

节点1的自导 $G_{11}=G_1+G_2+G_3$

节点2的自导 $G_{22}=G_3+G_4+G_5$

节点1和节点2的互导等于两节点间的公共电导并取负号。

$$G_{12}=G_{21}=-G_3$$

I_{S11}，I_{S22}分别表示电流源流入节点1或2的电流。当电流源指向节点时前面取正号。

五、节点电压法解题步骤

① 选定电路中任一节点为参考节点，用接地符号表示。标出各节点电压，其参考方向总是独立节点为“+”，参考节点为“－”。

② 用观察法列出（$n-1$）个节点方程。应注意自导总是正的，互导总是负的。

③ 连接到本节点的电流源，当其电流指向节点时前面取正号，反之取负号。

④ 求解节点方程，得到各节点电压。

⑤ 选定支路电流和支路电压的参考方向，计算各支路电流和支路电压。

【例2.10】用节点电压法求如图2.40所示电路中各电阻支路电流。

解：用接地符号标出参考节点，标出两个节点电压u_1和u_2的参考方向，如图2.40所示。用观察法列出节点方程：

$$\begin{cases}(1S+1S)u_1-(1S)u_2=5A \\ -(1S)u_1+(1S+2S)u_2=-10A\end{cases}$$

整理得

$$\begin{cases}2u_1-u_2=5V \\ -u_1+3u_2=-10V\end{cases}$$

解得各节点电压为

$$u_1=1V \qquad u_2=-3V$$

选定各电阻支路电流参考方向如图2.40所示，可求得

$$i_1=(1S)u_1=1A \qquad i_2=(2S)u_2=-6A \qquad i_3=(1S)(u_1-u_2)=4A$$

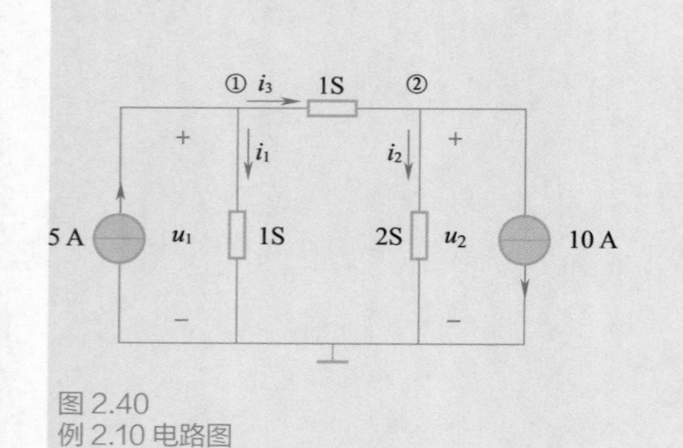

图 2.40
例 2.10 电路图

任务 5　叠加定理

笔 记

任务导入　叠加定理是线性电路中一条十分重要的定理，不仅可以简化计算电路，更重要的是建立响应与激励之间的内在关系，它是线性电路的一种基本性质。

任务目标　了解线性电阻电路的基本性质，掌握利用叠加定理分析求解复杂电路。

一、叠加定理的内容

动画：叠加定理

当线性电路中有几个电源共同作用时，各支路的电流（或电压）等于各个电源分别单独作用时在该支路产生的电流（或电压）的代数和（叠加）。

在使用叠加定理分析计算电路应注意以下几点：

① 叠加定理只能用于计算线性电路（即电路中的元件均为线性元件）的支路电流或电压（不能直接进行功率的叠加计算）。

微课：叠加定理

② 电压源不作用时应视为短路，电流源不作用时应视为开路。

③ 叠加时要注意电流或电压的参考方向，正确选取各分量的正负号。

二、应用举例

【例2.11】如图2.41（a）所示电路，已知E_1=17V，E_2=17V，R_1=2Ω，R_2=1Ω，R_3=5Ω，试应用叠加定理求各支路电流I_1、I_2、I_3。

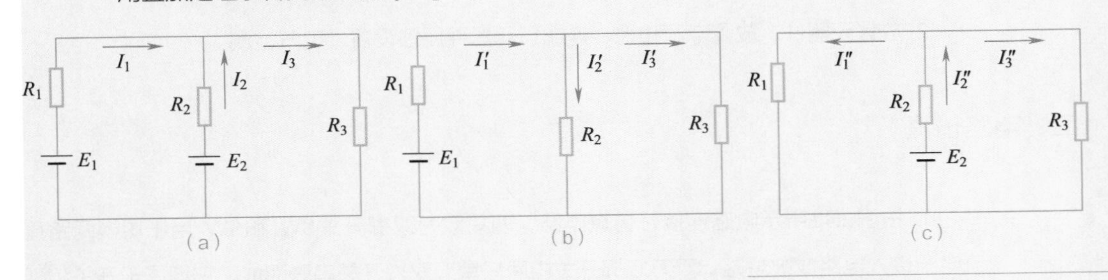

图 2.41
例 2.11 图

解：（1）当电源E_1单独作用时，将E_2视为短路，如图2.41（b）所示，由已知条件得

$$R_{23}=R_2 /\!/ R_3=0.83\Omega$$

$$I_1'=\frac{E_1}{R_1+R_{23}}=\frac{17\text{V}}{2.83\Omega}=6\text{A}$$

$$I_2'=\frac{R_3}{R_2+R_3}I_1'=5\text{A}$$

$$I_3'=\frac{R_2}{R_2+R_3}I_1'=1\text{A}$$

（2）当电源E_2单独作用时，将E_1视为短路，如图2.41（c）所示，由已知条件得

$$R_{13}=R_1 /\!/ R_3=1.43\Omega$$

$$I_2''=\frac{E_2}{R_2+R_{13}}=\frac{17\text{ V}}{2.43\Omega}=7\text{A}$$

$$I_1''=\frac{R_3}{R_1+R_3}I_2''=5\text{A}$$

$$I_3''=\frac{R_1}{R_1+R_3}I_2''=2\text{A}$$

（3）当电源E_1、E_2共同作用时（叠加），若各电流分量与原电路电流参考方向相同时，在电流分量前面选取“+”号，反之，则选取“-”号：

$$I_1=I_1'-I_1''=1\text{A}$$

$$I_2=-I_2'+I_2''=2\text{A}$$

$$I_3=I_3'+I_3''=3\text{A}$$

【计算机仿真】基于 Proteus 软件验证叠加定理

一、构建电路

① 元器件清单，见表2.6。

表2.6 元器件清单

元器件名称	所属类	所属子类	标志
RES	DEVICE	Generic	R
BATTERY	ACTIVE	SOURCES	BAT

② 放置元器件、放置电源和地、连线、元器件属性设置、电气检测。

二、电路仿真

① 按图2.42所示电路连接好仿真电路，两只双刀双掷开关SW_1和SW_2用于切换两路直流电源接入电路或被短路。双刀双掷开关由两只单刀双掷开关串联而成，它们属于开关和延迟元件库中，可通过“Switches & Relays”→“SW-DPDT”找到。

② 依据节点处各支路电流的参考方向设置电流表和电压表，分别按动开关SW_1和SW_2，分析两直流电源单独作用和共同作用时各支路电流I_1、I_2和I_3以及电压，将各电流表和电压表中的数值记录在表2.7中。

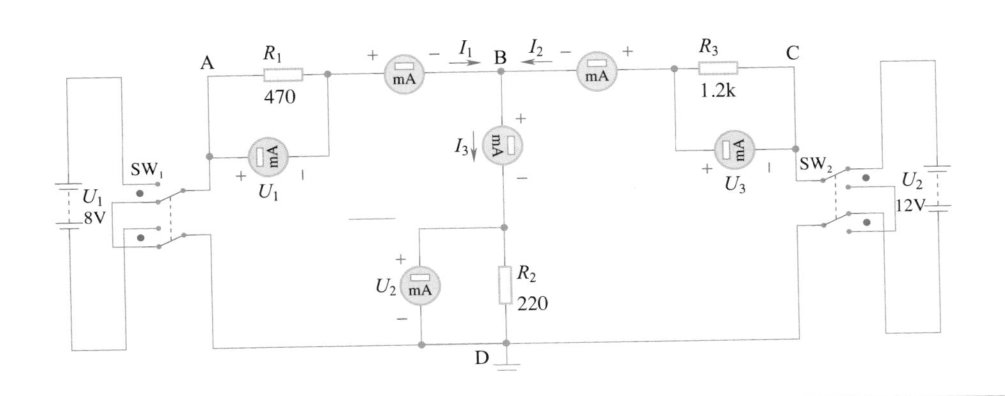

图 2.42
验证叠加定理的仿真电路

表 2.7　叠加定理测试

测量项目 / 实验内容	U_1/V	U_2/V	U_3/V	I_1/mA	I_2/mA	I_3/mA	U_{AB}/V	U_{CD}/V	U_{AD}/V
U_1单独作用									
U_2单独作用									
U_1、U_2共同作用									

根据实验数据表格，进行分析、比较，归纳、总结实验结论，即验证线性电路的叠加定理。

笔 记

任务 6　戴维南定理

任务导入

由叠加定理已经知道，含独立电源的线性电阻单口网络可以等效为一个电压源和电阻的串联。本任务要学习的戴维南定理提供了求含源单口网络的等效的方法，对简化电路的分析和计算十分有用。

任务目标

理解戴维南定理所阐述的基本内容，掌握利用该定理简化和分析求解复杂电路。

一、二端网络的有关概念

① 二端网络：具有两个引出端与外电路相连的网络，又称一端口网络。

② 无源二端网络：内部不含有电源的二端网络。

③ 有源二端网络：内部含有电源的二端网络。

二、戴维南定理

微课：戴维南定理

动画：戴维南定理参数测试

任何一个线性有源二端电阻网络N，对外电路来说，总可以用一个电压源u_{oc}与一个电阻R_o相串联的模型来替代。电压源的电动势u_{oc}等于该二端网络的开路电压，电阻R_o等于该二端网络中所有电源不作用时（即令电压源短路、电流源开路）的等效电阻（称为该二端网络的等效内阻）。该定理又称为等效电压源定理，如图2.43所示。

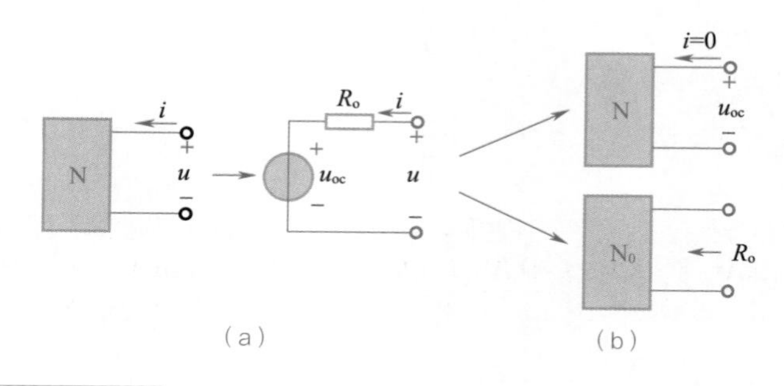

图 2.43
戴维南定理等效示意图

三、举例

【例2.12】如图2.44所示电路，已知E_1=7V，E_2=6.2V，R_1=R_2=0.2Ω，R=3.2Ω，试应用戴维南定理求电阻R中的电流I。

解：（1）将R所在支路开路去掉，如图2.45所示，求开路电压U_{ab}：

$$I_1=\frac{E_1-E_2}{R_1+R_2}=\frac{0.8\text{V}}{0.4\Omega}=2\text{A},$$

$$U_{ab}=E_2+R_2I_1=6.2\text{V}+0.4\text{V}=6.6\text{V}=E_0$$

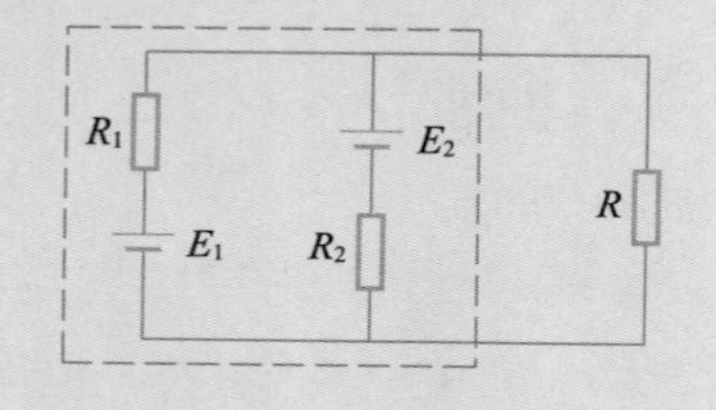

图 2.44
例 2.12 的图

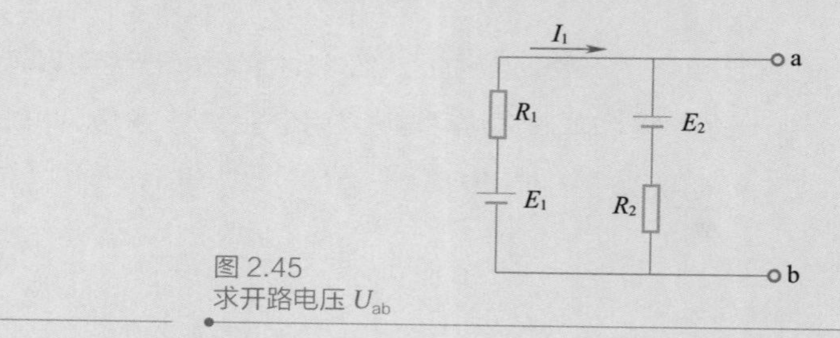

图 2.45
求开路电压 U_{ab}

（2）将电压源短路去掉，如图2.46所示，求等效电阻R_{ab}：

$$R_{ab}=R_1 // R_2=0.1\Omega$$

（3）画出戴维南等效电路，如图2.47所示，求电阻R中的电流I：

$$I=\frac{E_0}{r_0+R}=\frac{6.6\text{V}}{3.3\Omega}=2\text{A}$$

图 2.46
求等效电阻 R_{ab}

图 2.47
求电阻 R 中的电流 I

【例2.13】如图2.48所示的电路，已知E=8V，R_1=3Ω，R_2=5Ω，R_3=R_4=4Ω，R_5=0.125Ω，试应用戴维南定理求电阻R_5中的电流I。

解：（1）将R_5所在支路开路去掉，如图2.49所示，求开路电压U_{ab}：

$$I_1=I_2=\frac{E}{R_1+R_2}=1\text{A},$$

$$I_3=I_4=\frac{E}{R_3+R_4}=1\text{A}$$

$$U_{ab}=R_2I_2-R_4I_4=5\text{V}-4\text{V}=1\text{V}=E_0$$

（2）将电压源短路去掉，如图2.50所示，求等效电阻R_{ab}：

$$R_{ab}=(R_1 /\!/ R_2)+(R_3 /\!/ R_4)=1.875\Omega+2\Omega=3.875\Omega$$

（3）根据戴维南定理画出等效电路，如图2.51所示，求电阻R_5中的电流

$$I_5=\frac{E_0}{r_0+R_5}=\frac{1\text{V}}{4\Omega}=0.25\text{A}$$

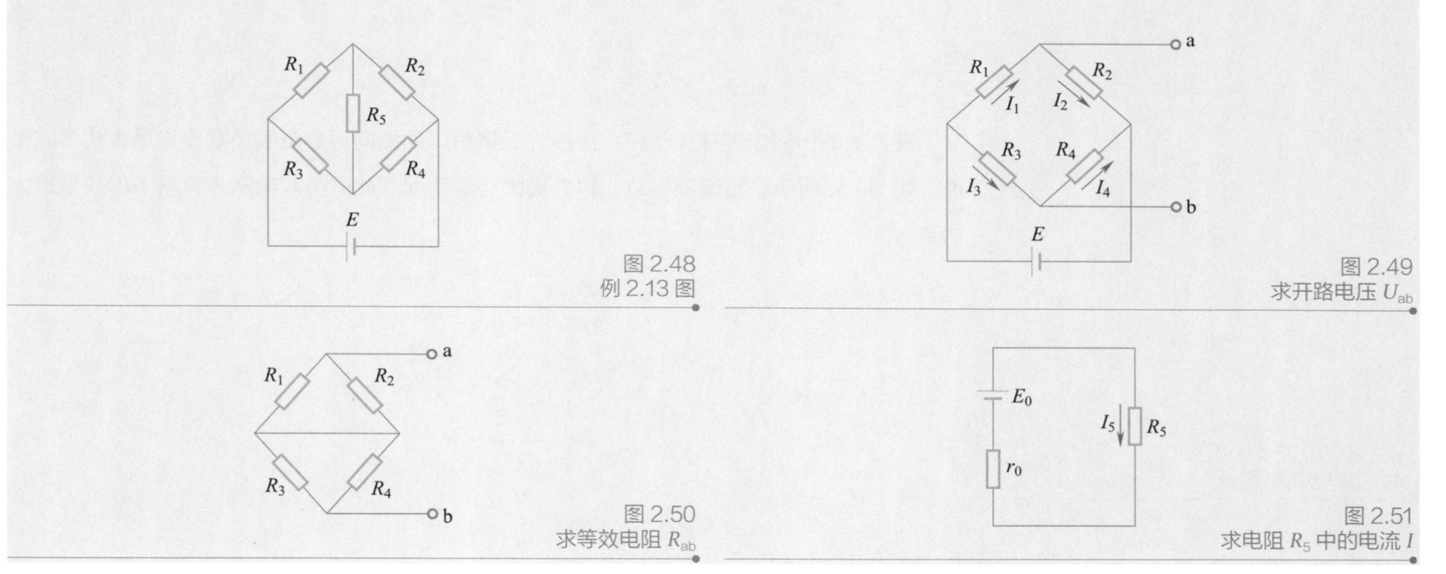

图 2.48
例 2.13 图

图 2.49
求开路电压 U_{ab}

图 2.50
求等效电阻 R_{ab}

图 2.51
求电阻 R_5 中的电流 I

四、应用戴维南定理分析电路应注意的几个问题

（1）定理中所说的独立源“置零”的概念与叠加定理中的置零含义完全相同。

（2）计算开路电压U_{oc}可用已学过的任何方法。

（3）等效电阻R_o的计算，通常有下面三种方法：

① 电源置零法：对于不含受控源的二端网络，将独立电源置零后，可以用电阻的串并

笔 记

联等效方法计算。

② 开路短路法：求出网络开路电压U_{oc}后，将网络端口短路，再计算短路电流I_{sc}，则等效电阻$R_o=U_{oc}/I_{sc}$。应当注意的是，这种方法当$I_{sc}=0$时不能使用。

③ 外加电源法：将网络中所有独立电源置零后，在网络端口加电压源u_s'（或电流源i_s'），求出电压源输出给网络的电流i（或电流源的端电压u），则$R_o=u_s'/i$（或$R_o=u/i_s'$）。一般情况下，无论网络是否有受控源均可用后两种方法。

微课：最大功率传输定理

任务 7　最大功率传输定理

任务导入	在电子、通信等设备中，要想负载电阻从电路获得最大功率，电路应满足什么条件？最大功率传输定理给出了它的答案。

任务目标	理解最大功率传输定理并学会它的应用。

一、概述

最大功率传输定理是关于使含源线性阻抗单口网络向可变电阻负载传输最大功率的条件。如图2.52所示，定理满足时，称为最大功率匹配，此时负载电阻（分量）R_L获得最大功率。

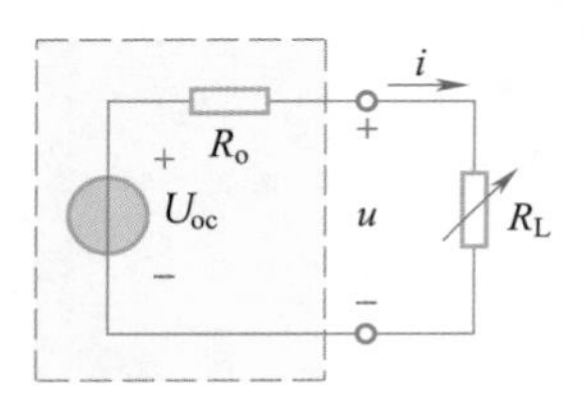

图 2.52
最大功率传输电路图

二、最大功率传输定理

在图2.52中，负载电阻吸收的功率为

$$P=I^2R_L=\frac{R_L}{(R_o+R_L)^2}U_{oc}^2$$

当P具有最大值时，应满足

$$\frac{dP}{dR_L}=\frac{(R_o-R_L)}{(R_o+R_L)^3}U_{oc}^2=0$$

笔 记

由此求得P为最大值的条件为

$$R_L=R_o \tag{2.18}$$

此时负载电阻获得的最大功率为

$$P_{max}=\frac{R_L}{(R_o+R_L)^2}U_{oc}^2=\frac{U_{oc}^2}{4R_o} \tag{2.19}$$

“匹配”时，电路传输功率的效率为

$$\eta=\frac{I^2R_L}{I^2(R_o+R_L)}=\frac{R_L}{2R_L}=50\% \tag{2.20}$$

可见，在负载获得最大功率时，传输效率却很低，只有50%，其中的一半功率消耗在电源内部了。这种情况在电力系统中显然是不允许的。电力系统要求尽可能地提高效率，以便充分利用能源，因而应使R_L远大于R_o。

而在电子、信息和测量等工程中，常常着眼于从微弱信号中获得最大功率，效率属次要问题。因而，通常要求负载工作在匹配状态下，以求获得最大功率。

以扩音机电路为例，如图2.53所示。

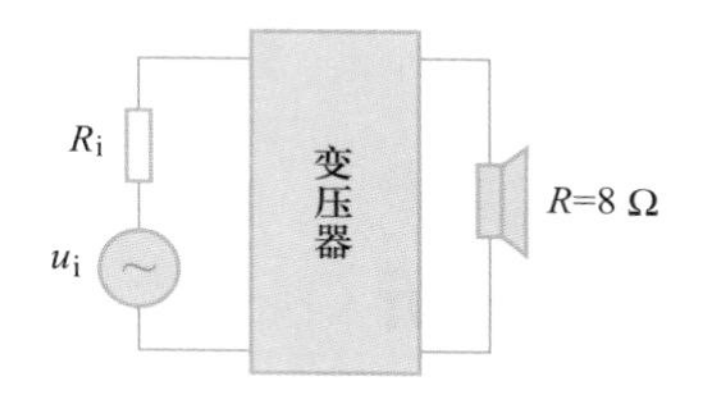

图 2.53
扩音机电路

信号源的内阻R_i为1kΩ，扬声器上不可能得到最大功率。为了使阻抗匹配，在信号源和扬声器之间连接一个变压器。变压器有变换负载阻抗的作用，以实现匹配，采用不同的变比，把负载变成所需要的比较合适的数值。

三、举例

【例2.14】电路如图2.54所示。试求：（1）R_L为何值时获得最大功率；（2）R_L获得的最大功率；（3）10V电压源的功率传输效率。

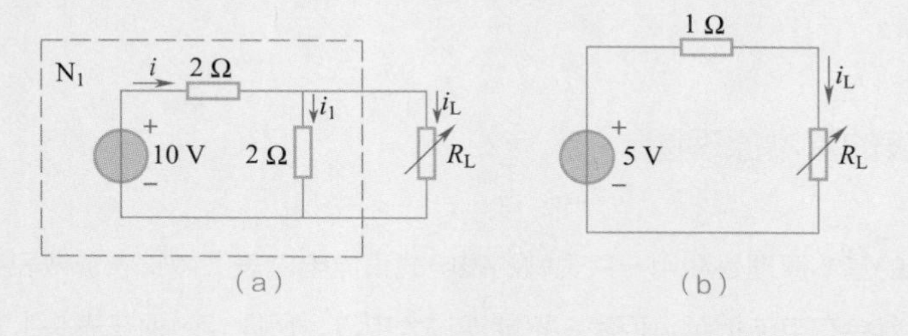

图 2.54
例 2.14 图

解：（1）断开负载R_L，求得单口网络N_1的戴维南等效电路参数为

$$u_{oc}=\frac{2}{2+2}\times 10\text{V}=5\text{V}$$

$$R_o=\frac{2\times 2}{2+2}\Omega=1\Omega$$

由此可知当$R_L=R_o=1\Omega$时可获得最大功率。

（2）可求得R_L获得的最大功率

$$p_{max}=\frac{u_{oc}^2}{4R_o}=\frac{25}{4\times 1}W=6.25W$$

（3）先计算10V电压源发出的功率。当$R_L=1\Omega$时

$$i_L=\frac{u_{oc}}{R_o+R_L}=\frac{5}{2}A=2.5A$$

$$u_L=R_L i_L=2.5V$$

$$i=i_1+i_2=\left(\frac{2.5}{2}+2.5\right)A=3.75A$$

$$p=10V\times 3.75A=37.5W$$

10V电压源发出37.5W功率，电阻R_L吸收功率6.25W，其功率传输效率为

$$\eta=\frac{6.25}{37.5}\approx 16.7\%$$

项目3 指针式万用表电路分析

任务导入

万用表是一种多功能、多量程的便携式电工仪表，一般的万用表可以测量直流电流、交直流电压和电阻。掌握万用表的电路结构和原理，对维修、检测万用表的故障有很大帮助，本任务以MF-47型万用表为例来分析其电路结构和测量原理。

任务目标

了解MF-47型万用表的电路结构，掌握它的测量原理。

一、指针式万用表的基本原理图

万用表的基本原理是利用一只灵敏的磁电式直流电流表（微安表）做表头。当微小电流通过表头，就会有电流指示。但表头不能通过大电流，所以，必须在表头上并联和串联一些电阻进行分流或降压，从而测出电路中的电流、电压和电阻。

MF-47型指针式万用表的基本电路原理图如图2.55所示。

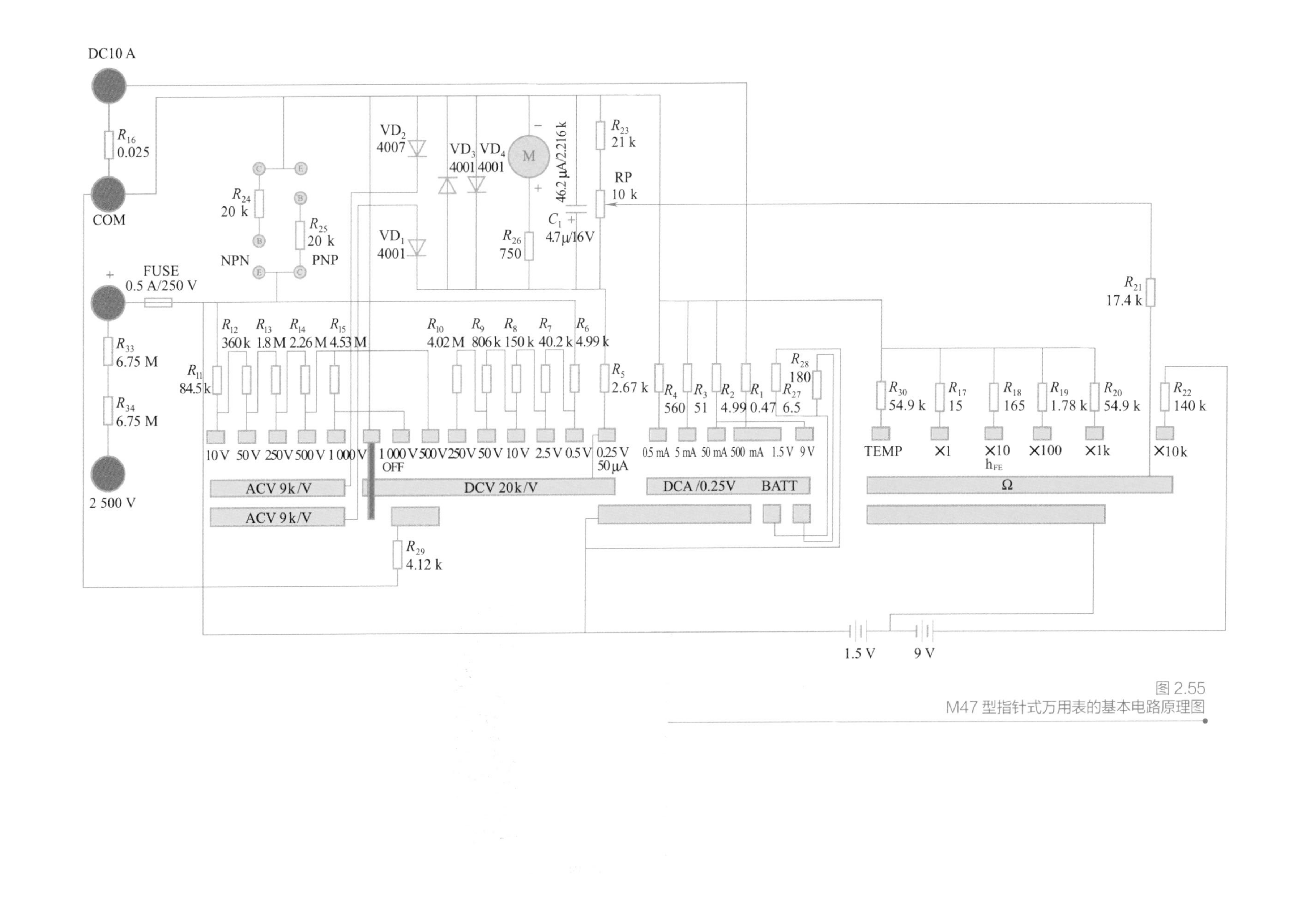

图 2.55
M47 型指针式万用表的基本电路原理图

笔 记

二、指针表的原理

MF-47型指针表的表头是一个微安（μA）级的直流电流表，如图2.56所示，它的满偏转度为46.2μA。其工作原理：当有电流信号流过表头，表针会受到磁场力的作用而偏转（因为有电流的地方就会产生磁场），根据磁场力大小的不同，表针偏转的幅度也不同，也就是说，流过表头电流越大，产生的磁场力就越强，所以弹簧游丝带动表针偏转的幅度也就越大；如果流过表头电流越小，产生的磁场力就越弱，弹簧游丝带动表针偏转的幅度也就越小，从而测量出被测量信号的大小。

三、直流电流测量原理

直流电流挡实际上是一个具有多量程的直流电流表，其实万用表头可以直接测量直流电流，但由于测量机构中的游丝允许通过的电流较小，所以可测量的直流电流范围很小，在实际使用中，应用在表头并联分流电阻的原理扩大量程。经转换开关切换接入不同的分流电阻，以实现不同量程电流的测量。分流电阻器的阻值越大，量程就越小，反之量程就越大。测量原理电路如图2.57所示。

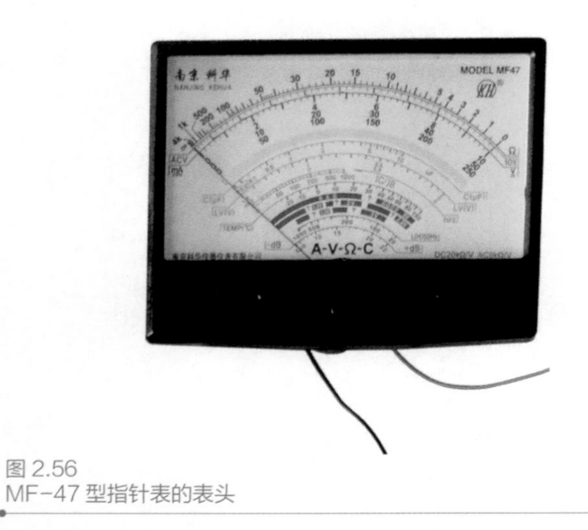

图2.56
MF-47型指针表的表头

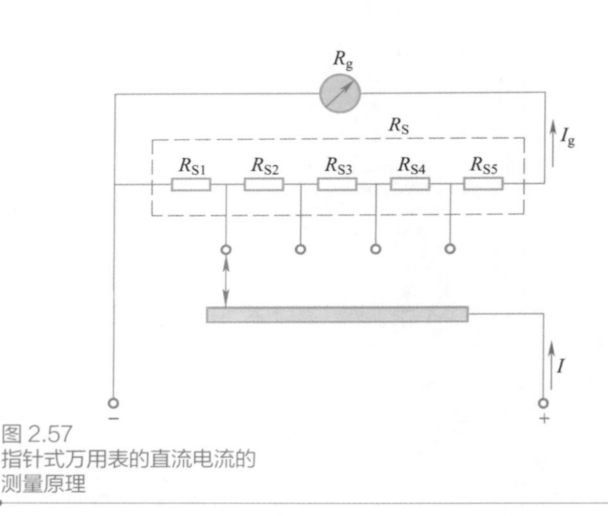

图2.57
指针式万用表的直流电流的测量原理

电路特点：各量限分流电阻和表头内阻串联，形成闭合回路。

对于MF-47型万用表，图2.58所示的R_1~R_4就是分流电阻器。

四、直流电压测量原理

直流电压挡实际上是一个具有多量程的直流电压表，根据串联电阻分压的原理采用在表头支路串入阻值较大的电阻器的方法扩大量程。串联电阻器的阻值越大则量程越大，反之量程越小。测量原理电路如图2.59所示。

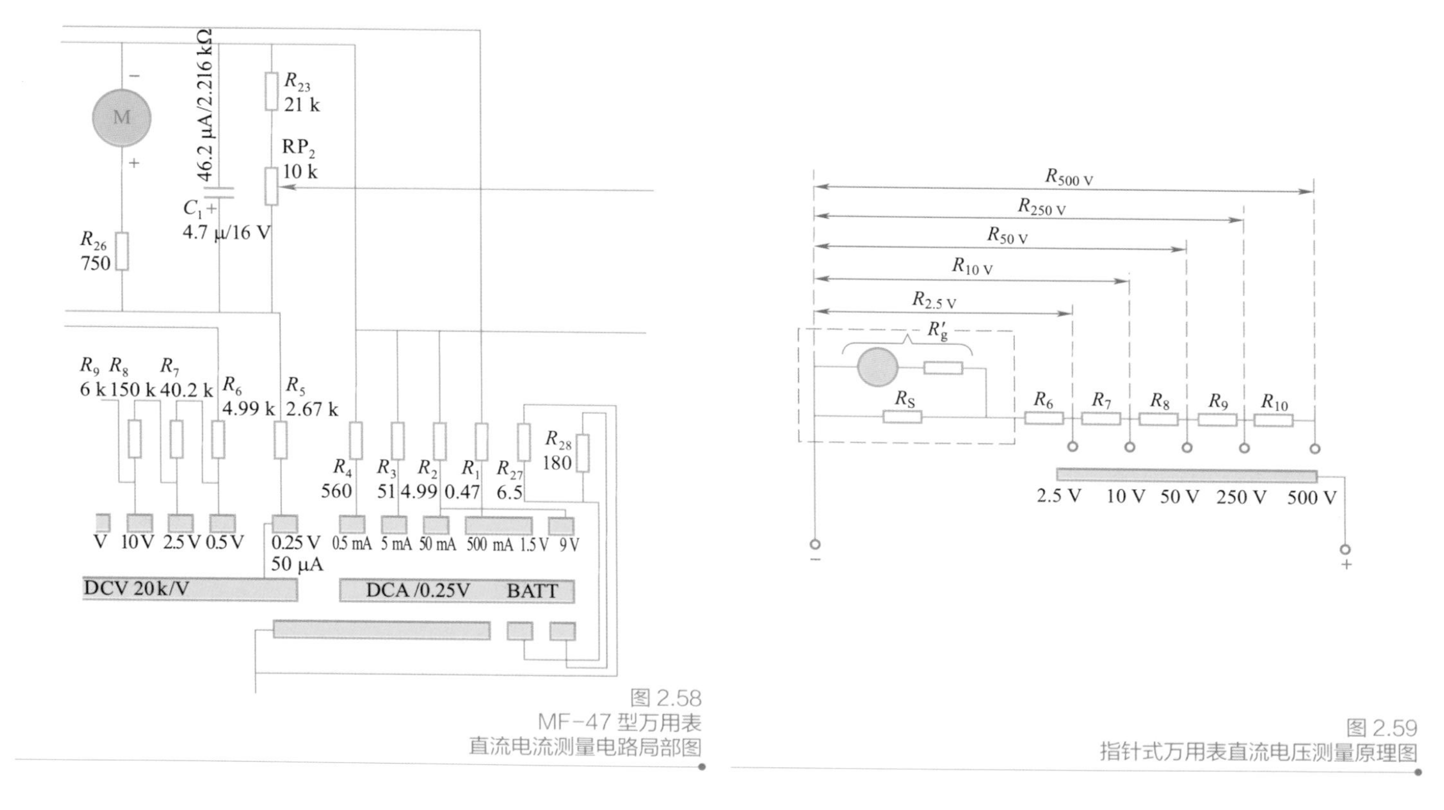

图 2.58
MF-47 型万用表
直流电流测量电路局部图

图 2.59
指针式万用表直流电压测量原理图

五、交流电压测量原理

万用表的表头实际上是一个直流电压表，因此需要将被测量的交流电压进行整流变换成直流电压，在经过降压后送到表头，如图2.60所示。图2.60中两个二极管即为整流器，它使交流电压正半波通过表头，而负半波不通过表头，通过表头的电流为单相脉动电流。这样就可以根据直流电的大小来测量交流电压。

倍增电阻对应MF-47型南京科华万用表中的R_{11}、R_{12}、R_{13}、R_{14}、R_{15}串联附加电阻（见图2.55），拨动挡位旋钮可以得到不同的交流电压量程。扩展交流电压量程的方法与直流电压量程相似。

六、电阻测量原理

欧姆挡测量部分为图2.55中+端→电池1.5V（9V）→R_{30}、R_{17}、R_{18}、R_{19}、R_{20}、R_{22}→VR2→表头→COM端→被测电阻，即被测电阻与内部电源串联，故回路中流过被测电阻的电流I与被测电阻R_x的关系为$I=E/(R_g+R+R_x)$。由此可知：被测电阻R_x越大，电路中流过的电流越小，指针偏转角度越小，当$R_x\to\infty$时，电流为零，指针指在欧姆标尺度的“∞”位置上；反之，被测电阻R_x越小，指针偏转角度越大，当R_x为零时，电流最大，其值等于表头的满度电流I_g，指针在欧姆标尺的“0”位置上，图2.55中的RP为零欧姆调整电位器。

电阻测量原理可以等效为如图2.61所示电路。

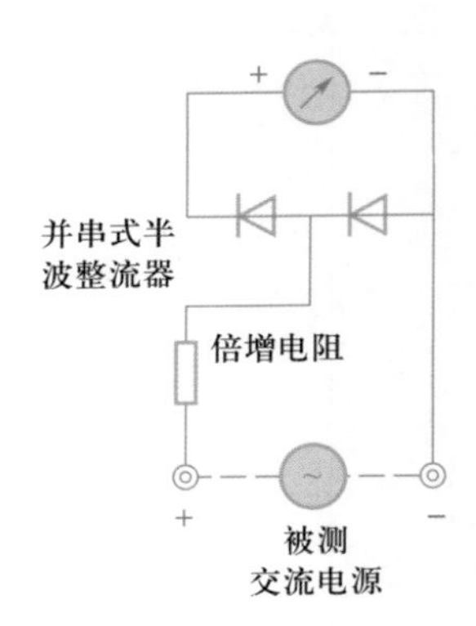

图 2.60
交流电压整流电路

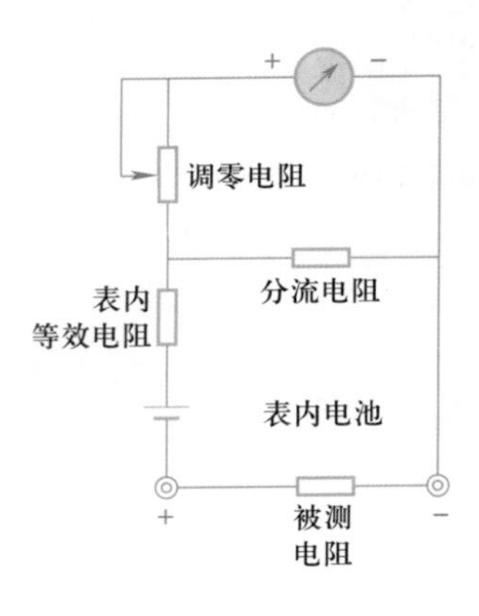

图 2.61
电阻测量等效电路

七、MF-47 型万用表保护电路

如图2.62所示，利用两只IN4001硅整流二极管VD_3和VD_4并联构成双向限幅二极管接入表头，目的是防止误用电流挡去测量电压而烧坏表头，这样的话输入电压信号会被双向限幅二极管牵制在0.7V，从而来保护表头。

表头跨接电容C_1作用是给表头滤波；限流保护电阻R_{26}是用来防止流过表头电流过大而烧坏表头。在输入端连接输入保险管FUSE 250V/0.5A，当输入电流值大于（AC/DC）0.5A时该保险管会自动熔断，以达到保护电路目的。

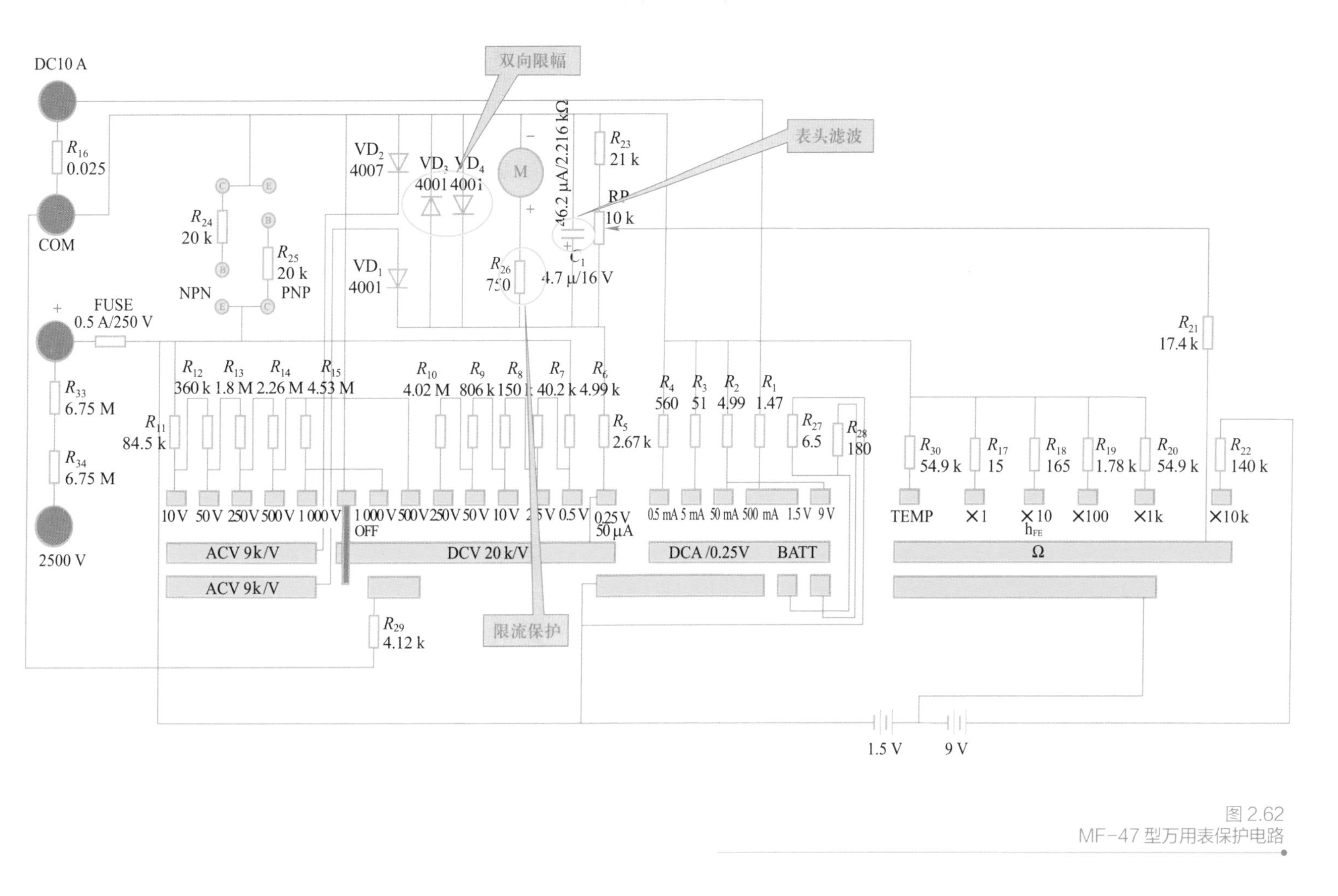

图 2.62
MF-47 型万用表保护电路

项目 4　指针式万用表的组装和调试实训

演示文稿：指针式万用表的组装和调试实训

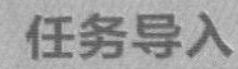

任务导入

在上一个任务中，我们已经理解了万用表的测量原理，本任务以MF-47型万用表套件来组装一个万用表。

任务目标

通过本项目的学习和训练，学会常用电工工具的使用；学会元器件参数与质量的检测、判断方法；掌握锡焊技术的工艺要领，逐步培养耐心细致、一丝不苟的工作作风；学会组装指针式万用表并能够排除常见故障。

一、元器件的认识与检测

微课：色环电阻的识别

1. 电阻的认识与检测

（1）用色环法识别阻值

请同学们自行查阅资料，了解相关知识。

色环认识的小窍门：

金色和银色只能是乘数和允许误差，一定放在右边。表示允许误差的色环比别的色环稍宽，和别的色环间距偏大。通常所用电阻的允许误差大部分为 ±1%，用棕色色环表示，因此棕色一般都在最右边。

（2）用万用表检测电阻器的标称值

用万用表测电阻器的方法参见学习情境一。

2. 电解电容器的极性测量

根据电解电容器正接时漏电小、反接时漏电大的特点可判别其极性。用万用表先测一下电解电容器漏电阻值，而后将两表笔对调一下，再测一次电阻值，两次测试中，漏电阻值小的一次，黑表笔接的是负极，红表笔接的是正极。

3. 二极管检测

（1）判别二极管的极性

测二极管时，使用万用表的$R\times100\Omega$或$R\times1\text{k}\Omega$挡。若将黑表笔接二极管的正极，红表笔接二极管的负极，则二极管处于正向偏置，呈现低阻，万用表指示电阻较小；反之，二极管处于反向偏置，呈现高阻，万用表指示电阻较大。据此可判断出二极管的极性，测得电阻较小时，黑表笔所连接的是二极管的正极。

微课：二极管的检测

（2）判断二极管的好坏

方法与判别二极管极性相同。若两次测得的阻值均小，则二极管内部短路；若两次测得的阻值均大或均为∞，则二极管内部开路；若两次测得的阻值差别甚大，说明二极管特性较好。

笔 记

拓展阅读：
6S 职业素养

二、焊接工艺

1. 焊接技术要求

① 焊点要有足够的机械强度。

② 焊点无虚焊，焊接可靠，确保良好的导电性能。

③ 控制焊点的形状，表面圆润而光滑、清洁、无毛刺。

④ 控制焊接时间，能短则短。

2. 焊接方法

焊接要领“一刮二镀三测四焊五查”。

①“刮”：是指对焊接物表面的清洁处理，即刮去焊接面氧化层直到露出新的表面。

②“镀”：是对所焊元器件、导线、印制电路板有关部位在刮亮后，立即涂上焊剂，并用电烙铁头镀上一层焊锡，即“预焊”。

③“测”：是对元器件等进行测试。对于二极管、三极管等半导体器件，要用仪表测试其是否完好如初，若性能受损，要进行更换，切不要让不合格元器件上电路板，以免造成隐患或拆卸麻烦。

④“焊”：是按焊接要求、顺序，把规定的元器件在指定的位置上焊接好。

⑤“查”：焊好电路板后，要认真检查一遍，看是否有假焊、虚焊及断路、短路的情况，二极管、三极管等有否引脚错焊的情况。

3. 对元器件焊接的要求

① 电阻器的焊接。要求标记向上，字向一致，尽量使电阻器的高低一致。

② 电容器的焊接。注意有极性电容器的“+”与“-”极不能接错。先装玻璃釉电容器、金属膜电容器、瓷介电容器，最后装电解电容器。

③ 二极管的焊接。正确辨认正负后按要求装入规定位置，型号及标记要易看、可见。焊接立式二极管时，对最短的引脚焊接时，时间不要超过2s。

④ 三极管的焊接。焊接e、b、c三根引脚的时间应尽可能短些，特别要用镊子夹住引脚，帮助散热。

笔 记

【任务实施】

一、组装步骤

① 清点材料。

② 电阻器、电容器、二极管的认识与检测。

③ 焊接前的准备工作（去氧化层、元器件成形、元器件插放）。

④ 元器件的焊接与安装。

⑤ 机械部件的安装调整。

⑥ 万用表故障的排除。

二、MF-47 型万用表的元器件清单

MF-47型万用表套件如图2.63所示。

MF-47型万用表元器件清单如表2.8所示。

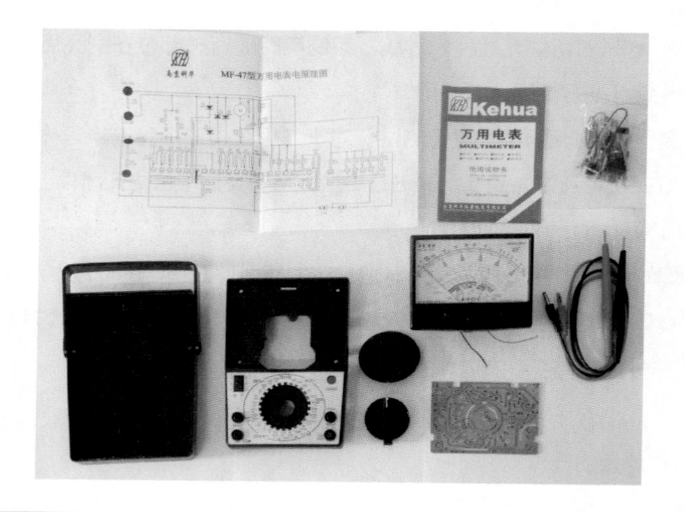

图 2.63
MF-47 型万用表套件

表2.8 MF-47型万用表元器件清单

符号/类型	规格/型号	符号/类型	规格/型号
R_1	0.47Ω	R_6	5kΩ
R_2	5Ω	R_7	40.2kΩ
R_3	51Ω	R_8	150kΩ
R_4	560Ω	R_9	806kΩ
R_5	2.67kΩ	R_{10}	4.02MΩ

笔 记

续表

符号 / 类型	规格 / 型号	符号 / 类型	规格 / 型号
R_{11}	84.5kΩ	C_1	10μF/16V
R_{12}	360kΩ	RP	WH161 电位器，10kΩ
R_{13}	1.8MΩ		电池连接线
R_{14}	2.26MΩ		印制电路板
R_{15}	4.53MΩ		面板 + 表头
R_{16}	分流器	塑料件类	挡位开关旋钮
R_{17}	15Ω	塑料件类	电刷旋钮
R_{18}	165Ω	塑料件类	电池盖板
R_{19}	1.78kΩ	塑料件类	电位器旋钮
R_{20}	54.9kΩ	塑料件类	晶体管插座
R_{21}	17.4kΩ	塑料件类	后盖
R_{22}	140kΩ	M3 × 8	螺钉 4 只
R_{23}	21kΩ	M4 × 12	螺钉 1 只
R_{24}	20kΩ（5%）	标准件类	弹簧
R_{25}	20kΩ（5%）	d=4mm	钢珠
R_{26}	750Ω（5%）	其他配件	橡胶垫圈
R_{27}	6.5Ω	其他配件	电池夹
R_{28}	180Ω	其他配件	铭牌
R_{29}	4.12kΩ	其他配件	科华标志
R_{30}	54.9kΩ	其他配件	电刷
R_{33}	6.75MΩ	其他配件	晶体管插片
R_{34}	6.75MΩ	其他配件	输入插管
VD_1\VD_3\ VD_4IN4001	1N4001	其他配件	表棒
VD_2	1N4007		
FUSE	0.5A/250V		

三、焊接前的准备工作

① 清除元器件表面的氧化层：用小刀或锯条轻刮元器件引脚的表面，去除表面氧化层。

② 元器件成形：用镊子夹住元器件根部，将元器件引脚弯制成形。注意：引脚的跨距与孔的跨距大致相等。

③ 元件插放。

笔 记

四、MF-47型万用表的组装与调试

1. 电子元器件的检测与筛选

检查所有元器件，应保证元器件上的各种型号、规格、标志清晰，元器件应完整无损，元器件各项参数应符合要求。

2. 焊接步骤及工艺要求

① 焊接主板。参考图2.63所示的主板，插接元器件并进行焊接，元器件应排列整齐，焊接牢固；焊点应均匀，表面应光滑圆润，无裂痕、气孔；保证无虚焊、假焊。

② 安装转换开关，首先将焊接好的电路板固定到万用表的机壳内，然后安装转换开关，此时从万用表的正面插入转换开关的旋钮，最后用螺母固定转换开关。

③ 安装后面板，将后面板固定于机壳上，然后安装电池，注意电池的极性不要装反。

3. 调试步骤和要求

① 装配质量检查。总装完成后，按原理图及工艺要求检查是否有元器件错装或漏装；各焊点是否有短路、虚焊、假焊、漏焊；连线是否正确；转换开关转动是否灵活、可靠。

② 基准挡位调试。将万用表挡位旋至最小电流挡0.25V/50μA处，用数字万用表测量其“+”和“-”插座两端的电阻值，应在4.9~5.1kΩ之间。如不符合要求，应调整电路中R_{26}（750Ω）的阻值，直至达到要求为止。此时基准挡位调试完毕。

③ 各挡位检测。将基准挡位调试正常的万用表从电流挡开始逐挡检测其满度值。检测时应从最小挡开始，首先检测直流电流挡位，然后是直流电压、交流电压、直流电阻（中心值）及其他。各挡位检测合格后，该表即可正常使用。

五、常见故障排除

1. 测量所有挡位，表针都没有反应

① 检查表棒和熔丝是否完好。

② 表内零件或接线漏装、错装，电刷与线路板接触不良。

③ 表头损坏。

2. 电压、电流挡测量正常，电阻挡不能测量

① 表内电池没有装或者没电。

② 电池和电池夹接触不良。

③ 电池夹上的连接线没连好。

3. 使用直流电压/电流挡时，测量极性正确，但表头指针反向偏转

检查表头上红黑线是否接反。

4. 电压或电流的测量值偏差很大

① 电路板上的零件错装、漏装、虚焊；

② 相关电阻损坏。

5. 电阻挡测量值偏差很大

线路板上的相关电阻烧坏。

6. 表头指针不能准确停留在左边零位

用一字螺钉旋具调整表头面板上的机械调零，一般情况下都可以将指针细调至准确的位置。

笔 记

六、注意事项

① 注意电烙铁的使用安全。

② 元器件焊接前，一定要校核后再焊接。

【思考与练习】

1. 在图2.64中，方框代表电源或负载。已知U=200V，I=−1A。试问：哪些方框是电源，哪些方框是负载？

2. 计算图2.65（a）中的电流和2.65（b）中的电压。

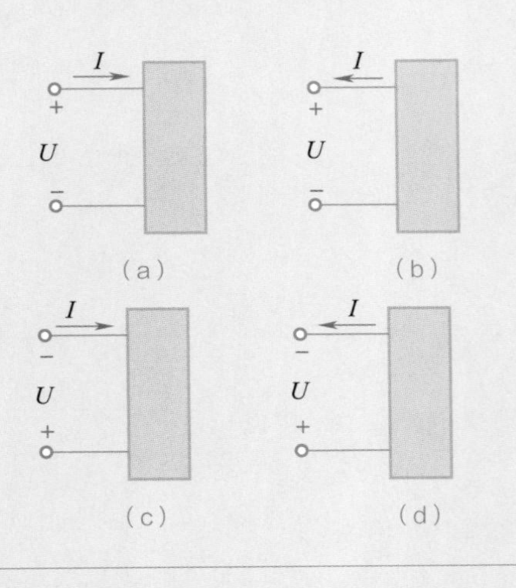

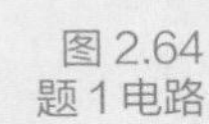

图2.64 题1电路

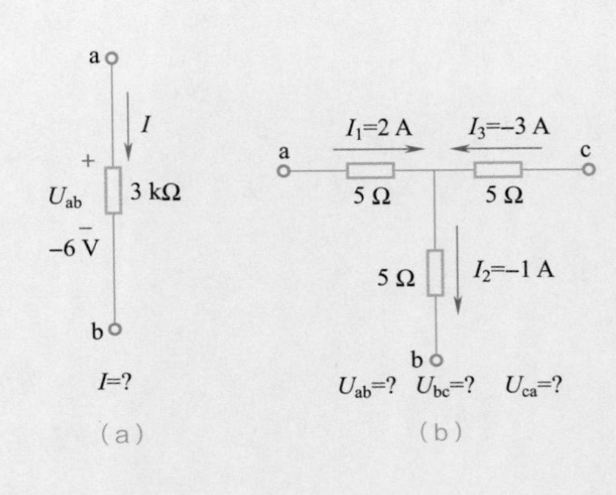

图2.65 题2电路

3. 为了测量某直流电机励磁线圈的电阻值R，采用了图2.66所示的“伏安法”。电压表读数为220V，电流表读数为0.7A，试求线圈的电阻值。如果在实验时有人误将电流表当做电压表，并联在电源上，其后果如何？已知电流表的量程为1A，内阻R_0为0.4Ω。

4. 在图2.67所示的电路中，（1）试求开关S闭合前后电路中的电流I_1，I_2，I及电源的端电压U；当S闭合时，I_1是否被分去一些？（2）如果电源的内阻R_0不能忽略不计，则闭合S

时，60W电灯中的电流是否有所变动？（3）计算60W和100W电灯在220V电压下工作时的电阻，并比较哪个的电阻大；（4）100W的电灯每秒钟消耗多少电能？（5）设电源的额定功率为125kW，端电压为220V，当只接上一个220V，60W的电灯时，电灯会不会被烧毁？（6）电流流过电灯后，会不会减少一点？（7）如果由于接线不慎，100W电灯的两线碰触（短路），当闭合S时，后果如何？100W电灯的灯丝是否被烧断？

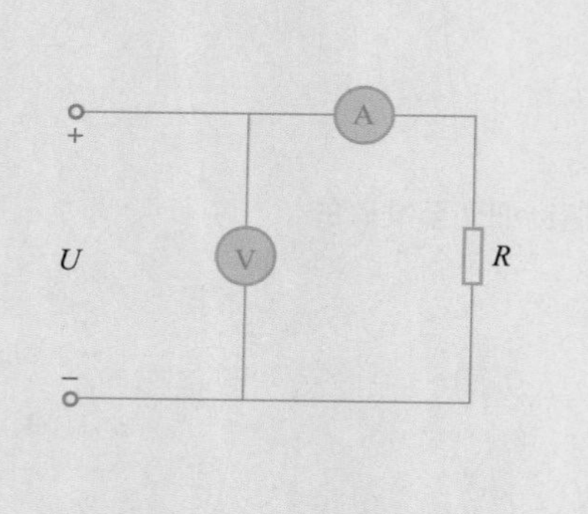

图 2.66
题 3 电路

图 2.67
题 4 电路

5. 一个电热器从220V的电源取用的功率为1kW，如将它接到110V的电源上，则取用的功率为多少？

6. 在图2.68中，如选取ABCDA为回路循行方向，试应用基尔霍夫电压定律列出式子。

7. 在图2.69所示的两个电路中，各有多少支路和节点？U_{ab}和I是否等于零？

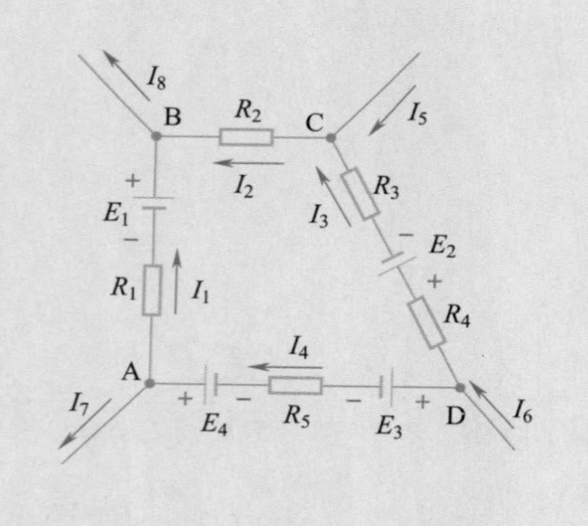

图 2.68
题 6 电路

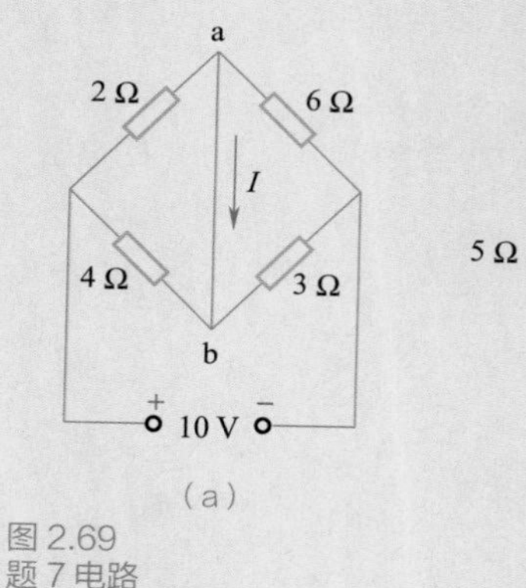

（a）

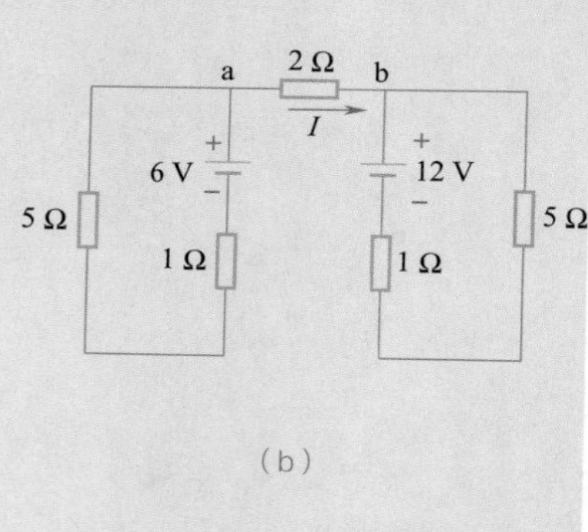

（b）

图 2.69
题 7 电路

8. 计算图2.70所示电路在开关S断开和闭合时A点的电位V_A。

9. 计算图2.71中A点的电位V_A。

10. 计算图2.72所示两电路中a，b间的等效电阻R_{ab}。

11. 在图2.73所示的两个电路中，（1）R_1是不是电源的内阻？（2）R_2中的电流I_2及其两端的电压U_2各等于多少？（3）改变R_1的阻值，对I_2和U_2有无影响？（4）理想电压源中的电流I和理想电流源两端的电压U各等于多少？（5）改变R_1的阻值，对（4）中的I和U有无影响？

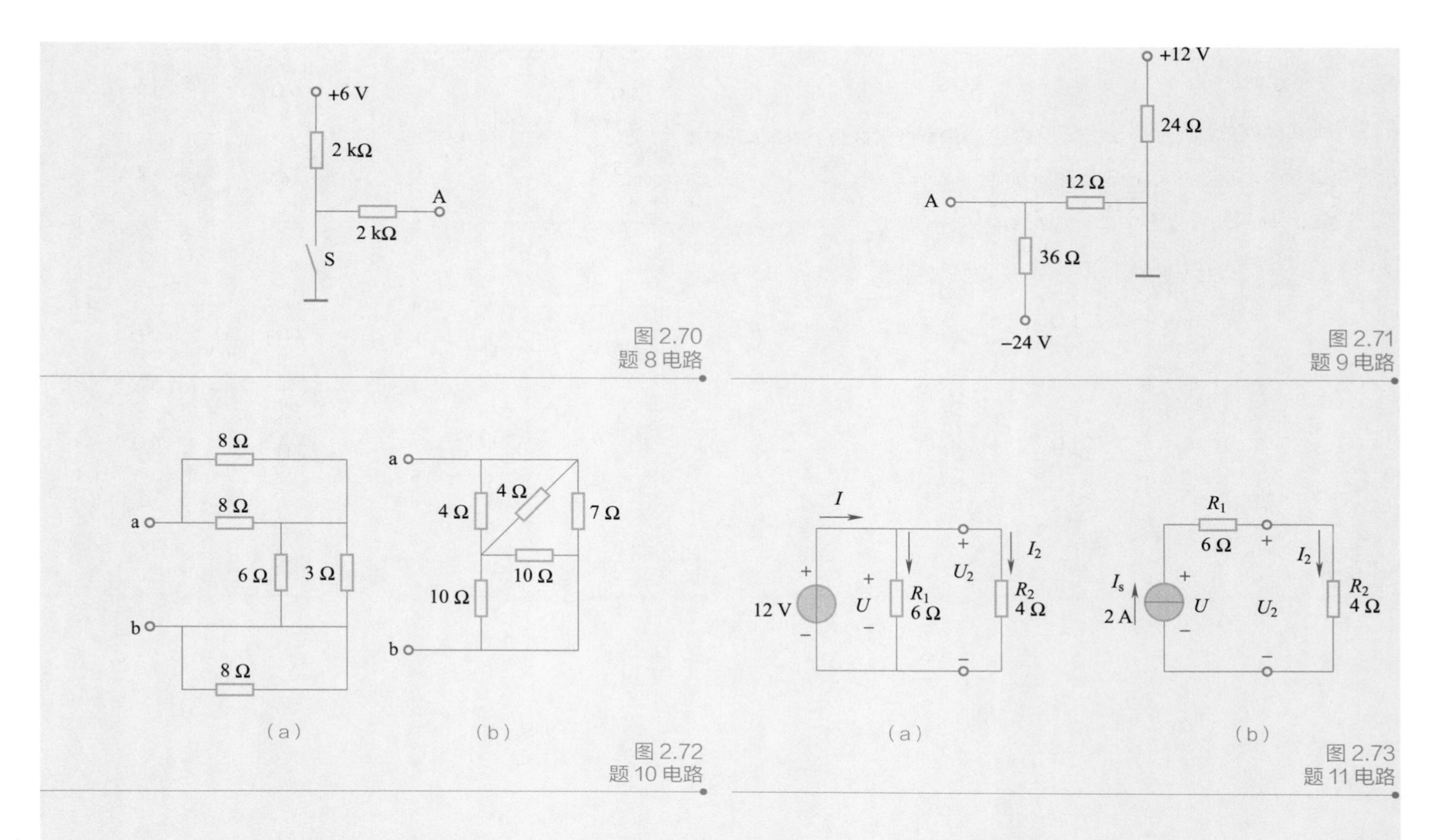

图2.70 题8电路

图2.71 题9电路

图2.72 题10电路

图2.73 题11电路

12. 图2.74所示电路有多少支路？在图上画出支路电流，并自选参考方向，而后列出求解各支路电流所需的方程。

13. 用节点电压法求解图2.75中各支路电压。

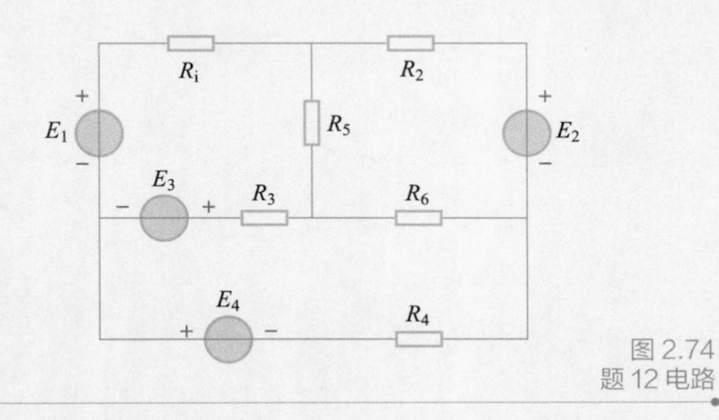

图2.74 题12电路

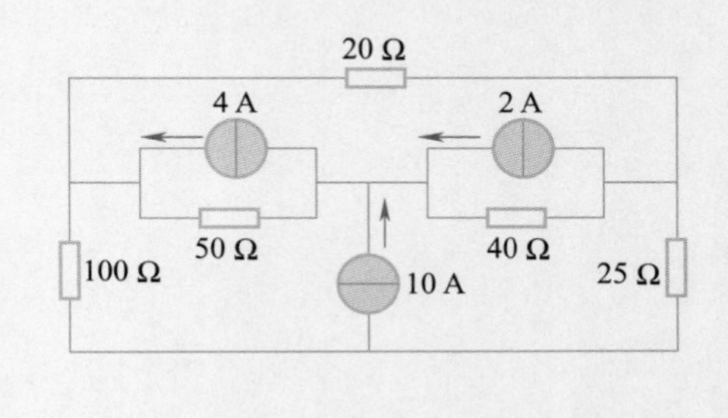

图2.75 题13电路

14. 用网孔法求解图2.76所示电路中的各支路电流。

15. 应用戴维南定理将图2.77所示各电路化为等效电压源和等效电流源。

16. 指针式万用表的结构及工作原理是什么？

17. 如何判断电解电容的极性？

18. 如何判断二极管的极性？

19. 万用表的组装一般包括哪几个步骤？

20. 万用表的常见故障有哪些？如何排除？

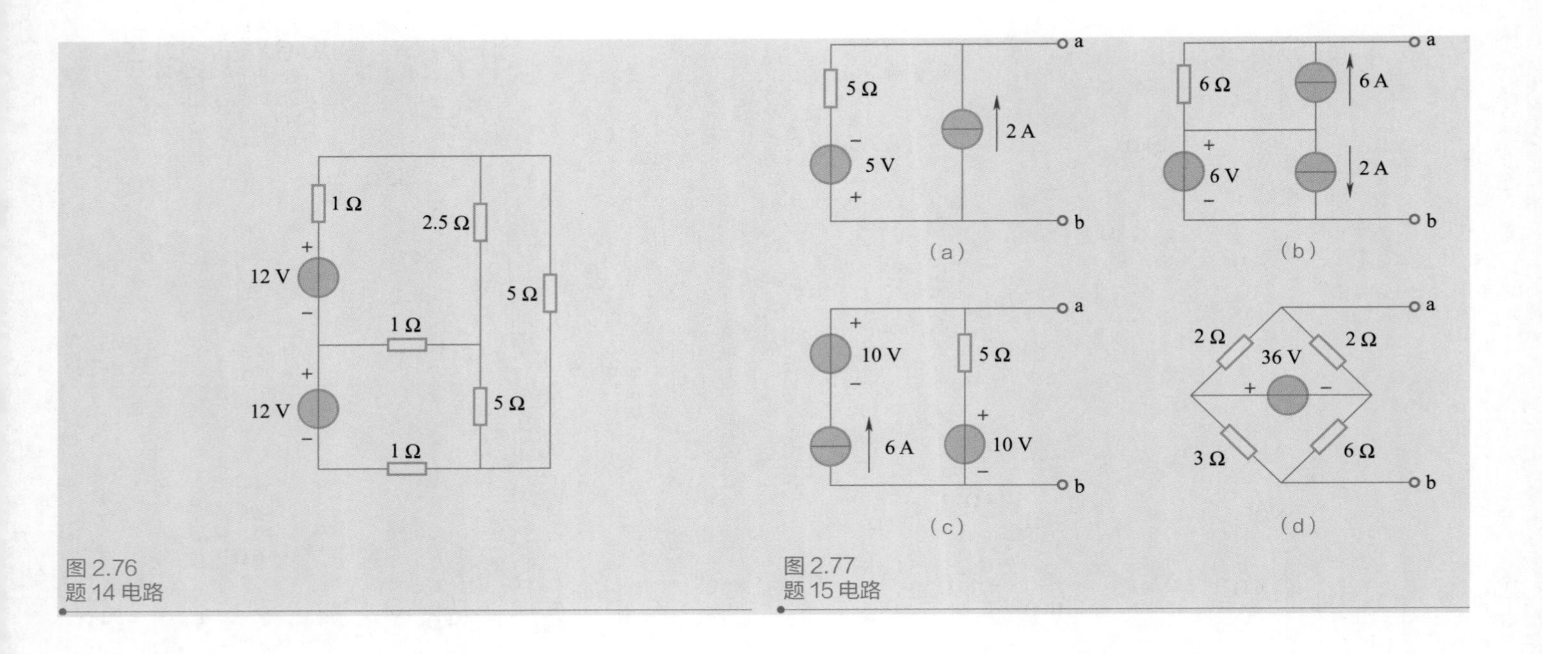

图 2.76
题 14 电路

图 2.77
题 15 电路

学习情境三 荧光灯照明电路的安装与测试

通过本学习情境的学习，应掌握电容、电感元件的标称值等参数意义及元件的伏安特性；掌握一阶动态电路的过渡过程、换路定律、零输入响应、零状态响应、全响应；掌握线性电路三要素分析方法。

本学习情境的教学重点包括荧光灯照明电路的特点与分析、电路的初始值与稳态值的计算、一阶线性动态电路的三要素法、一阶动态电路的响应测试、荧光灯照明电路的安装与测试、示波器的使用；教学难点包括 L、C 参数调整对电路影响的分析、电路的初始值与稳态值的计算、一阶线性动态电路的三要素法。

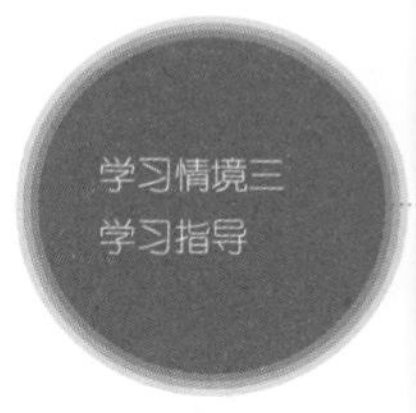

项目 1　一阶线性电路的分析与应用

本学习项目介绍储能元件——电感器和电容器，以及含有电感或电容的电路在不同条件下，电流和电压随时间变化的规律。

动态电路——含有储能元件的电路。

在电路中含有电感或电容时，电路中的电流和电压将含有一个随时间变化的暂态值和一个稳态值。暂态时间是电路的过渡时间，这一过程通常称为电路的过渡过程。

任务 1　电容与电感

任务导入

电容器和电感器在电工及电子技术中应用很广，利用它们可以组成积分电路、微分电路、延时电路等。要分析含有电容器和电感器的电路，首先要清楚电容和电感两端的电压与电流关系。

任务目标

理解电容和电感的电压与电流关系，掌握它们的主要参数。

笔 记

一、电容器及电容元件

1. 电容器

电容器在电工及电子技术中应用很广，其结构由两块金属导体中间隔以绝缘介质组成。电容器是一种能够储存电场能量的器件。在实际电容器中，两极之间的介质具有一定的介质损耗和漏电。当损耗极小时，可以将其忽略，把实际电容器看成理想电容。

2. 电容元件

电容元件是实际电容器的（理想化）电路模型。电容元件的图形符号、电容元件的电压与电荷关系和实物图如图3.1所示。

动画：电容特性

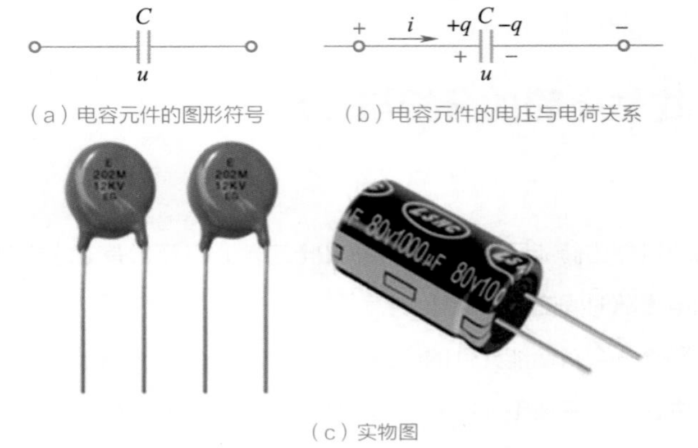

（a）电容元件的图形符号　（b）电容元件的电压与电荷关系

（c）实物图

图 3.1
电容元件的图形符号、电容元件的电压与电荷关系和实物图

电容量C的大小为

$$C=\frac{q}{u} \tag{3.1}$$

在国际单位制中，电容的基本单位为法拉，简称法，用符号F表示。因为实际电容器的电容量均很小，所以电容C的单位常用微法（μF）和皮法（pF），其换算关系为：

$$1\mu\text{F}=10^{-6}\text{F}，\ 1\text{pF}=10^{-12}\text{F}$$

3. 电容上的电压与电流

当电容两端的电压发生变化时，极板上聚集的电荷也相应地发生变化，这时电容所在的电路中就有电荷的定向移动，便形成了电流，如图3.2所示。

电容电路中的电流为

$$i=\frac{\mathrm{d}q}{\mathrm{d}t}$$

已知$q=Cu_{\mathrm{C}}$，所以

$$i=C\frac{\mathrm{d}u_{\mathrm{C}}}{\mathrm{d}t} \tag{3.2}$$

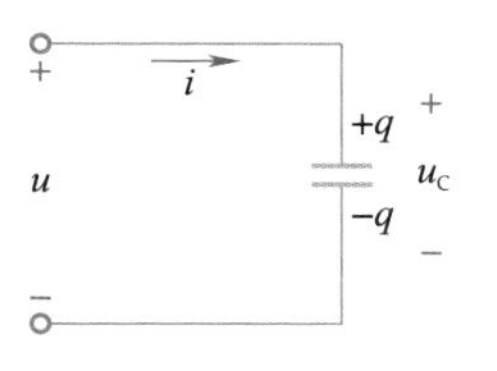

图 3.2
电容上的电压与电流

式（3.2）说明，某一时刻电容的电流取决于该时刻电容电压的变化率，而与该时刻的电容电压无关。也就是说，在直流电路中电容相当于断路（开路）。

【例3.1】已知C=0.5μF电容上的电压波形如图3.3所示，试求电压电流采用关联参考方向时的电流$i_C(t)$,并画出波形图。

解：根据图3.3所示的波形，按照时间分段进行计算：

（1）当$0 \leqslant t \leqslant 1$s时，$u_C(t)=2t$，可以得到

$$i_C(t)=C\frac{\mathrm{d}u_C}{\mathrm{d}t}=0.5\times10^{-6}\frac{\mathrm{d}(2t)}{\mathrm{d}t}=1\times10^{-6}\,\mathrm{A}=1\,\mu\mathrm{A}$$

（2）当$1\mathrm{s} \leqslant t \leqslant 3$s时，$u_C(t)=4-2t$，可以得到

$$i_C(t)=C\frac{\mathrm{d}u_C}{\mathrm{d}t}=0.5\times10^{-6}\frac{\mathrm{d}(4-2t)}{\mathrm{d}t}\,\mathrm{A}=-1\times10^{-6}\,\mathrm{A}=-1\,\mu\mathrm{A}$$

（3）当$3\mathrm{s} \leqslant t \leqslant 5$s时，$u_C(t)=-8+2t$，可以得到

$$i_C(t)=C\frac{\mathrm{d}u_C}{\mathrm{d}t}=0.5\times10^{-6}\frac{\mathrm{d}(-8+2t)}{\mathrm{d}t}\,\mathrm{A}=1\times10^{-6}\,\mathrm{A}=1\,\mu\mathrm{A}$$

（4）当$5\mathrm{s} \leqslant t \leqslant 6$s时，$u_C(t)=12-2t$，可以得到

$$i_C(t)=C\frac{\mathrm{d}u_C}{\mathrm{d}t}=0.5\times10^{-6}\frac{\mathrm{d}(12-2t)}{\mathrm{d}t}\,\mathrm{A}=-1\times10^{-6}\,\mathrm{A}=-1\,\mu\mathrm{A}$$

输出波形如图3.4所示。

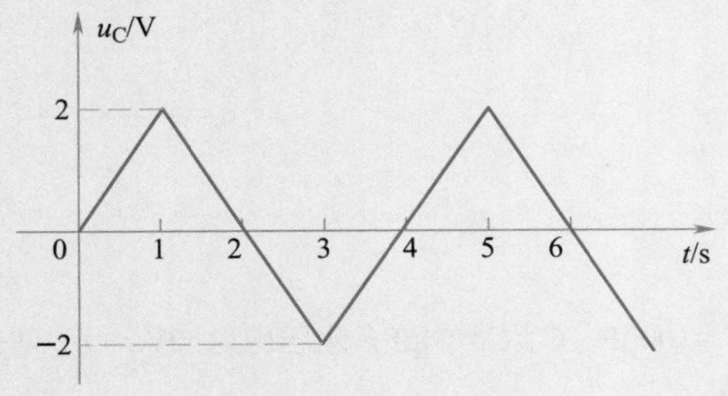

图 3.3
例 3.1 电路

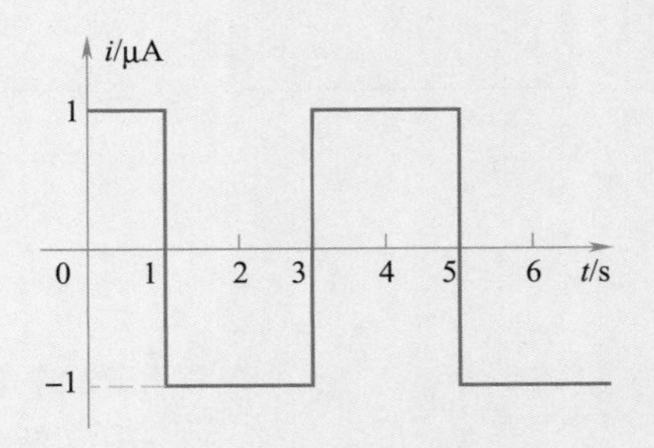

图 3.4
例 3.1 的输出波形图

笔 记

4. 电容的并联和串联

（1）电容的并联

在相同工作电压的条件下，可以将多个电容并联，以满足大的电容量的要求，如图3.5所示。

$$C=\frac{q}{u}=\frac{q_1+q_2+\cdots+q_n}{u_C}=\frac{C_1u_C+C_2u_C+\cdots+C_nu_C}{u_C}$$
$$C=C_1+C_2+\cdots+C_n \tag{3.3}$$

即多个电容并联的等效电容等于各个电容之和。

（2）电容的串联

多个电容串联如图3.6所示。

根据KVL，有

$$\begin{aligned}u&=u_1+u_2+\cdots+u_n\\&=\frac{q}{C_1}+\frac{q}{C_2}+\cdots+\frac{q}{C_n}\\\frac{1}{C}&=\frac{1}{C_1}+\frac{1}{C_2}+\cdots+\frac{1}{C_n}\end{aligned} \tag{3.4}$$

可得：电容串联时的等效电容的倒数等于各电容的倒数之和。

由每个电容上的电压可推出：

$$u_1:u_2:\cdots:u_n=\frac{1}{C_1}:\frac{1}{C_2}:\cdots:\frac{1}{C_n} \tag{3.5}$$

电容串联时，各电容的电压与其电容量成反比，即容量小的所承受的电压高，容量大的所承受的电压低。

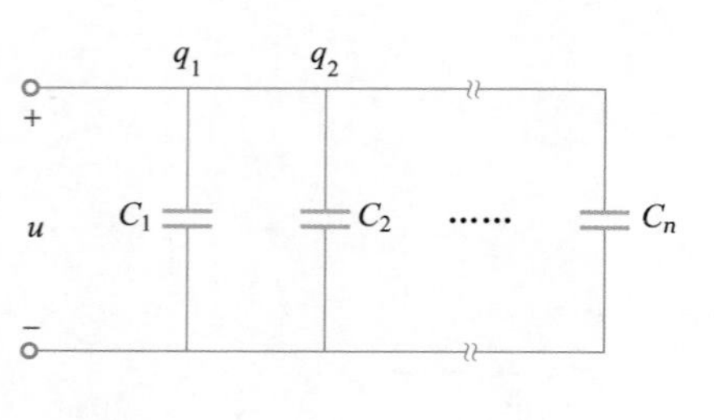

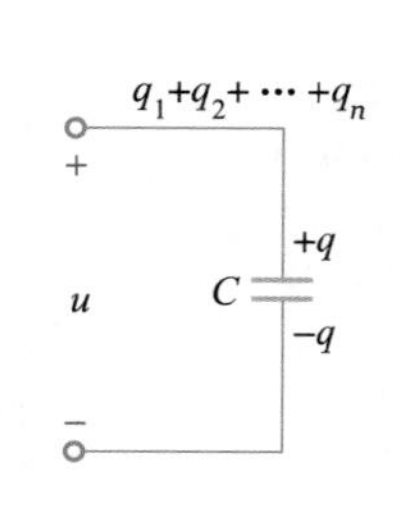

图3.5
电容的并联

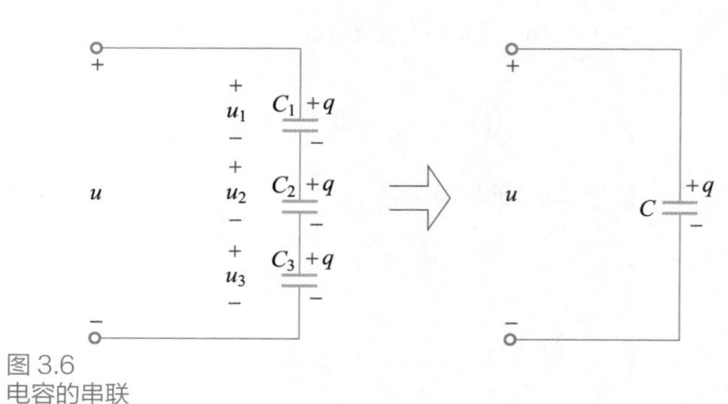

图3.6
电容的串联

【例3.2】电路如图3.7所示，电容C_1=100μF，C_2=C_3=50μF，耐压均为50V。问：等效电容是多少？总的端电压u不能超过多少？

解：等效电容为$C=C_1$串$C_{2,3}$，即

$$C=\frac{C_1\times C_{2,3}}{C_1+C_{2,3}}$$

而
$$C_{2,3}=C_2+C_3=100\mu F$$

故
$$C=50\mu F$$

图3.7
例3.2电路

由于$C_{2,3}$与C_1相等，故两电压相同，都要满足不大于50V的要求，所以

$$u=2\times 50\text{V}=100\text{V}$$

二、电感元件

1. 电感元件和电感

电感元件是实际电感线圈的理想化模型。其结构、符号、特性和实物图如图3.8所示。

动画：电感特性

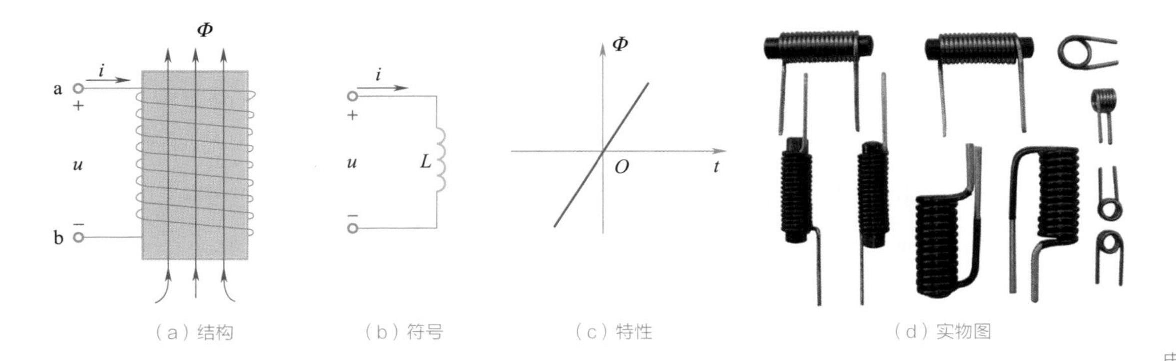

（a）结构　（b）符号　（c）特性　（d）实物图

图 3.8
电感元件的符号、特性和实物图

磁链与产生它的电流的比值叫做电感元件的电感或自感。理想电感元件的电感为一常数，磁链ψ总是与产生它的电流i呈线性关系，即

$$\psi=Li \tag{3.6}$$

电感L是体现电流激励的磁场强弱的参数。在SI中，电感的单位为亨（利），符号为H，常用的单位有毫亨（mH）、微亨（μH）。

2. 电感元件上电压与电流的关系

根据电磁感应定律，感应电压等于磁链的变化率。当电压的参考方向与磁通的参考方向符合右手螺旋定则时，可得

$$u=\frac{\mathrm{d}\psi}{\mathrm{d}t}$$

动画：
电感充放电

当电感元件中的电流和电压取关联参考方向时，有

$$u=\frac{\mathrm{d}\psi}{\mathrm{d}t}=\frac{\mathrm{d}Li}{\mathrm{d}t}=L\frac{\mathrm{d}i}{\mathrm{d}t} \tag{3.7}$$

式（3.7）称为电感元件在u、i取关联参考方向时的伏安特性，当u、i为非关联参考方向时，有

$$u=-L\frac{\mathrm{d}i}{\mathrm{d}t} \tag{3.8}$$

电感元件中电流不变化时，$\frac{\mathrm{d}i}{\mathrm{d}t}=0$，电感元件两端的电压$u_L=0$，如同零电阻一样，此时电感元件如同一段线路，即对直流而言，电感线圈相当于短路。

笔 记

3. 电感元件的磁场能

关联参考方向下，电感吸收的功率

$$p=ui=Li\frac{\mathrm{d}i}{\mathrm{d}t} \tag{3.9}$$

电感电流从$i(0)=0$增大到$i(t)$时，总共吸收的能量，即t时刻电感的磁场能量

$$W_{\mathrm{L}}(t)=\int_0^t p\mathrm{d}t=\int_0^{i(t)} Li\mathrm{d}i=\frac{1}{2}Li^2(t) \tag{3.10}$$

当电感元件的u、i方向一致时，$p>0$，$|i|$增大，电感从外电路吸收能量。当电感元件的u、i方向相反时，$p<0$，$|i|$减小，电感向外电路释放能量。可见，电感元件和外电路进行着磁场能与其他能相互转换，本身不消耗能量。

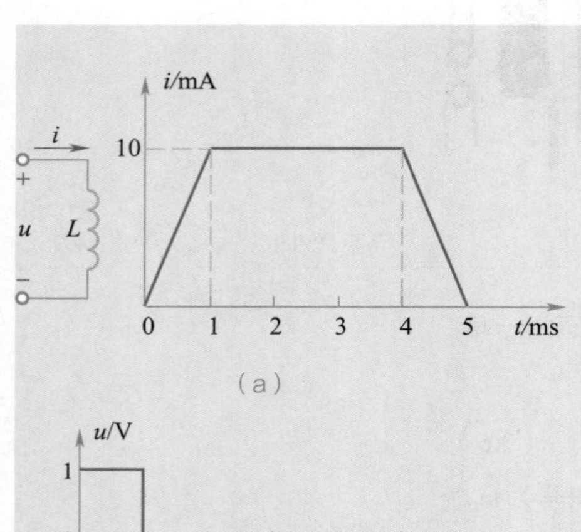

图3.9
例3.3图

【例3.3】电感元件的电感$L=100\mathrm{mH}$，u和i的参考方向一致，i的波形如图3.9（a）所示，试求各段时间元件两端的电压u_{L}，并作出u_{L}的波形，计算电感吸收的最大能量。

解：u_{L}与i所给的参考方向一致，各段感应电压为

（1）0~1ms间，

$$u_{\mathrm{L}}=L\frac{\mathrm{d}i}{\mathrm{d}t}=L\frac{\Delta i}{\Delta t}=100\times10^{-3}\times\frac{10\times10^{-3}-0}{1\times10^{-3}}\mathrm{V}=1\mathrm{V}$$

（2）1~4ms间，电流不变化，得

$$u_{\mathrm{L}}=0$$

（3）4~5ms间，

$$u_{\mathrm{L}}=L\frac{\mathrm{d}i}{\mathrm{d}t}=L\frac{\Delta i}{\Delta t}=100\times10^{-3}\times\frac{0-10\times10^{-3}}{1\times10^{-3}}\mathrm{V}=-1\mathrm{V}$$

u_{L}的波形如图3.9（b）所示。吸收的最大能量

$$W_{\mathrm{L\,max}}=\frac{1}{2}Li_{\mathrm{m}}^2=\frac{1}{2}\times100\times10^{-3}\times\left(10\times10^{-3}\right)^2\mathrm{J}=5\times10^{-6}\mathrm{J}$$

任务2　电路的过渡过程与换路定律

任务导入

动态电路在换路时会出现过渡过程。研究电路的过渡过程具有重要意义。在电子电路中，常利用过渡过程产生所需要的波形。在电力系统中，由于过渡过程会产生过电流或过电压，常要采取一定的保护措施，以保证设备的安全运行。

任务目标

理解电路的过渡过程，掌握电路的换路定律。

一、过渡过程的概念

动态电路：含有动态元件电感器或电容器的电路。

过渡过程：动态电路中的电流、电压会存在一个变化过程，而且渐趋稳定值。

如图3.10所示，R、L、C分别串联一个同样规格的灯泡，合上开关，观察灯泡的发光情况：R支路的灯泡在开关合上后的瞬间立即变亮，且亮度稳定不变；L支路的灯泡在开关合上后由暗逐渐变亮，最后亮度达到稳定；C支路的灯泡在开关合上的瞬间突然变至最亮，然后逐渐变暗直至熄灭。L支路和C支路都存在过渡过程。

动画：过渡过程的概念

二、产生过渡过程的条件与换路定律

1. 产生过渡过程的条件

电路中必须含有动态元件；电路发生换路。

换路，即电路状态的改变。例如：

① 电路接通、断开电源。

② 电路中电源的升高或降低。

③ 电路中元件参数的改变。

2. 换路定律

电路工作状态的改变，如电路的接通、断开、短路、改路及电路元件参数值发生变化等，称换路。由以上分析可知，换路瞬间，电容两端的电压u_C不能跃变，流过电感的电流i_L不能跃变，这即为换路定律。用$t=0_-$表示换路前的终了瞬间，$t=0_+$表示换路后的初始瞬间，则换路定律表示为

$$\left.\begin{array}{l}u_C(0_+)=u_C(0_-)\\ i_L(0_+)=i_L(0_-)\end{array}\right\} \tag{3.11}$$

注意，换路定律只说明电容上电压和电感中的电流不能发生跃变，而流过电容的电流、电感上的电压以及电阻元件的电流和电压均可以发生跃变。

（1）换路定律的解释

① 自然界物体所具有的能量不能突变，能量的积累或释放需要一定的时间。所以电容C存储的电场能量$W_C=\frac{1}{2}Cu^2$不能突变使得u_C不能突变；同样，电感L储存的磁场能量$W_L=\frac{1}{2}Li_L^2$不能突变使得i_L不能突变。

② 从电路关系分析（以图3.10为例）：

$$E=iR+u_C=RC\frac{\mathrm{d}u_C}{\mathrm{d}t}+u_C$$

若u_C发生突变，$\frac{\mathrm{d}u_C}{\mathrm{d}t}=\infty \Rightarrow i=\infty$，这是不可能的。

（2）换路后过渡过程初始值的确定

根据换路定律可以确定换路后过渡过程的初始值，其步骤如下：

① 分析换路前$(t=0_-)$电路，求出电容电压、电感电流，即$u_C(0_-)$、$i_L(0_-)$。

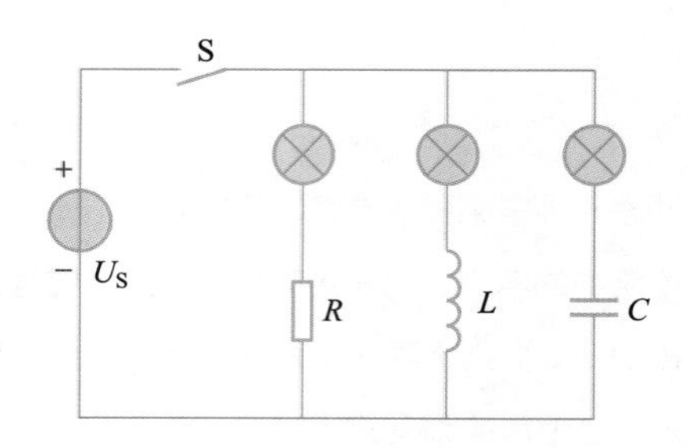

图 3.10
过渡过程举例

② 由换路定律确定 $u_C(0_+)$ 及 $i_L(0_+)$。

③ 进而计算出换路后 $(t=0_+)$ 电路的各参数即过渡过程的初始值。

【例3.4】如图3.11所示电路的开关闭合已久，求开关在 $t=0$ 时刻断开瞬间电容电压的初始值 $u_C(0_+)$。

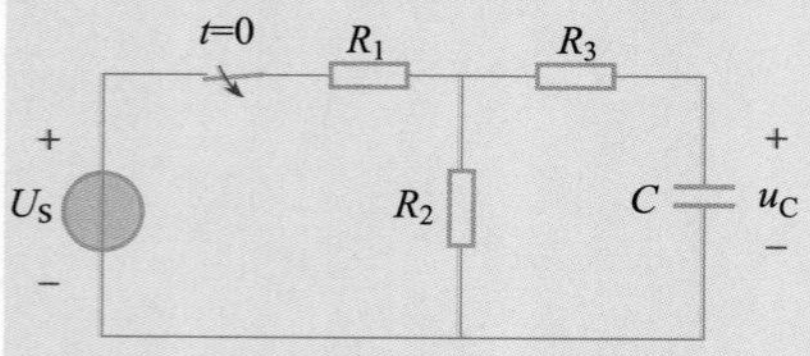

解：开关闭合已久，各电压电流均为不随时间变化的恒定值，造成电容电流等于零，即

$$i_C(t)=C\frac{\mathrm{d}u_C}{\mathrm{d}t}=0$$

电容相当于开路。此时电容电压为

$$u_C(0_-)=\frac{R_2}{R_1+R_2}U_S$$

图 3.11
例 3.4 电路

当开关断开时，在电阻 R_2 和 R_3 不为零的情况下，电容电流为有限值，电容电压不能跃变，由此得到

$$u_C(0_+)=u_C(0_-)=\frac{R_2}{R_1+R_2}U_S$$

【例3.5】如图3.12所示电路的开关闭合已久，求开关在 $t=0$ 断开时电容电压和电感电流的初始值 $u_C(0_+)$ 和 $i_L(0_+)$。

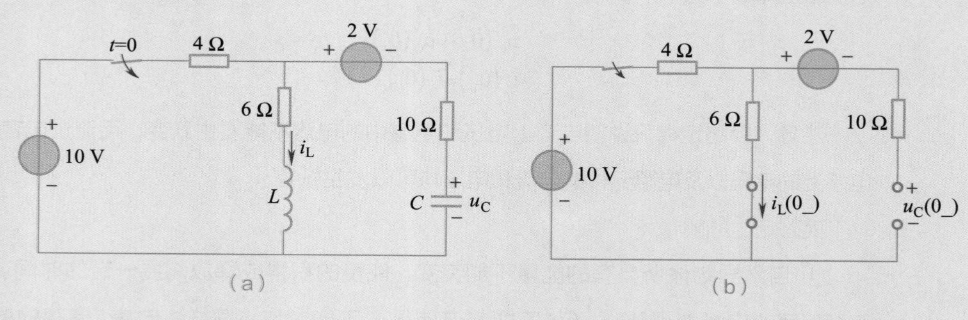

图 3.12
例 3.5 电路

解：由于各电压电流均为不随时间变化的恒定值，电感相当于短路，电容相当于开路，如图3.12（b）所示。此时

$$i_L(0_-)=\frac{10\text{V}}{4\Omega+6\Omega}=1\text{A}$$

$$u_C(0_-)=\frac{6\Omega}{4\Omega+6\Omega}\times10\text{V}-2\text{V}=4\text{V}$$

当开关断开时，电感电流不能跃变，电容电压不能跃变。

$$i_L(0_+)=i_L(0_-)=1A$$
$$u_C(0_+)=u_C(0_-)=4V$$

（3）小结

① 换路瞬间，u_C、i_L不能突变。其他电量均可能突变，变不变由计算结果决定。

② 换路瞬间，$u_C(0_-)=U_0\neq 0$，电容相当于恒压源，其值等于U_0；$u_C(0_-)=0$，电容相当于短路。

③ 换路瞬间，$i_L(0_-)=I_0\neq 0$，电感相当于恒流源，其值等于I_0；$i_L(0_-)=0$，电感相当于断路。

3. 电路稳态值的计算

电路的稳态值是指换路后电路到达新的稳定状态时的电压、电流值，用$u(\infty)$和$i(\infty)$表示。直流激励下的动态电路，到达新的稳定状态时，电容相当于开路，电感相当于短路，由此可以做出$t=\infty$时的等效电路，其分析方法与直流电路完全相同。

【例3.6】电路如图3.13（a）所示，开关S闭合前电路已达稳态，在$t=0$时开关S闭合，求$t=0_+$和$t=\infty$时的等效电路，并计算初始值$i_1(0_+)$、$i_2(0_+)$和稳态值$i_1(\infty)$、$i_2(\infty)$、$i_L(\infty)$、$u_C(\infty)$。

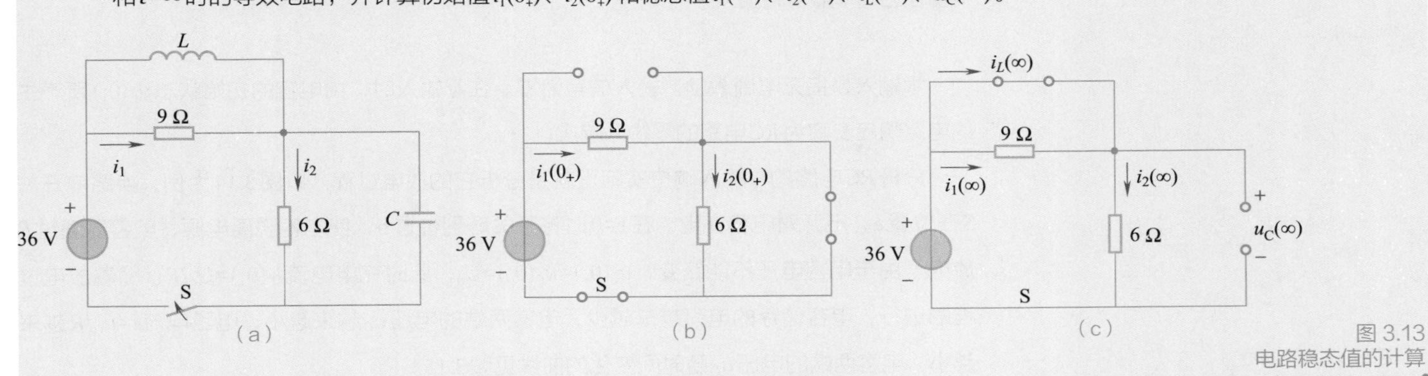

图3.13
电路稳态值的计算

解：（1）因为S闭合前电容与电感均无储能，$u_C(0_-)=0$相当于短路，$i_L(0_-)=0$相当于开路。根据换路定律，有

$$u_C(0_+)=u_C(0_-)=0$$
$$i_L(0_+)=i_L(0_-)=0$$

（2）计算相关初始值。将图3.13（a）中的电容用短路代替，电感用开路代替，则得$t=0_+$时的等效电路如图3.13（b）所示，从而可算出相关初始值，即：

$$i_1(0_+)=\frac{36}{9}A=4A$$
$$i_2(0_+)=0A$$

（3）计算稳态值。开关S闭合后电路到达新的稳定状态时，电感相当于短路，电容相当于开路，做出$t=\infty$时的等效电路如图3.13（c）所示，得：

$$i_1(\infty)=0A$$

$$i_2(\infty)=i_L(\infty)=6\text{A}$$

$$u_C(\infty)=36\text{V}$$

笔 记

任务 3 一阶动态电路的零输入响应

任务导入

由 R、C 或 R、L 组成的动态电路中，如果动态元件在换路前已储能，那么在换路后即使没有激励（电源）存在，电路中仍将会有电流、电压。本学习任务就来讨论这种现象。

任务目标

学会分析 RC 和 RL 串联电路的零输入动态响应；掌握一阶电路零输入响应的一般形式。

一、RC 电路的零输入响应

零输入是指无电源激励，输入信号为零。在零输入时，由电容的初始状态 $u_C(0_+)$ 所产生的电路响应，称为 RC 电路的零输入响应。

分析 RC 电路的零输入响应实际上就是分析它的放电过程。以图3.14为例，换路前开关S在位置a，电源对电容充电。在 t=0时将开关转到位置b，使电容脱离电源，电容器通过 R 放电。由于电容电压不能跃变，$u_C(0_+)=u_C(0_-)=U_0$，此时充电电流 $i_C(0_+)=U_0/R$。随着放电过程的进行，电容储存的电荷越来越少，电容两端的电压 u_C 越来越小，电路电流 $i=u_C/R$ 越来越小。电容两端的电压 u_C 随时间变化的曲线见图3.15。

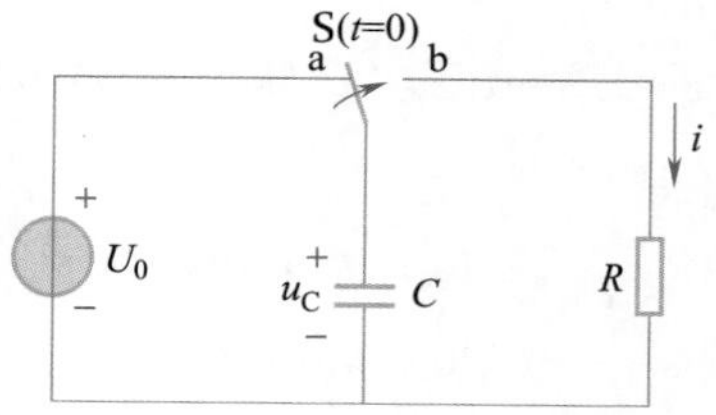

S(t=0) a b i + U_0 − + u_C − C R

图 3.14
RC 放电电路

根据基尔霍夫电压定律：

$$RC\frac{\mathrm{d}u_C}{\mathrm{d}t}+u_C=0$$

其通解形式为

$$u_C=A\mathrm{e}^{pt}$$

联立两方程式，得出特征方程 $RC_P+1=0$，从而方程的解为 $u_C=A\mathrm{e}^{-\frac{t}{RC}}$

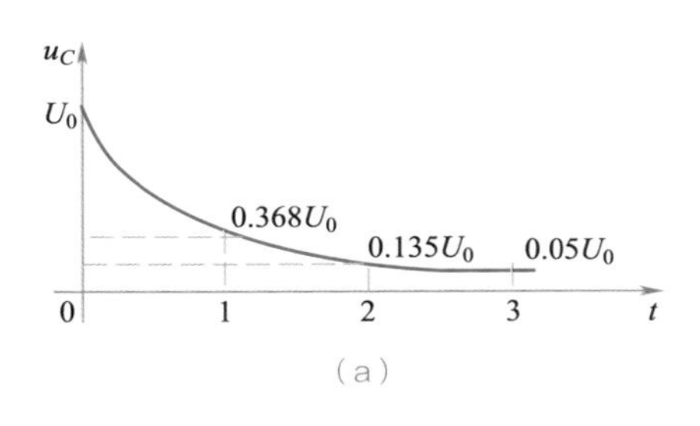

（a）

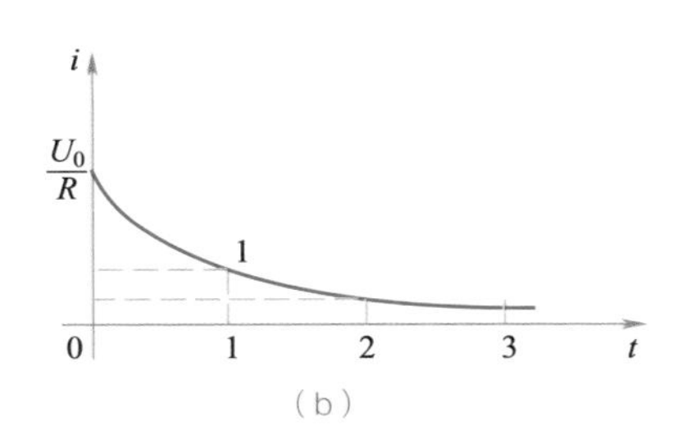

（b）

图 3.15
RC 放电曲线

根据初始条件

$$u_C(0_+)=u_C(0_-)=U_0$$

解得

$$u_C=U_0\mathrm{e}^{-\frac{t}{RC}}$$

电流为

$$i=-C\frac{\mathrm{d}u_C}{\mathrm{d}t}=-C\frac{\mathrm{d}}{\mathrm{d}t}\left(U_0\cdot\mathrm{e}^{-\frac{t}{RC}}\right)=\frac{U_0}{R}\cdot\mathrm{e}^{-\frac{t}{RC}}$$

式中令$\tau=RC$，称为*RC*电路的时间常数，反映了电路过渡过程的快慢。

因此，*RC*电路的零输入响应为：

$$u_C=U_0\cdot\mathrm{e}^{-\frac{t}{\tau}}$$

$$i=\frac{U_0}{R}\cdot\mathrm{e}^{-\frac{t}{\tau}}$$

$$u_R=u_C=U_0\cdot\mathrm{e}^{-\frac{t}{\tau}}$$

仿真演示：
电容的充放电

电压和电流都是按指数规律衰减的，时间常数越小，衰减的速度越快。虽然理论上衰减到零的时间无穷长，但实际上经过$(3\sim5)\tau$时间，就可认为过渡过程基本结束了。

【例3.7】在图3.16所示的电路中，已知$C=4\mu\mathrm{F}$，$R_1=R_2=20\mathrm{k}\Omega$，电容原先有电压100V，试求在开关S闭合后60ms时电容上的电压u_C及放电电流i。

解：设开关S闭合时刻为计时起点，并设电压和电流的参考方向如图3.16所示。

$$\tau=RC=\frac{R_1R_2}{R_1+R_2}C=\frac{20\times20}{20+20}\times10^3\times4\times10^{-6}\mathrm{s}=0.04\mathrm{s}$$

$$t=60\mathrm{ms}=0.06\mathrm{s}$$

则

$$u_C=U_0\mathrm{e}^{-\frac{t}{\tau}}=100\mathrm{e}^{-\frac{0.06}{0.04}}\mathrm{V}=22.3\mathrm{V}$$

$$i=\frac{U_0}{R}\mathrm{e}^{-\frac{t}{\tau}}=\frac{100}{10\times10^3}\mathrm{e}^{-\frac{0.06}{0.04}}\mathrm{A}=2.23\mathrm{mA}$$

图 3.16
例 3.7 电路

注意：当电路中有若干电阻时，时间常数中的电阻R应是将电容C移去后，从所形成的端口处看进去的等效电阻。

二、*RL* 串联电路的零输入响应

在图3.17所示的电路中，电路原已处于稳定状态，在$t=0$时开关闭合，此时电路为*RL*串联电路，电路中的响应属于零输入响应。

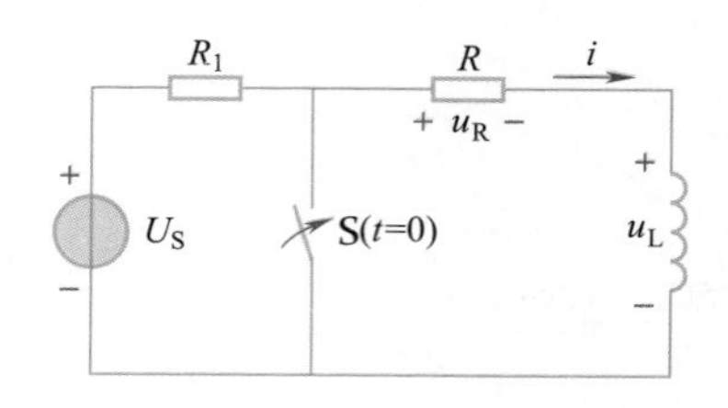

图 3.17
RC 串联电路

笔 记

根据所设各变量的参考方向，列出换路后电路的KVL方程为

$$u_R+u_L=0$$

因为

$$u_R=iR$$

$$u_L=L\frac{di}{dt}$$

所以

$$iR+L\frac{di}{dt}=0$$

解一阶微分方程，即可得

$$i=I_0e^{-\frac{R}{L}t}$$

$$u_R=i_R=RI_0e^{-\frac{R}{L}t}$$

$$u_L=-u_R=-RI_0e^{-\frac{R}{L}t}$$

其响应曲线如图3.18所示。

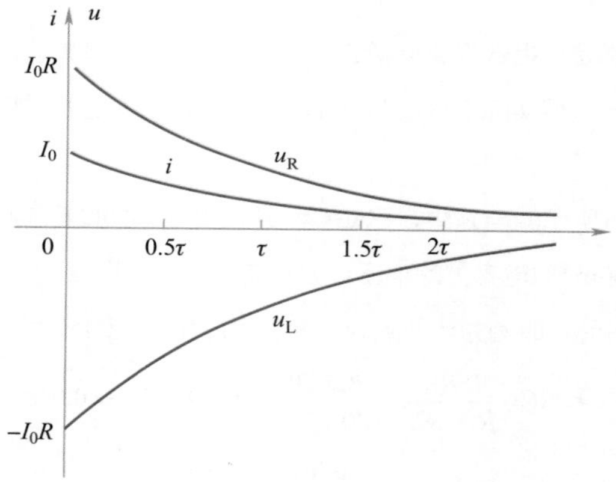

图 3.18
RL 电路的零输入响应曲线

可见，电感上电流衰减的快慢取决于L/R。令$\tau=L/R$为电路的时间常数，其意义与前述*RC*串联电路的时间常数的意义相同。τ越大，各电路变量衰减得越慢，过渡过程越长。

三、一阶电路零输入响应的一般形式

由一阶*RC*、*RL*电路零输入响应的分析可以看出：零输入响应都是由动态元件储存的初始能量对电阻的释放引起的。

如果用$f(t)$表示电路的响应，$f(0_+)$表示初始值，则一阶电路零输入响应的一般表达式为

$$f(t)=f(0_+)e^{-\frac{t}{\tau}}(t\geqslant 0_+) \quad (3.12)$$

注意，如果电路中有多个电阻，则此时的R为换路后接于动态元件L或C两端的电阻网络的等效电阻。

【例3.8】如图3.19所示，电路已处于稳态，U_s=10V，R_1=6Ω，R_2=4Ω，L=2mH。求S闭合后各元件电流和电压的初始值。

解：选定各支路的电流和电压的参考方向，如图3.19所示。S闭合前

$$i_1(0_-)=i_2(0_-)=\frac{U_S}{R_1+R_2}=\frac{10V}{6\Omega+4\Omega}=1A$$

$$i_3(0_-)=0$$

S闭合后，根据换路定律得

$$i_L(0_+)=i_L(0_-)=i_1(0_+)=i_2(0_-)=1A$$

S闭合后，由于S将R_2短路，所以

$$i_2(0_+)=\frac{U_{AB}(0_+)}{R_2}=0A$$

$$i_3(0_+)=i_1(0_+)-i_2(0_+)=1A$$

$$U_S=R_1i_1(0_+)+u_L(0_+)+u_{AB}(0_+)$$

$$u_L(0_+)=U_S-R_1i_1(0_+)=10V-6V=4V$$

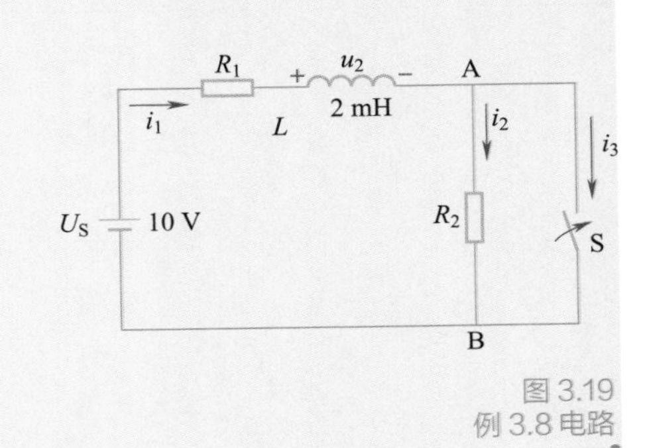

图3.19
例3.8电路

任务4 一阶动态电路的零状态响应

任务导入

由RC或RL组成的动态电路，如果动态元件在换路前初始状态为零，那么换路后在外施激励（电源）作用下，电路中电流、电压有怎样的规律呢？本学习任务就来讨论这个问题。

任务目标

学会分析RC和RL串联电路的零状态响应；掌握一阶电路零状态响应的一般形式。

一、RC电路的零状态响应

零状态是指换路前电容元件没有储能，$u_C(0_-)=0$。在此条件下，由电源激励所产生的电路响应，称为零状态响应。

RC电路的零状态响应实际上就是它的充电过程。图3.20所示为RC充电电路。设开关S合上前，电路处于稳态，电容两端电压$u_C(0_-)=0$，电容元件的两极板上无电荷。在$t=0$时刻

合上开关S，电源经电阻R对电容充电，由于电容两端电压不能突变，$u_C(0_+)=0$，此时电路中的充电电流$i_C(0_+)=E/R$。

随着电容积累的电荷逐渐增多，电容两端的电压u_C也随之升高。电阻分压u_R减少，电路充电电流$i_C=u_R/R=(E-u_C)/R$也不断下降，充电速度越来越慢。经过一段时间后，电容两端的电压$u_C=E$，电路中电流$i_C=0$，充电的过渡过程结束，电路处于新的稳态。电容两端的电压u_C随时间的变化如图3.21所示。

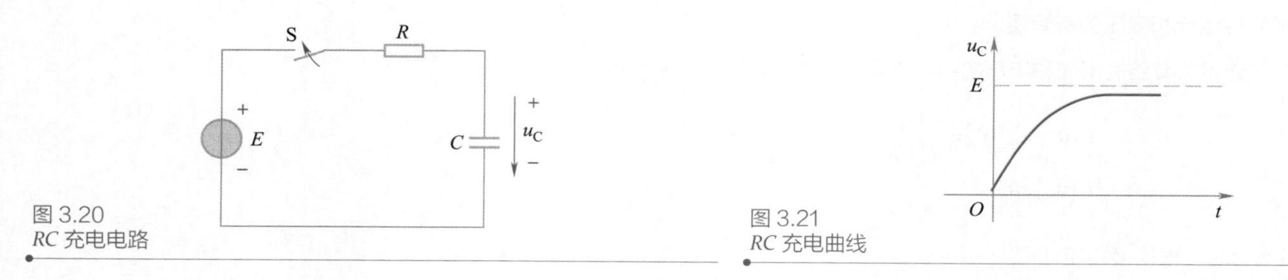

图3.20
*RC*充电电路

图3.21
*RC*充电曲线

根据基尔霍夫电压定律，有

$$RC\frac{\mathrm{d}u_C}{\mathrm{d}t}+u_C=E$$

其特解即电路的稳态分量为

$$u_C'=E$$

而其通解即电路的暂态分量为

$$u_C''=-E\mathrm{e}^{-\frac{t}{RC}}=-E\mathrm{e}^{-\frac{t}{\tau}}$$

解得

$$u_C=u_C'+u_C''=E\left(1-\mathrm{e}^{-\frac{t}{\tau}}\right) \tag{3.13}$$

式中，$\tau=RC$称为RC电路的时间常数，表示电容充电的快慢。时间常数$\tau=RC$越大，充电时间越长。这是因为，C越大，一定电压U之下电容储能越大，电荷越多；而R越大，则充电电流越小，所以需要更长的充电时间。

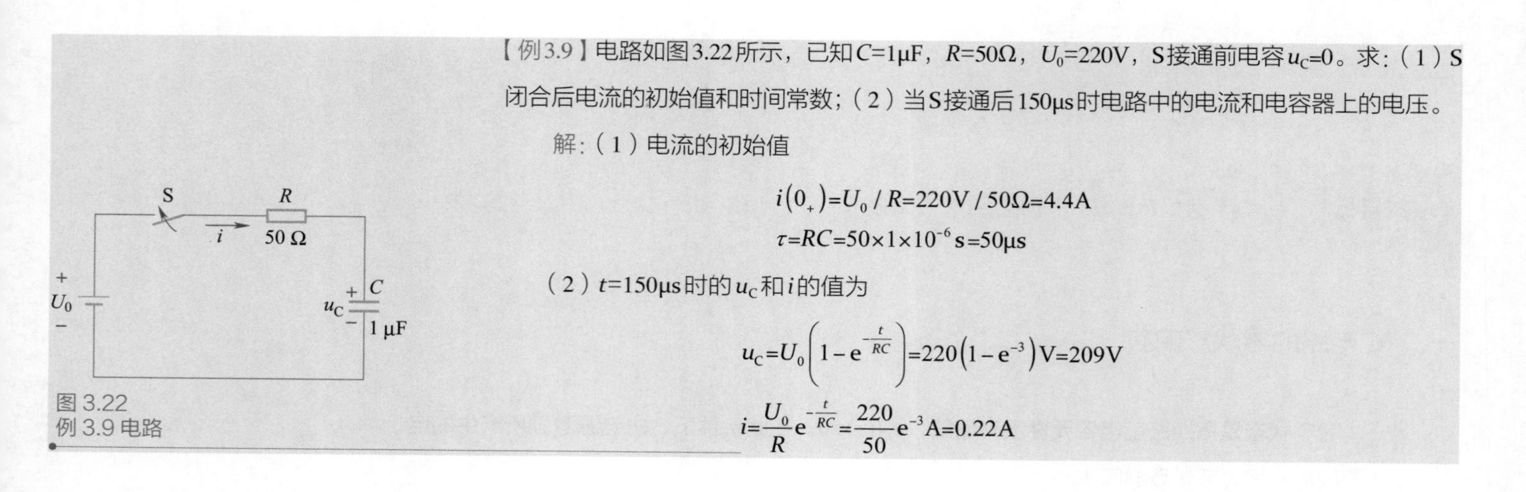

【例3.9】电路如图3.22所示，已知$C=1\mu F$，$R=50\Omega$，$U_0=220V$，S接通前电容$u_C=0$。求：（1）S闭合后电流的初始值和时间常数；（2）当S接通后150μs时电路中的电流和电容器上的电压。

解：（1）电流的初始值

$$i(0_+)=U_0/R=220\text{V}/50\Omega=4.4\text{A}$$

$$\tau=RC=50\times1\times10^{-6}\text{s}=50\mu\text{s}$$

（2）$t=150\mu s$时的u_C和i的值为

$$u_C=U_0\left(1-\mathrm{e}^{-\frac{t}{RC}}\right)=220\left(1-\mathrm{e}^{-3}\right)\text{V}=209\text{V}$$

$$i=\frac{U_0}{R}\mathrm{e}^{-\frac{t}{RC}}=\frac{220}{50}\mathrm{e}^{-3}\text{A}=0.22\text{A}$$

图3.22
例3.9电路

二、*RL* 串联电路的零状态响应

笔 记

图3.23中，换路前，电感中无电流通过，$i_L(0_-)=0$，没有储能，为零状态；换路后，$i_L(0_+)=i_L(0_-)=0$，但此时，电流相对时间变化率最大，电感中产生感生电动势最大。随着时间的推移，电流越来越大，电感储存的磁场能越来越大，但电流变化越来越慢，电感分压逐渐减小。

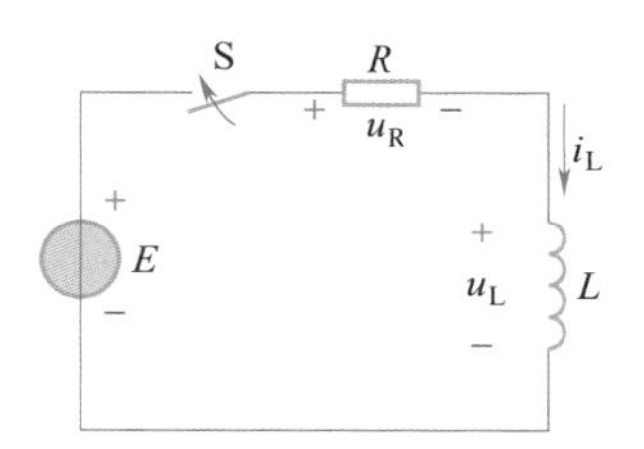

图 3.23
RL 零状态响应电路

根据基尔霍夫定律，列出$t\geqslant 0$时的电路方程

$$Ri+L\frac{\mathrm{d}i}{\mathrm{d}t}=E$$

与电容电路相似，电路电流的解为

$$i(t)=\frac{E}{R}\left(1-\mathrm{e}^{-\frac{t}{\tau}}\right) \tag{3.14}$$

式中，$\tau=L/R$为时间常数。L越大，电感储有磁场能越多，产生阻碍电流变化的感生电动势越来越大，阻碍作用越强；R越小，在同样电压下电感所得电流U/R越大，储能越多，所以过渡过程时间越长，变化越缓慢。

三、一阶电路的零状态响应的一般形式

由一阶*RC*、*RL*电路的零状态响应式可以看出：电容电压u_C、电感电流i_L都是由零状态逐渐上升到新的稳态值；而电容电流、电感电压都是按指数规律衰减的。如果用$f(\infty)$表示电路的新稳态值，τ仍为时间常数（*RC*电路中$\tau=RC$；*RL*电路中$\tau=L/R$），则一阶电路的零状态响应的u_C或i_L可以表示为一般形式，即

$$f(t)=f(\infty)\left(1-\mathrm{e}^{-\frac{t}{\tau}}\right)(t\geqslant 0_+) \tag{3.15}$$

注意：式（3.15）只能用于求解零状态下*RC*电路中的u_C和*RL*电路中的i_L。求时间常数τ时，可将储能元件以外的电路应用戴维南定理进行等效变换，等效电阻即是τ中的电阻R。

【例3.10】电路如图3.24所示，R=200Ω，U_0=200V，L=1H。当开关S闭合后，求：（1）电路稳态电流I及电流等于0.632I时所需的时间；（2）求当t=0、τ=15ms、t=∞时，线圈两端的电压。

解：（1）当电路到达稳态时，电感相当于短路，故可求出稳态电流

$$I=\frac{U_0}{R}=1\text{A}$$

过渡过程中，$i=\dfrac{U_0}{R}\left(1-\mathrm{e}^{-t/\tau}\right)$，当$i$=0.632$I$时，正好为电路在1$\tau$时间的电流，

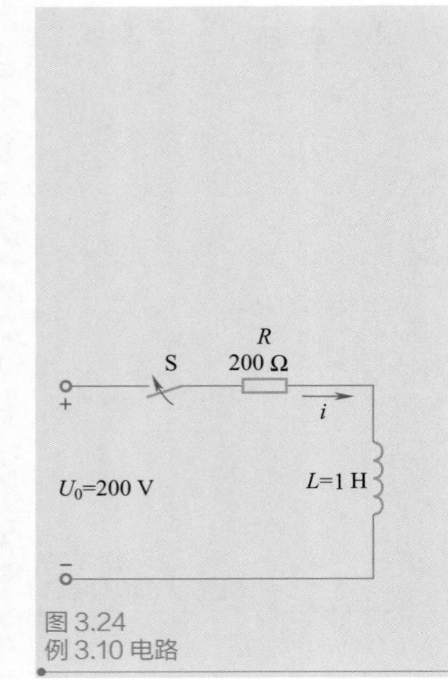

图3.24
例3.10电路

即$t=\tau=\dfrac{L}{R}=\dfrac{1}{200}$ s=5ms

（2）$u_L=U_0\cdot\mathrm{e}^{-t/\tau}$

当t=0时，u_L=U_0=200V

当t=15ms=3τ时，$u_L=U_0\cdot\mathrm{e}^{-3}$=200V×0.05=10V

当t=∞时，u_L=0

任务5　一阶动态电路的全响应与三要素法

任务导入

当动态元件在非零状态同时又有外施激励，此时电路的响应称为全响应。全响应有它的一般规律，据此提出三要素法。

任务目标

学会分析动态电路的全响应，掌握一阶电路三要素法。

一、一阶电路的全响应

全响应是指电路中储能元件处于非零状态下受到外施激励时，电路中产生的电压、电流。

1. *RC*电路的全响应

下面讨论*RC*串联电路在直流输入情况下的全响应。电路如图3.25所示，开关接在1端已久，$u_E(0_-)=U_0$。t=0时开关接至2端，$t>0$时的电路如图3.25（b）所示。

现在计算电容电压的全响应。根据KVL列出方程并求解得：

$$u_C(t)=(U_0-U_S)\,\mathrm{e}^{-\frac{t}{RC}}+U_S=U_0\,\mathrm{e}^{-\frac{t}{RC}}+U_S\left(1-\mathrm{e}^{-\frac{t}{RC}}\right) \tag{3.16}$$

=暂态响应+稳态响应=零输入响应+零状态响应

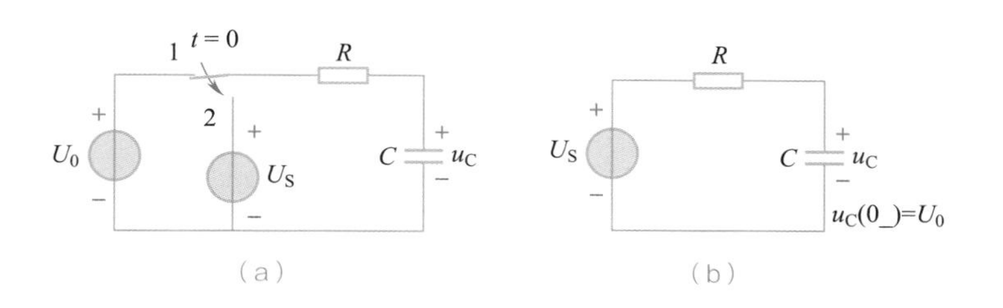

图 3.25
RC 电路的全响应

这两种响应分解后的波形如图3.26所示。

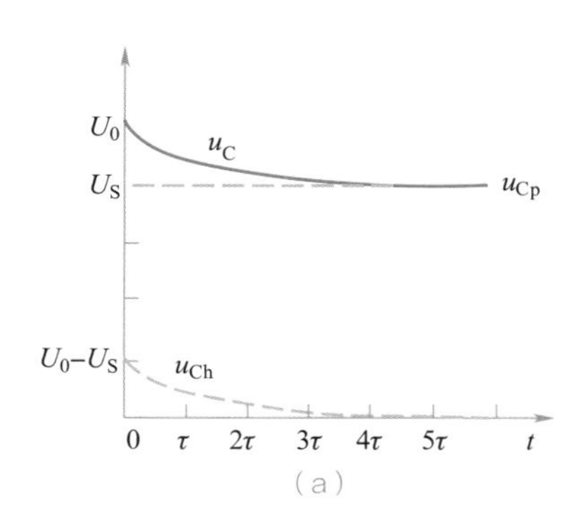

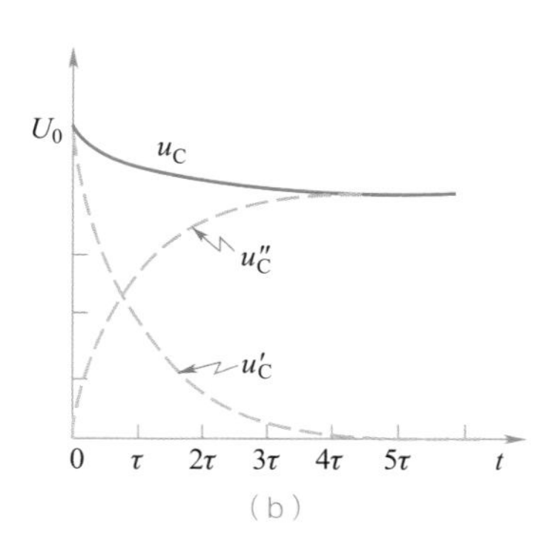

图 3.26
两种响应分解后的波形

【例3.11】如图3.27所示，按电路所标电流电压方向，求开关S从闭合的稳定状态断开后电路中的电流电压的表达式。

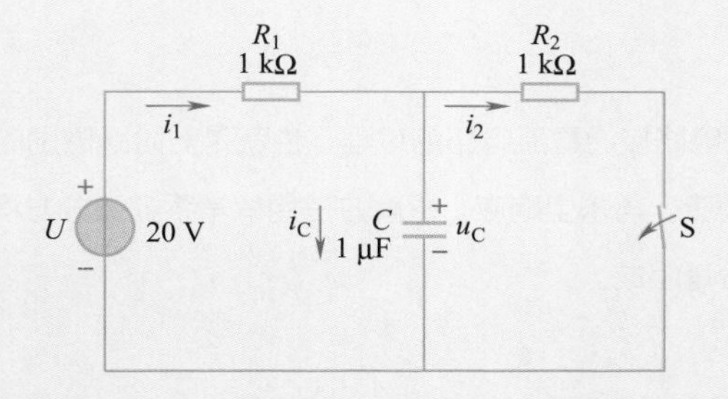

图 3.27
例 3.11 电路

解：S断开前电容C已充有电压

$$u_C(0_-)=U\cdot\frac{R_2}{R_1+R_2}=10\text{V}$$

$$i_1(0_-)=i_2(0_-)=\frac{U}{R_1+R_2}=\frac{20}{2\times10^3}\text{A}=10\times10^{-3}\text{A}$$

S断开后，电容开始充电，有

$$u_C=(U_0-U_S)\text{e}^{-\frac{t}{RC}}+U_S=(10-20)\text{e}^{-\frac{t}{\tau}}\text{V}+20\text{V}=20\text{V}-10\text{e}^{-\frac{t}{\tau}}\text{V}$$

$$\tau=R_1C=1\times10^3\times1\times10^{-6}\text{s}=1\times10^{-3}\text{s}$$

所以

$$u_C=\left(20-10\text{e}^{1\,000t}\right)\text{V}$$

$$i_C=i_1=\frac{20-10}{1\,000}\text{e}^{-1\,000t}\text{A}$$

i_2在S断开后为零。图3.28表示S断开后u_C、i_C随时间变化的规律曲线。

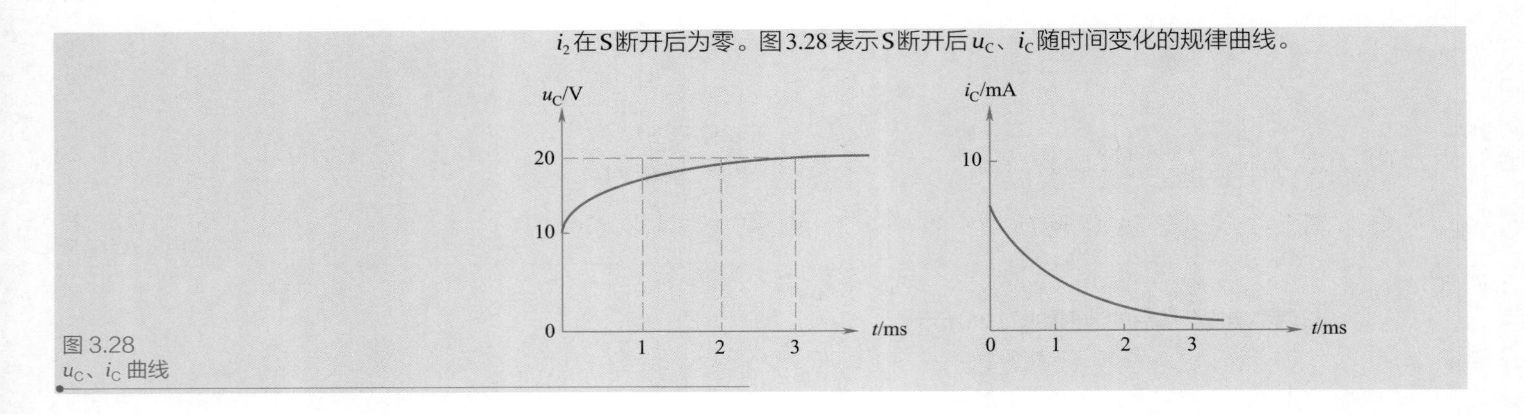

图3.28
u_C、i_C曲线

2. *RL* 电路的全响应

与电容电路相似，电感电路的全响应为零输入响应和零状态响应的叠加。如图3.29所示。

$$i(t)=\frac{E}{R}\left(1-e^{-\frac{t}{\tau}}\right)+I_0e^{-\frac{t}{\tau}}$$

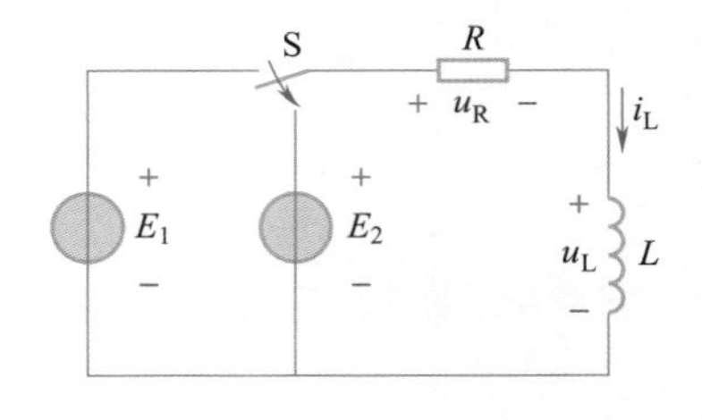

图3.29
RL 全响应电路

3. 小结

*RC*电路和*RL*电路接通直流电路的过程，也就是对阶跃激励的响应。可以先分别求零状态响应和零输入响应，再求全响应。求解方法用解常系数微分方程的经典方法，方程的解由稳态分量和暂态分量组成。

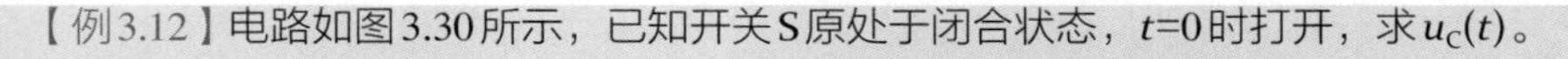
【例3.12】电路如图3.30所示，已知开关S原处于闭合状态，t=0时打开，求$u_C(t)$。

解：

$$u_C(0_-)=\frac{R_2}{R_1+R_2}E=6V$$

全响应为零状态解和零输入解叠加。

（1）零状态的解。画出零状态时的等效电路图（如图3.31所示）。

$$u_C'(0_+)=0V$$

$$u_C'(t)=\left[10+(0-10)\cdot e^{-t/R_1C}\right]V$$

$$=\left(10-10\cdot e^{-t/\tau}\right)V$$

（2）零输入的解。画出零输入的等效电路图（如图3.32所示）。

$$u_C''(0_+)=6V$$

$$u_C''(t)=6\cdot e^{-t/\tau}V$$

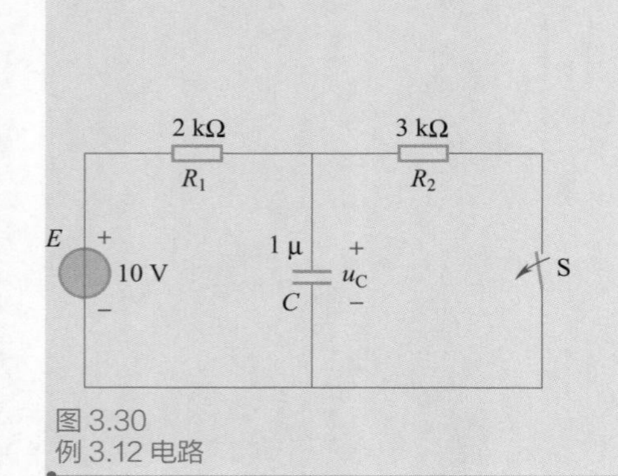

图3.30
例3.12电路

全解为

$$
\begin{aligned}
u_C(t) &= u_C'(t) + u_C'' \\
&= \left[10 + \left(-10 \cdot e^{-t/\tau}\right)\right]\text{V} + \left[6e^{-t/\tau}\right]\text{V} \\
&= \left(10 - 4e^{-t/\tau}\right)\text{V}
\end{aligned}
$$

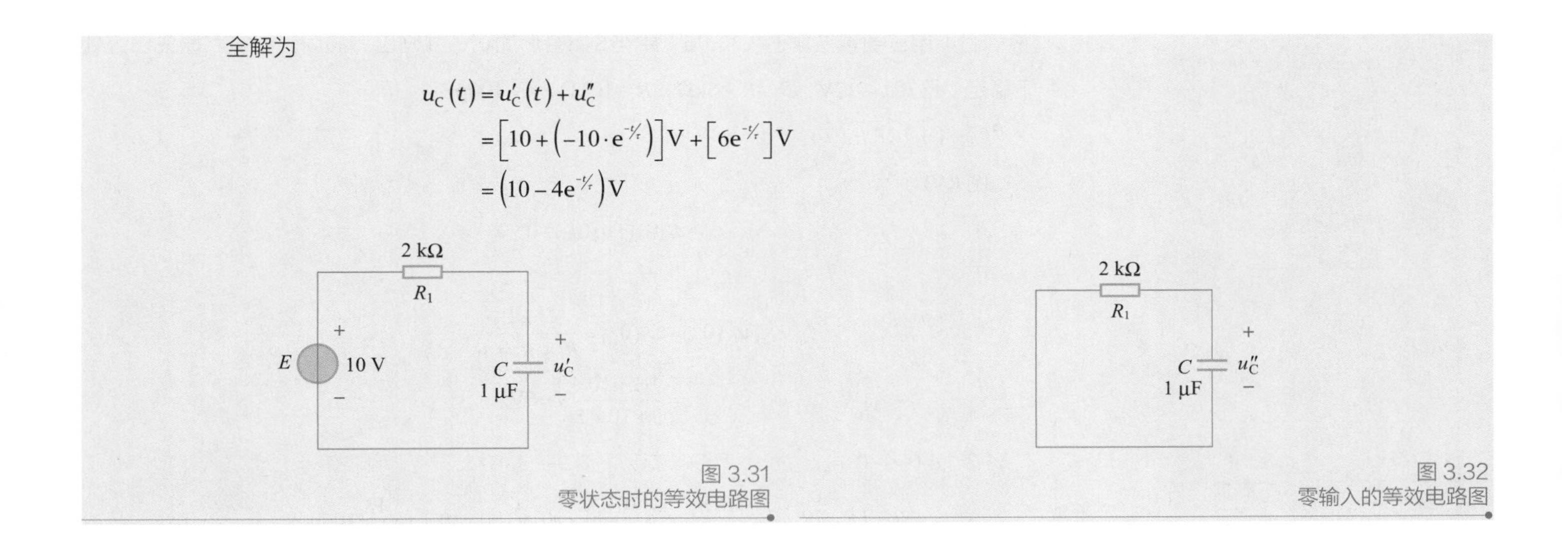

图 3.31
零状态时的等效电路图

图 3.32
零输入的等效电路图

二、一阶动态电路的三要素法

三要素法是对一阶动态电路求解方法及其响应形式进行总结归纳后得出的一个有用的方法。该方法能够比较方便地求解一阶动态电路的各种响应。

微课：一阶动态电路的三要素法

1. 三要素与三要素法

一阶电路响应的一般公式为

$$f(t)=f(\infty)+\left[f(0_+)-f(\infty)\right]e^{-\frac{t}{\tau}} \tag{3.17}$$

式中，$f(0_+)$是瞬态过程中变量的初始值；

$f(\infty)$是变量的新稳态值；

τ是瞬态过程的时间常数。

$f(0_+)$、$f(\infty)$和τ这三个量称为三要素。

根据式（3.17）直接写出一阶电路瞬态过程中任何变量的变化规律，这种方法称为三要素法。

2.“三要素”的计算

$f(0_+)$、$f(\infty)$和τ是三要素法的关键，其求解方法如下：

① 初始值$f(0_+)$利用换路定理求得。

② 新稳态值$f(\infty)$，由换路后$t=\infty$的等效电路求出。（注意：在直流激励的情况下，令C开路，L短路）。

③ 时间常数τ，只与电路的结构和参数有关，RC电路中$\tau=RC$，RL电路中$\tau=L/R$，其中电阻R是指换路后，在动态元件外的戴维南等效电路的内阻。

由于三要素的值都由其所对应的等效电路决定，所以利用电路的分析方法便可求得，避免了微分方程的求解。因此，三要素法在工程上很实用。

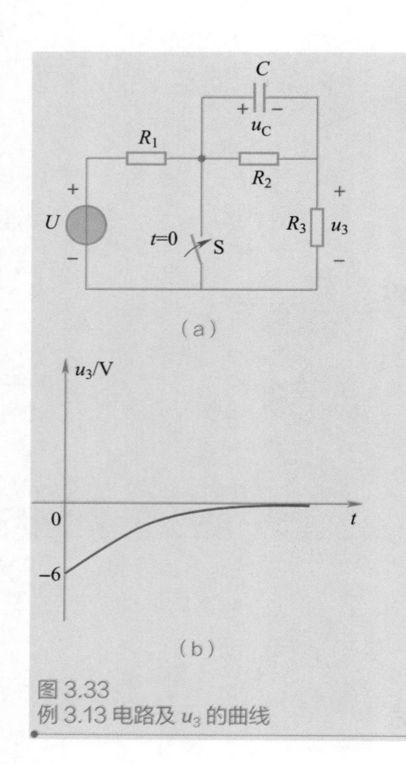

图 3.33
例 3.13 电路及 u_3 的曲线

【例3.13】用三要素法求图3.33（a）中当S闭合后的u_3，并画出其曲线。设电路原先已经处于稳定。已知U=12V，$R_1=R_3$=5kΩ，R_2=10kΩ，C=100pF。

解：（1）求$u_3(0_+)$。

由KVL，

$$u_3(0_+)+u_C(0_+)=0$$

而

$$u_C(0_+)=u_C(0_-)=\frac{U\times R_2}{R_1+R_2+R_3}=\frac{12\times10}{5+10+5}\text{V}=6\text{V}$$

（2）$u_3(\infty)=0$

（3）$\tau=RC=(R_2/\!/R_3)C=\frac{R_2R_3}{R_2+R_3}C=\frac{10\times5}{10+5}\times10^3\times100\times10^{-12}\text{s}=\frac{1}{3}\times10^{-6}\text{s}$

故$u_3=u_3(\infty)+\left[u_3(0_+)-u_3(\infty)\right]e^{-\frac{t}{\tau}}=-6e^{-3\times10^6}\text{V}\ (t\geqslant0)$

依据u_3的解画出其曲线，如图3.33（b）所示。

【技能训练】

笔 记

一阶RC电路过渡过程的研究

一、实验目的

① 熟悉示波器面板上的开关和旋钮的作用，学会其使用方法。

② 学会信号发生器、交流毫伏表等电子仪器的使用方法。

③ 研究一阶RC电路的过渡过程。

二、实验设备

① 示波器。

② 交流毫伏表。

③ 信号发生器。

三、内容与步骤

一阶RC电路响应的测量：

按图3.34接线。调节信号发生器使其输出幅度U_S=5V，频率f=500Hz的方波信号。

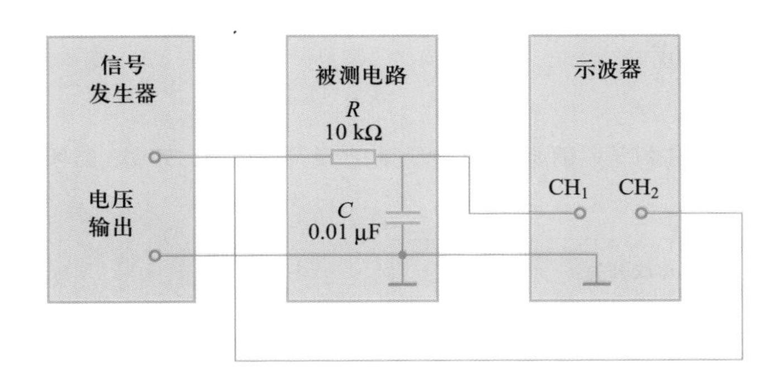

图 3.34
一阶 *RC* 电路响应的测量电路

① 取C=0.1μF，用示波器分别观察R=1kΩ、R=2kΩ两种情况下的u_S、u_C波形，测量电路的时间常数τ值，并记录。

② 将图3.34中的R和C互换位置，用示波器分别观察R=1kΩ、R=2kΩ两种情况下的u_S、u_R波形，并记录。

四、预习要求

① 认真阅读有关示波器、低频信号发生器、交流毫伏表全部内容，了解它们的工作原理、主要用途、使用范围和注意事项，熟悉各仪器面板上旋钮的作用。

② 复习有关一阶RC电路响应的内容，了解时间常数τ的测量方法。

五、实验总结

① 在坐标纸上画出一阶电路的输入输出波形，并将测得的时间常数τ与计算值相比较，说明影响τ的因素。

② 总结信号发生器、交流毫伏表的使用方法及注意事项。

项目 2　荧光灯照明电路的安装与测试实训

任务导入

荧光灯是人们生活中常见的灯具，其发光效率高、使用寿命长、光色较好、经济省电，被广泛使用。本学习任务是自己动手安装一个荧光灯电路。

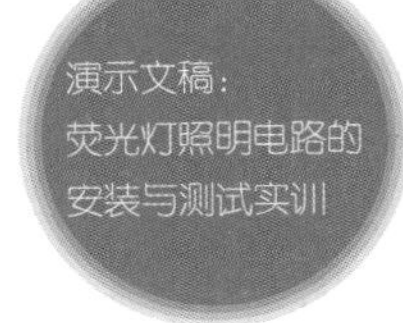

任务目标

掌握荧光灯的电路结构；了解它的发光原理和保养方法；学会它的安装与测试方法。

一、荧光灯的电路组成

拓展资源：电光源荧光灯

荧光灯电路由灯管、镇流器和辉光启动器及开关组成，如图3.35所示。

动画：荧光灯的原理

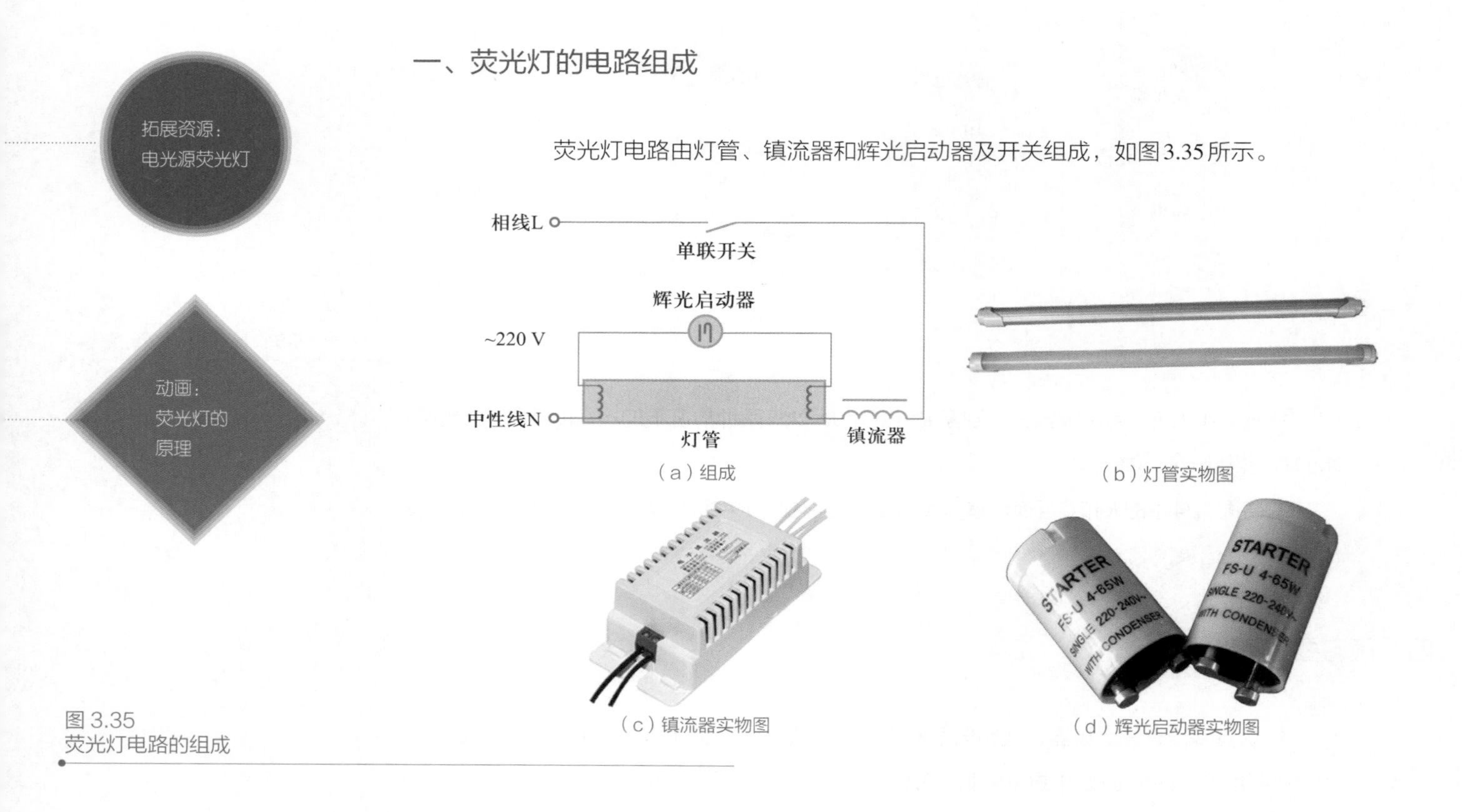

（a）组成 （b）灯管实物图 （c）镇流器实物图 （d）辉光启动器实物图

图 3.35 荧光灯电路的组成

1. 灯管

荧光灯管是一根玻璃管，内壁涂有一层荧光粉（钨酸镁、钨酸钙、硅酸锌等），不同的荧光粉可发出不同颜色的光。灯管内充有稀薄的惰性气体（如氩气）和水银蒸气，灯管两端有由钨制成的灯丝，灯丝涂有受热后易于发射电子的氧化物。当灯丝有电流通过时，使灯管内灯丝发射电子，还可使管内温度升高，水银蒸发。这时，若在灯管的两端加上足够的电压，就会使管内氩气电离，从而使灯管由氩气放电过渡到水银蒸气放电。放电时发出不可见的紫外光线照射在管壁内的荧光粉上面，使灯管发出各种颜色的可见光线。

2. 镇流器

镇流器是与荧光灯管相串联的一个元件，实际上是绕在硅钢片铁心上的电感线圈，其感抗值很大。镇流器有两个作用：一是限制灯管的电流；二是产生足够的自感电动势，使灯管容易放电起燃。镇流器一般有两个触头，但有些镇流器为了在电压不足时容易起燃，就多绕了一个线圈，因此也有四个触头的镇流器。

3. 辉光启动器

辉光启动器是一个小型的辉光管，在小玻璃管内充有氖气，并装有两个电极。其中一个电极由线膨胀系数不同的两种金属组成（通常称双金属片），冷态时两电极分离，受热时双金属片会因受热而变弯曲，使两电极自动闭合。

4. 电容器

荧光灯电路由于镇流器的电感量大，功率因数很低，为0.5~0.6。为了改善线路的功率因数，故要求用户在电源处并联一个适当大小的电容器。

二、荧光灯的发光原理

如图3.35所示，当接通电源时，由于荧光灯没有点亮，电源电压全部加在辉光管的两个电极之间，辉光启动器内的氩气发生电离。电离的高温使得“U”形电极因受热而趋于伸直，两电极接触，使电流从电源一端流向镇流器→灯丝→辉光启动器→灯丝→电源的另一端，形成通路并加热灯丝。灯丝因有电流（称为启辉电流或预热电流）通过而发热，使氧化物发射电子。同时，辉光管两个电极接通时，电极间的电压为零，辉光启动器中的电离现象立即停止，使“U”形金属片因温度下降而复原，两电极离开。在离开的一瞬间，使镇流器流过的电流发生突然变化（突降至零），由于镇流器铁心线圈的高感作用，产生足够高的自感电动势作用于灯管两端。这个感应电压连同电源电压一起加在灯管的两端，使灯管内的惰性气体电离而产生弧光放电。随着管内温度的逐渐升高，水银蒸气游离，碰撞惰性气体分子放电，当水银蒸气弧光放电时，就会辐射出不可见的紫外线，紫外线激发灯管内壁的荧光粉后发出可见光。正常工作时，灯管两端的电压较低（40W灯管的两端电压约为110V，20W的灯管约为60V）此电压不足以使辉光启动器再次产生辉光放电。因此，辉光启动器仅在启辉过程中起作用，一旦启辉完成，便处于断开状态。

笔 记

三、荧光灯的保养

① 不要过于频繁地开关灯。过于频繁地开关灯会导致灯管的两端过早地变黑，影响灯管的输出功率，而且要注意在关灯后重新启动灯要等5~15min。

② 如果电压很低，灯管的两级会在点亮的开始阶段发射出钨，从而使灯管内部产生许多点状的污染物，成为灯管损害的原因之一。所以，建议尽量在高电压的条件下开灯。

③ 注意保持通风的环境，以延长灯管的寿命。

【任务实施】

一、实训目的

① 能熟练使用示波器。

② 能安装荧光灯照明电路。

③ 能安装开关与插座。

④ 能检测荧光灯照明电路。

⑤ 能处理荧光灯照明电路的常见故障。

笔 记

二、实训所用工具器材

荧光灯、灯座、开关、各种导线、常用电工工具等。

三、训练步骤及内容

1. 单联开关控制荧光灯照明电路

单联开关控制荧光灯照明电路主要由单联开关、荧光灯和导线组成，其电路如图3.36所示。其中单联开关是一种单开单关的开关，如图3.37所示。单联开关共有两个接柱，分别接入进线和出线。在拉动或按动开关按钮时，存在接通或断开两种状态，从而把电路变成通路或断路。在照明电路中，为了安全用电，单联开关要接在火线（相线）上。

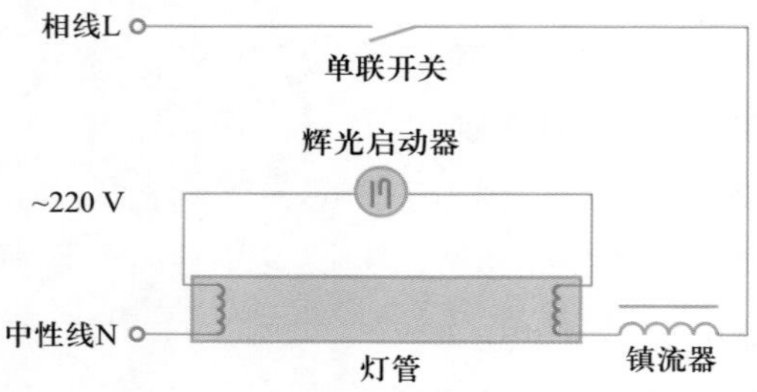

相线L
单联开关
辉光启动器
~220 V
中性线N
灯管
镇流器

图 3.36
单联开关控制荧光灯照明电路

图 3.37
单联开关

2. 双联开关控制荧光灯照明电路

双联开关控制荧光灯照明电路主要由两只双联开关、荧光灯和导线组成，其电路如图3.38所示。这种电路可以在两个地方控制一盏灯，这种形式通常用于楼梯或走廊上，在楼上、楼下或走廊两端均可控制灯的接通和断开。双联开关如图3.39所示。

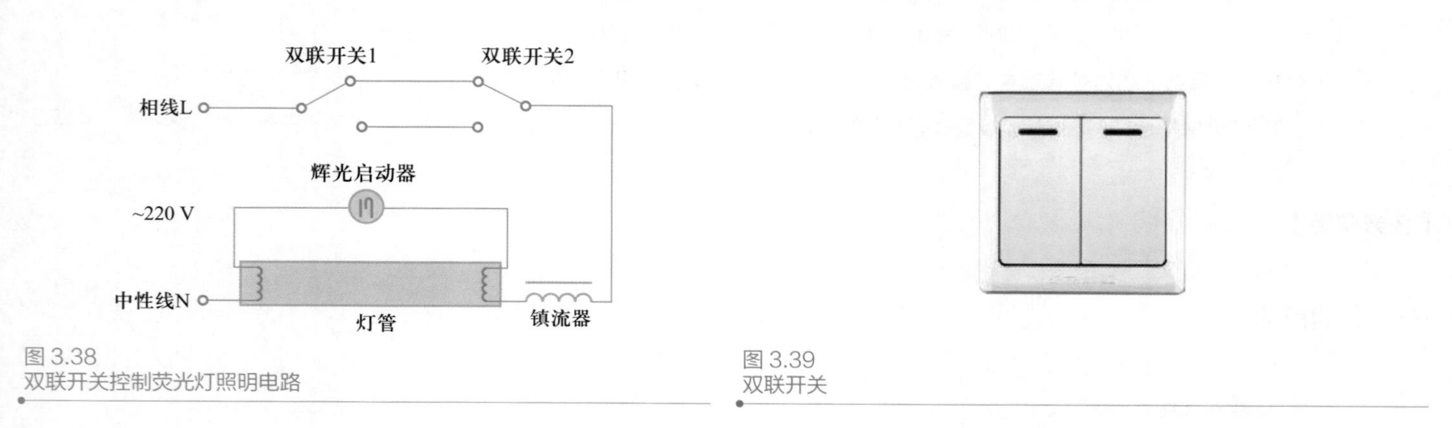

图 3.38
双联开关控制荧光灯照明电路

图 3.39
双联开关

3. 荧光灯照明电路安装

① 安装前要检查灯管、镇流器、辉光启动器等器件有无损坏，镇流器和辉光启动器标称功率应保持一致。同时，镇流器与荧光灯管的功率必须一致，否则不能使用。

② 使用灯架的荧光灯，先把灯座、辉光启动器、镇流器选好位置，将辉光启动器座固定在灯架的一端或一侧边上，两个灯座分别固定在灯架的两端，中间的距离按所用灯管长度量好，使灯脚刚好插进灯座的插孔中。

③ 电路连接。各部件位置固定好之后，进行接线。

④ 接线完毕要对照电路图仔细检查，以防接错或漏接。然后把辉光启动器和灯管分别装入插座内。接电源时，其相线应经开关连接在镇流器上，通电试验正常后，即可投入使用。

动画：荧电灯的接线

4. 操作工艺要求

① 灯座支架面面相对，垂直安装。

② 支架间距适中，与灯管长度配套。

③ 软导线与镇流器引出线的连接接触良好。

④ 镇流器居中安置在灯架内。

⑤ 辉光启动器座可以固定在灯架内或灯架外两侧，便于维修和安装辉光启动器。

⑥ 为统一美观，准备三种色彩的单根多股软导线：红色作相线标志，连接镇流器；黑色或深色作零线标志；黄色导线作辉光启动器两端的引线。

四、荧光灯电路的检测

拓展资源：电路常见故障分析

以荧光灯不能启动或不能发光为例，分析可能产生这种情况的原因并检测。

① 辉光启动器损坏或与底座接触不良　维修或更换。

② 接线错误　对照线路图，仔细检查，若是接线错误，应更正。

③ 灯丝断开或灯管漏气　观察通电瞬间现象，用万用表电阻挡分别检测两端灯丝。

④ 灯脚与灯座接触不良　除去灯脚与灯座接触面上的氧化物，再插入通电试用。

⑤ 镇流器内部线圈开路，接头松动或灯管不配套　可用一个在其他荧光灯电路上正常工作而又与该灯管配套的镇流器代替，如灯管正常工作，则证明镇流器有问题，应更换。

⑥ 电源电压太低　用万用表交流挡检查荧光灯电源电压。

动画：荧光灯电路故障的排除

五、注意事项

① 电路连接好以后，必须经过实验教师检查正确才能通电测试，严禁自行通电。

② 不允许带电接、拆线。发生异常现象，立即断开电源开关。

③ 通电后严禁接触导线裸露部分，防止发生触电事故。

【思考与练习】

1. 在图3.40所示的电路中，试确定在开关S断开后初始瞬间的电压u_C和电流i_C，i_1，i_2的值。S断开前电路已处于稳态。

2. 在图3.41所示的电路中，开关S原先合在1端，电路已处于稳态，在t=0时将开关从1端合到2端，试求换路后i_1，i_2，i_L及u_L的初始值。

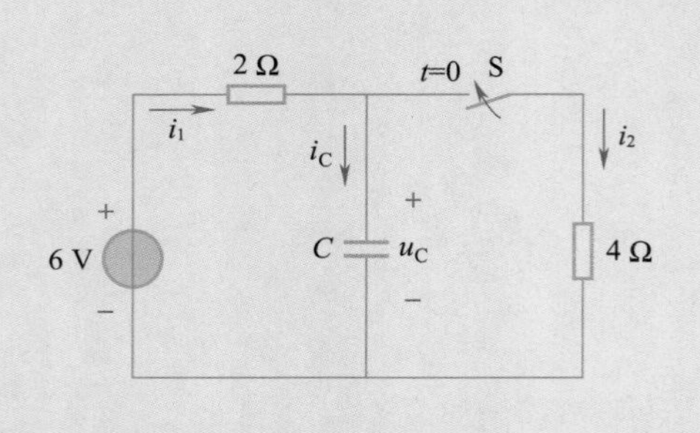

图3.40
题1电路

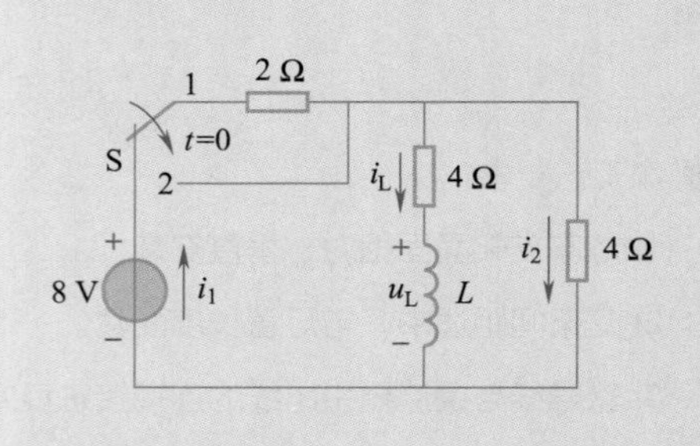

图3.41
题2电路

3. 常用万用表的“R×1 000”挡来检查电容器（电容量应较大）的质量。如在检查时发现下列现象，试解释之，并说明电容器的好坏：（1）指针满偏转；（2）指针不动；（3）指针很快偏转后又返回原刻度（∞）处；（4）指针偏转后不能返回原刻度处；（5）指针偏转后返回速度很慢。

4. 已知全响应$u_C=\left[20+(5-20)\right]e^{-\frac{t}{10}}$（V）或$u_C=5e^{-\frac{t}{10}}+20\left(1-e^{-\frac{t}{10}}\right)$（V），试作出它的随时间变化的曲线，并在同一图上分别作出稳态分量、暂态分量和零输入响应、零状态响应。

5. 一个线圈的电感L=0.1H，通有直流电I=5A，现将此线圈短路，经过t=0.01s后，线圈中电流减小到初始值的36.8%。试求线圈的电阻R。

6. 求图3.42所示电路的时间常数。

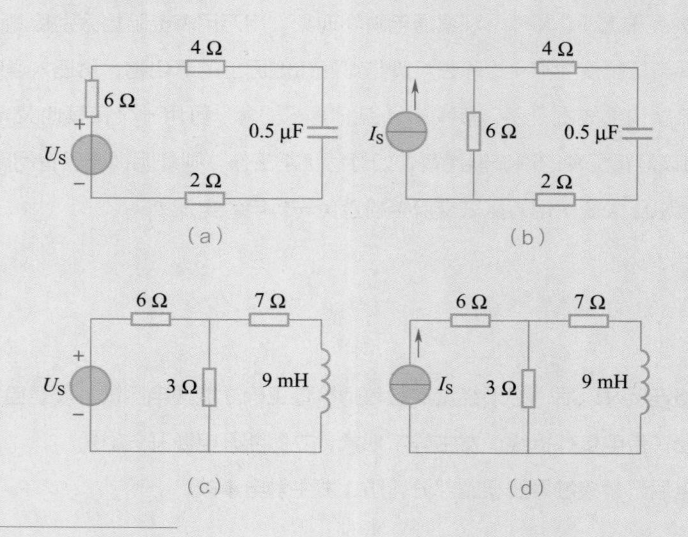

图3.42
题6电路

7. 一个具有磁场储能的电感经电阻释放储能，已知经过0.6s后储能减少为原来的一半，又经过1.2s后，电流为25mA。试求电感电流。

8. 如图3.43所示的电路已处于稳态，当t=0时开关S闭合，求i_L及u_L。

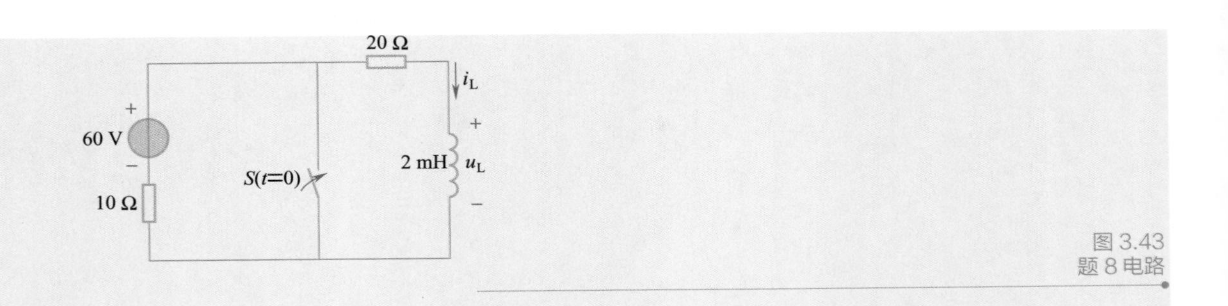

图 3.43
题 8 电路

9. 在图3.44所示的电路中，电压源电压u_S=220V，继电器线圈的电阻R_1=3Ω及电感L=1.2H，输电线的电阻R_2=2Ω，负载的电阻R_3=20Ω。继电器在通过的电流达到30A时动作。试问：负载短路（图中开关S合上）后，经过多长时间继电器动作？

10. 在图3.45所示的电路中，电路原处于稳态。当U_S为何值时，将能使S闭合后电路不出现动态过程？若U_S=50V，用三要素法求u_C。

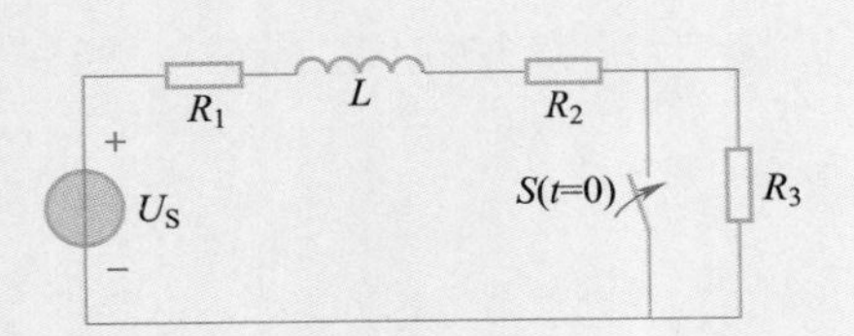

图 3.44
题 9 电路

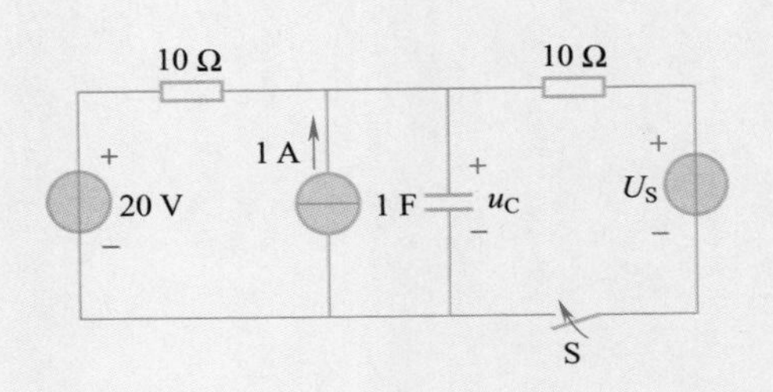

图 3.45
题 10 电路

学习情境四
变压器的应用与测试

通过本学习情境的学习，应掌握互感线圈串并联电路的分析计算；理解空心变压器、理想变压器的原理及特性；掌握单相铁心变压器的外特性；能分析变压器电路，正确排除简单故障。

本学习情境的教学重点包括互感与变压器的结构特点，互感线圈的串并联，空心变压器、理想变压器的特点，变压器的电路分析与测试；教学难点包括空心变压器和理想变压器的区别，变压器故障分析与排除的合理性与有效性。

学习情境四
学习指导

项目 1　变压器的结构与特性

任务 1　互感电压与同名端

演示文稿：
变压器的结构与特性

任务导入	互感现象在电工和电子技术中应用非常广泛，如电源变压器、电流互感器、电压互感器和中周变压器等都是根据互感原理工作的。本学习任务就来讨论什么是互感现象，产生的互感电压和什么有关以及涉及互感电压方向的问题，即同名端的概念。

微课：互感与变压器

任务目标	通过学习，理解互感现象产生的原因；掌握互感电压的概念，学会判断同名端。

一、互感的基本概念

1. 互感现象

由于一个线圈的电流变化，导致另一个线圈产生感应电动势的现象，称为互感现象，如图4.1所示。在互感现象中产生的感应电动势，叫互感电动势。

拓展阅读：
用奉献书写电网的中国速度

互感电动势的大小和方向分别满足法拉第电磁感应定律和楞次定律。

2. 互感系数

如图4.1所示，N_1、N_2分别为两个线圈的匝数。在图4.1（a）中，当线圈Ⅰ中有电流通过时，产生的自感磁通为Φ_{11}，自感磁链为$\Psi_{11}=N_1\Phi_{11}$。Φ_{11}的一部分穿过了线圈Ⅱ，这一部分磁通

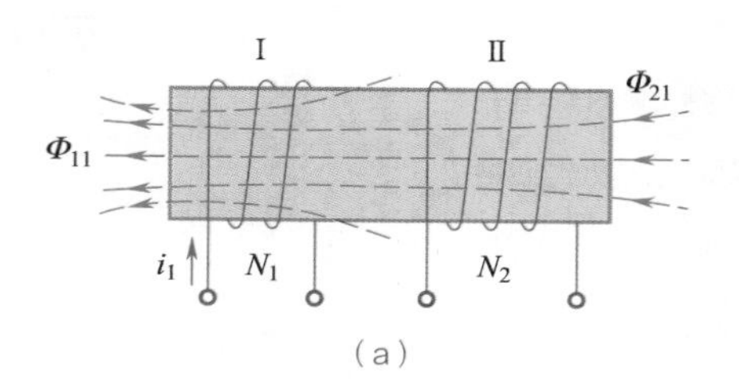

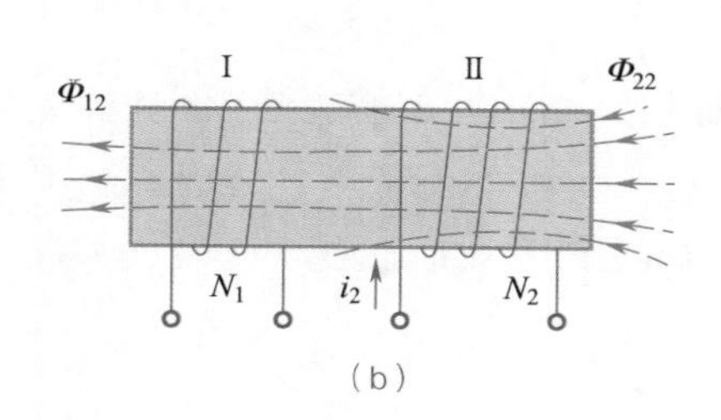

图 4.1
互感现象

称为互感磁通Φ_{21}。同样，在图4.1（b）中，当线圈Ⅱ通有电流时，它产生的自感磁通Φ_{22}有一部分穿过了线圈Ⅰ，为互感磁通Φ_{12}。

动画：互感现象

设磁通Φ_{21}穿过线圈Ⅱ的所有线圈，则线圈Ⅱ的互感磁链

$$\Psi_{21}=N_2\Phi_{21}$$

由于Ψ_{21}是线圈Ⅰ中电流i_1产生的，因此Ψ_{21}是i_1的函数，即

$$\Psi_{21}=M_{21}i_1$$

M_{21}称为线圈Ⅰ对线圈Ⅱ的互感系数，简称互感。

笔 记

同理，互感磁链$\Psi_{12}=N_1\Phi_{12}$是由线圈Ⅱ中的电流i_2产生，因此它是i_2的函数，即

$$\Psi_{12}=M_{12}i_2$$

可以证明，当只有两个线圈时，有

$$M=M_{21}=\frac{\Psi_{21}}{i_1}=\frac{\Psi_{12}}{i_2}=M_{12}$$

在国际单位制中，互感M的单位为亨利（H）。

互感M取决于两个耦合线圈的几何尺寸、匝数、相对位置和媒介质。当媒介质是非铁磁性物质时，M为常数。

3. 耦合系数

为了表明两个线圈耦合的紧密程度，通常用耦合系数来表示，并定义为

$$K=\frac{M}{\sqrt{L_1L_2}} \tag{4.1}$$

式中，L_1与L_2分别是线圈1和线圈2的自感系数。

$$K=\frac{M}{\sqrt{L_1L_2}}=\sqrt{\frac{M_{12}M_{21}}{L_1L_2}}=\sqrt{\frac{\frac{N_1\phi_{12}}{i_2}\times\frac{N_2\phi_{21}}{i_1}}{\frac{N_1\phi_{11}}{i_1}\times\frac{N_2\phi_{22}}{i_2}}}=\sqrt{\frac{\phi_{12}\phi_{21}}{\phi_{11}\phi_{22}}}$$

$$(0\leqslant K\leqslant 1)$$

当K=0时，说明线圈产生的磁通互不交链，因此不存在互感；

当K=1时，说明两个线圈耦合得最紧，一个线圈产生的磁通全部与另一个线圈相交链，其中没有漏磁通，因此产生的互感最大，这种情况又称为全耦合。

互感系数决定于两线圈的自感系数和耦合系数

$$M=K\sqrt{L_1L_2} \tag{4.2}$$

笔记

4. 互感电压

根据电磁感应定律可知

$$u_{21}=N_2\frac{\mathrm{d}\Phi_{21}}{\mathrm{d}t}=\frac{\mathrm{d}\left(N_2\Phi_{21}\right)}{\mathrm{d}t}=\frac{\mathrm{d}\left(Mi_1\right)}{\mathrm{d}t}=M\frac{\mathrm{d}i_1}{\mathrm{d}t} \tag{4.3}$$

同理　$$u_{12}=M\frac{\mathrm{d}i_1}{\mathrm{d}t}$$

可见，互感电压与产生它的相邻线圈的电流变化率成正比。

二、互感线圈的同名端

1. 同名端的概念

在电子电路中，对于两个或两个以上的有电磁耦合的线圈，常常需要知道互感电动势的极性。

如图4.2所示，图中两个线圈L_1、L_2绕在同一个圆柱形铁棒上，L_1中通有电流i。

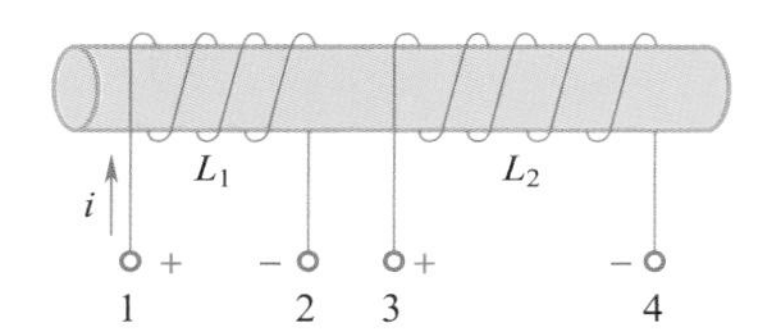

图4.2
互感线圈的极性

① 当i增大时，它所产生的磁通Φ_1增加，L_1中产生自感电动势，L_2中产生互感电动势，这两个电动势都是由于磁通Φ_1的变化引起的。根据楞次定律可知，它们的感应电流都要产生与磁通Φ_1相反的磁通，以阻碍原磁通Φ_1的增加，由安培定则可确定L_1、L_2中感应电动势的方向，即电源的正、负极，标注在图上，可知端点1与3、2与4极性相同。

② 当i减小时，L_1、L_2中的感应电动势方向都反了过来，但端点1与3、2与4极性仍然相同。

③ 无论电流从哪端流入线圈，1与3、2与4的极性都保持相同。

这种在同一变化磁通的作用下，感应电动势极性相同的端点叫同名端，感应电动势极性相反的端点叫异名端。 即当电流从两个绕组的某一接线端流进或流出时，若两个绕组的自感磁通和互感磁通方向一致，相互增强，则这两个绕组的电流流进端或流出端就称为同极性端。

2. 同名端的表示法

在电路中，常用一对符号“·”或“*”或“△”表示同名端，如图4.3所示。在标出同名端后，每个线圈的具体绕法和它们之间的相对位置就不需要在图上表示出来了。

在电路理论中，把有互感的一对电感元件称为耦合电感。图4.4表示耦合电感元件的电路模型，L_1和L_2分别是两个线圈的自感系数。图中“·”表示它们的同名端。

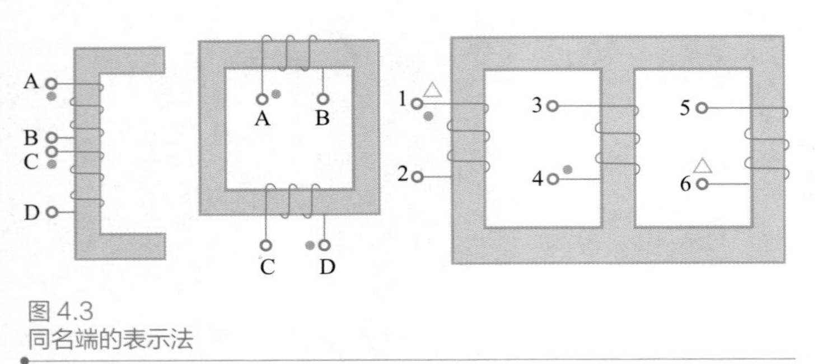

图 4.3
同名端的表示法

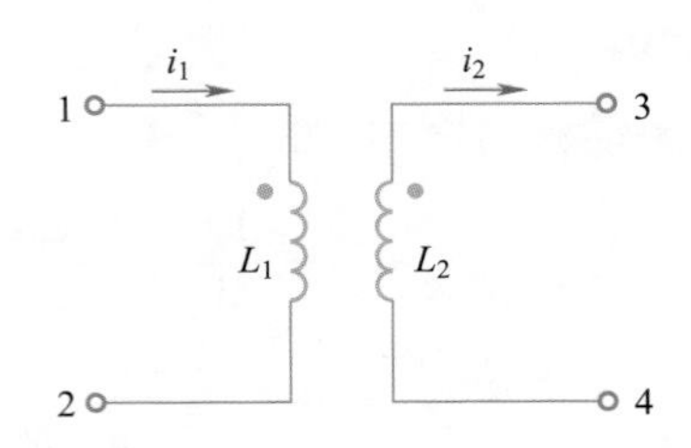

图 4.4
耦合电感的电路模型

3. 同名端的判定

① 若已知线圈的绕法，可用楞次定律直接判定。

② 若不知道线圈的具体绕法，可用实验法来判定。

图4.5是判定同名端的实验电路。当开关S闭合时，电流从线圈的端点1流入，且电流随时间在增大。若此时电流表的指针向正刻度方向偏转，则说明1与3是同名端，否则1与3是异名端。

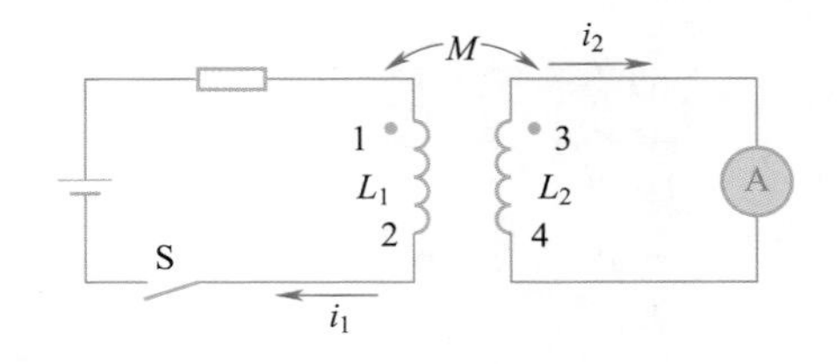

图 4.5
判定同名端实验电路

任务 2　互感线圈的串并联

任务导入	当两互感线圈串联或并联时，我们可以用一等效电感来代替，本学习任务介绍互感线圈的串联和并联及其等效电路。

任务目标	通过学习，掌握互感线圈的串、并联电感等效的方法及其分析计算。

一、互感线圈的串联

把两个互感线圈串联起来有两种不同的接法。异名端相接称为顺向串联，同名端相接称为反向串联。

笔 记

1. 顺向串联

顺向串联的两个互感线圈如图4.6所示，电流由端点1经端点2、3流向端点4。

顺向串联时两个互感线圈上将产生四个感应电动势，两个自感电动势和两个互感电动势。由于两个电感线圈顺串，这四个感应电动势的正方向相同，因而总的感应电动势为

$$\begin{aligned}u &= u_1 + u_2 = \left(L_1\frac{\mathrm{d}i}{\mathrm{d}t} + M\frac{\mathrm{d}i}{\mathrm{d}t}\right) + \left(L_2\frac{\mathrm{d}i}{\mathrm{d}t} + M\frac{\mathrm{d}i}{\mathrm{d}t}\right)\\ &= \left(L_1 + L_2 + 2M\right)\frac{\mathrm{d}i}{\mathrm{d}t}\\ &= L_{顺}\frac{\mathrm{d}i}{\mathrm{d}t}\end{aligned}$$

式中

$$L_{顺}=L_1+L_2+2M \tag{4.4}$$

因此，顺向串联时两个互感线圈相当于一个具有等效电感为$L_{顺}=L_1+L_2+2M$的电感线圈。

2. 反向串联

反串的两个互感线圈如图4.7所示。

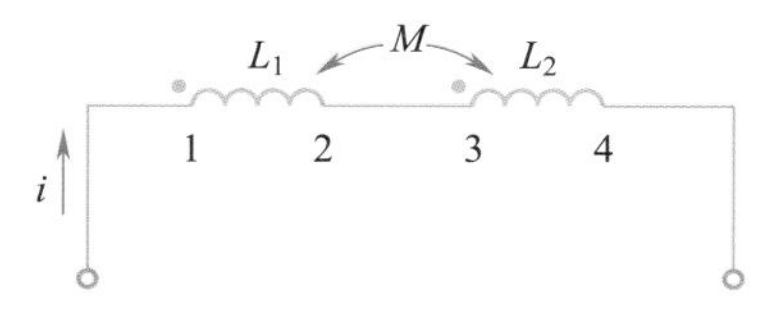

图 4.6
互感线圈的顺向串联

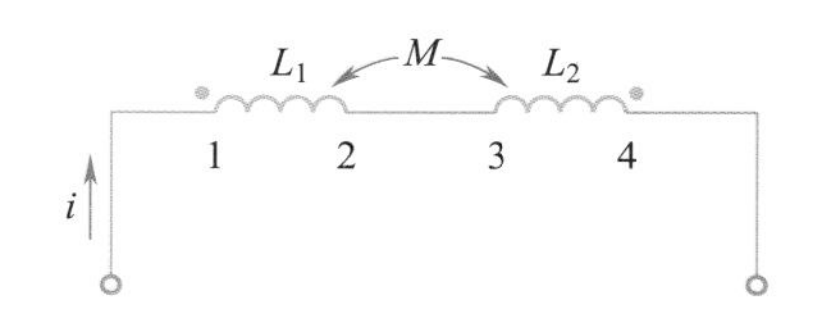

图 4.7
互感线圈的反向串联

与顺向串联的情形类似，两个互感线圈反串时，

$$\begin{aligned}u &= u_1 + u_2 = \left(L_1\frac{\mathrm{d}i}{\mathrm{d}t} - M\frac{\mathrm{d}i}{\mathrm{d}t}\right) + \left(L_2\frac{\mathrm{d}i}{\mathrm{d}t} - M\frac{\mathrm{d}i}{\mathrm{d}t}\right)\\ &= \left(L_1 + L_2 - 2M\right)\frac{\mathrm{d}i}{\mathrm{d}t}\\ &= L_{反}\frac{\mathrm{d}i}{\mathrm{d}t}\end{aligned}$$

即反向串联的等效电感为

$$L_{反}=L_1+L_2-2M \tag{4.5}$$

通过实验若分别测得$L_{顺}$和$L_{反}$，就可计算出互感系数M。

$$M=\frac{L_{顺}-L_{反}}{4} \tag{4.6}$$

在电子电路中，常常需要使用具有中心抽头的线圈，并且要求从中点分成两部分的线圈完全相同。为了满足这个要求，在实际绕制线圈时，可以用两根相同的漆包线平行地绕在同一个心子上，然后，把两个线圈的异名端接在一起作为中心抽头。

如果两个完全相同的线圈的同名端接在一起，则两个线圈所产生的磁通在任何时候都是大小相等而方向相反的，因此相互抵消，这样接成的线圈就不会有磁通穿过，因而没有电感，它在电路中只起一个电阻的作用。所以，为获得无感电阻，可以在绕制电阻时，将电阻线对折，双线并绕。

【例4.1】两个磁耦合线圈串联，接到220V的工频正弦电压源上，测得顺向串联时的电流为2.7A，功率为218.7W，反向串联时电流为7A。试求互感M。

解：设两个线圈的电阻分别为R_1，R_2，根据交流电流中只有电阻元件吸收功率的特点，得顺向串联时电路等效阻抗

$$Z=R_1+R_2+\mathrm{j}\omega(L_1+L_2+2M)$$

$$|Z|=\sqrt{(R_1+R_2)^2+(\omega L_{顺})^2}=\frac{U}{I}=\frac{220}{2.7}\Omega=81.48\Omega$$

$$R_1+R_2=\frac{P}{I^2}=\frac{218.7}{2.7^2}\Omega=30\Omega$$

$$L_{顺}=\frac{1}{\omega}\sqrt{|Z|^2-(R_1+R_2)^2}=0.24\mathrm{H}$$

对于反向串联，由于线圈的电阻不变，故采用相同的计算方法，得

$$Z=R_1+R_2+\mathrm{j}\omega(L_1+L_2-2M)$$

$$|Z|=\sqrt{(R_1+R_2)^2+(\omega L_{反})^2}=\frac{U}{I}=\frac{220}{7}\Omega$$

$$R_1+R_2=30\Omega$$

$$L_{反}=\frac{1}{\omega}\sqrt{|Z|^2-(R_1+R_2)^2}=0.03\mathrm{H}$$

故

$$M=\frac{L_{顺}-L_{反}}{4}=0.053\mathrm{H}$$

二、互感线圈的并联

互感线圈的并联分为同侧并联和异侧并联。

1. 同侧并联

同侧并联时的电路见图4.8。两支路电流的参考方向都由同名端指向另一端，因此两线圈的自感电压与互感电压的参考方向也都由同名端指向另一端。根据KCL与KVL有

$$i=i_1+i_2$$

$$u=L_1\frac{\mathrm{d}i_1}{\mathrm{d}t}-M\frac{\mathrm{d}i_2}{\mathrm{d}t}=L_2\frac{\mathrm{d}i_2}{\mathrm{d}t}-M\frac{\mathrm{d}i_1}{\mathrm{d}t}$$

当外加正弦电压时，可用相量（参见学习情境五）进行计算，即

$$\dot{I}=\dot{I}_1+\dot{I}_2$$

$$\dot{U}=\mathrm{j}\omega L_1\dot{I}_1+\mathrm{j}\omega M\dot{I}_2$$

$$\dot{U}=\mathrm{j}\omega L_2\dot{I}_2+\mathrm{j}\omega M\dot{I}_1$$

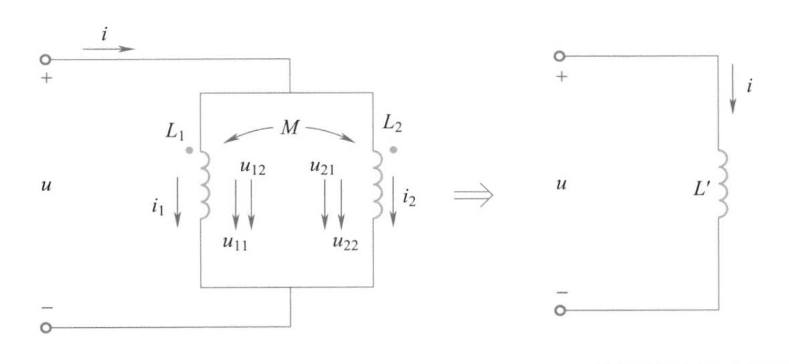

图 4.8
互感线圈的同侧并联

笔 记

联立求解得

$$\dot{I}_1=\frac{\mathrm{j}\omega\left(L_2-M\right)}{\mathrm{j}^2\omega^2\left(L_1L_2-M^2\right)}\dot{U}$$

$$\dot{I}_2=\frac{\mathrm{j}\omega\left(L_1-M\right)}{\mathrm{j}^2\omega^2\left(L_1L_2-M^2\right)}\dot{U}$$

$$\dot{I}_1=\dot{I}_1+\dot{I}_2=\frac{L_1+L_2-2M}{\mathrm{j}\omega\left(L_1L_2-M^2\right)}\dot{U}$$

按定义$\dot{U}$与$\dot{I}$的比值是并联后的等效阻抗

$$Z=\frac{\dot{U}}{\dot{I}}=\mathrm{j}\omega\ \frac{L_1L_2-M^2}{L_1+L_2-2M}=\mathrm{j}\omega L'$$

因此，等效电感为

$$L'=\frac{L_1L_2-M^2}{L_1+L_2-2M} \tag{4.7}$$

2. 异侧并联

当两个没有电阻的线圈异侧并联时，如图4.9所示，用同样方法可以推导等效电感为

$$L''=\frac{L_1L_2-M^2}{L_1+L_2+2M} \tag{4.8}$$

说明：

（1）同名端并联时，磁场增强，等效电感增大，分母取负号；

（2）异名端并联时，磁场削弱，等效电感减小，分母取正号。

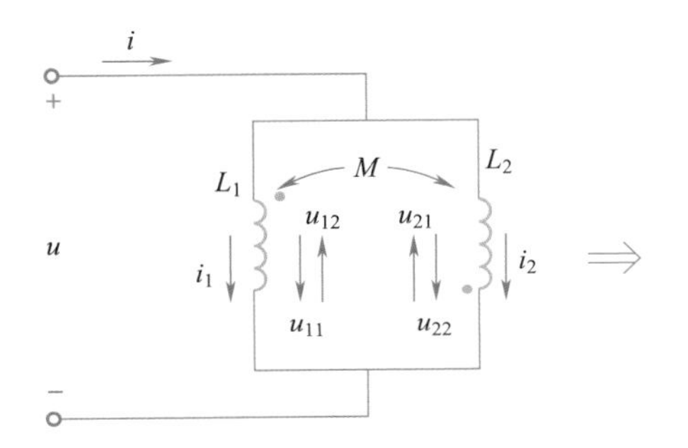

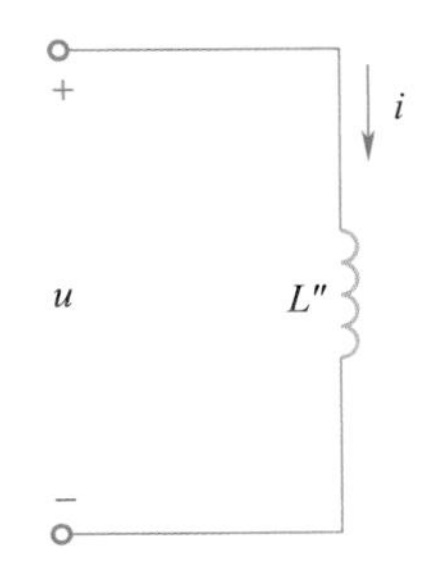

图 4.9
互感线圈的异侧并联

【例4.2】试求如图4.10所示单口网络的等效电路。（可选讲）

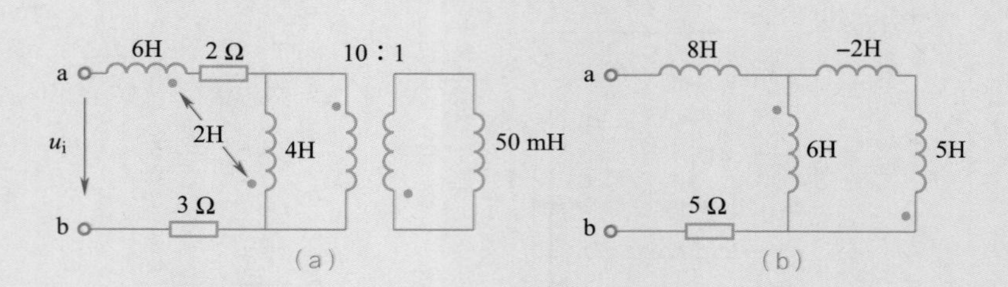

图4.10
例4.2电路

解：先化简电路。将两个串联电阻等效为一个电阻，再将异名端相连作公共端的耦合电感，用图4.10（a）所示的去耦等效电路代替。最后将连接50mH电感的理想变压器等效为一个电感，其电感值为$10^2\times 50\text{mH}=5\text{H}$，得到4.10（b）所示等效电路。用电感串并联公式求得总电感为

$$L=8\text{H}+\frac{6(5-2)}{6+5-2}\text{H}=8\text{H}+2\text{H}=10\text{H}$$

笔记

任务3　空心变压器和理想变压器

任务导入

变压器在电路中具有重要的功能，能够起到交流电压变换、电流变换、传递功率和阻抗变换的作用，是不可缺少的重要器件之一。本任务就来了解空心变压器和理想变压器。

任务目标

了解变压器的结构和种类；掌握空心变压器和理想变压器的基本特性。

一、空心变压器

1. 空心变压器的概念

不含铁心（或磁心）的耦合线圈称为空心变压器，它在电子与通信工程和测量仪器中得到广泛应用。线圈是变压器的电路部分，是用漆包线、沙包线或丝包线绕成。其中和电源相连的线圈叫一次线圈（一次绕组），和负载相连的线圈叫二次线圈（二次绕组）。

动画：空心变压器

空心变压器的电路模型和实物图如图4.11所示，R_1和R_2表示一次和二次线圈的电阻。

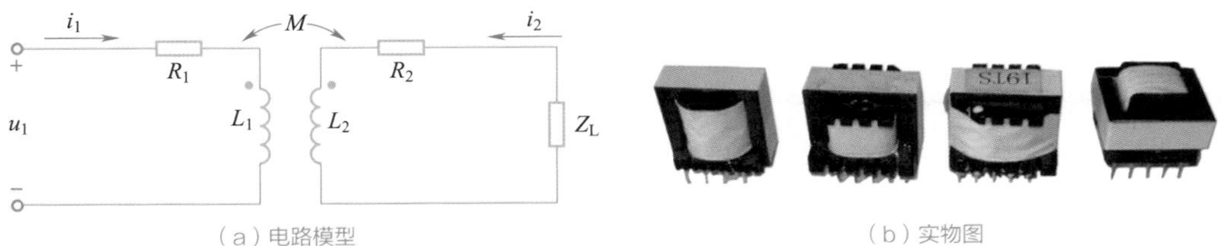

（a）电路模型　　（b）实物图

图 4.11
空心变压器的电路模型和实物图

2. 空心变压器的等效电路分析

根据图4.11，有，

$$(R_1+\mathrm{j}\omega L_1)\dot{I}_1+\mathrm{j}\omega M\dot{I}_2=\dot{U}_1$$
$$\mathrm{j}\omega M\dot{I}_1+(R_2+\mathrm{j}\omega L_2+Z_\mathrm{L})\dot{I}_2=0$$

简写成

$$Z_{11}\dot{I}_1+Z_\mathrm{M}\dot{I}_2=\dot{U}_1$$
$$Z_\mathrm{M}\dot{I}_1+Z_{22}\dot{I}_2=0$$

式中，$Z_{11}=R_1+\mathrm{j}\omega L_1$ 称为一次回路自绕组；

$Z_{22}=R_2+\mathrm{j}\omega L_2+Z_\mathrm{L}$ 称为二次回路自绕组；

$Z_\mathrm{M}=\mathrm{j}\omega M=\mathrm{j}X_\mathrm{M}$ 称为一次、二次回路间互绕组。

解上述方程可得：

$$\dot{I}_2=-\frac{Z_\mathrm{M}}{Z_{22}}\dot{I}_1; \quad (4.9)$$

$$Z_\mathrm{i}=\frac{\dot{U}_1}{\dot{I}_1}=Z_{11}+\frac{X_\mathrm{M}^2}{Z_{22}}=Z_{11}+Z_{1\mathrm{f}} \quad (4.10)$$

式中，$Z_{1\mathrm{f}}=\dfrac{X_\mathrm{M}^2}{Z_{22}}$ 称为二次回路在一次回路中反射阻抗。

所以，空心变压器的等效电路如图4.12所示。

动画：
变压器的工作原理

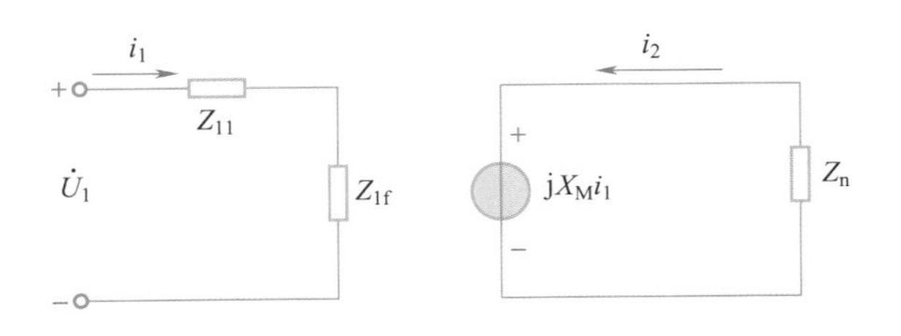

图 4.12
空心变压器的等效电路

互感作用在闭合的二次回路中产生了二次电流，该电流又影响了一次回路，从一次回路来看，二次回路的作用可以看作是在一次回路中增加了一个阻抗，即反射阻抗。

笔 记

二、理想变压器

1. 理想变压器的概念

理想变压器是一种特殊的、无损耗的、全耦合的变压器。它满足以下条件：

1）全耦合，耦合系数$K=1$。

2）无损耗，即一次线圈和二次线圈没有电阻，铁心中无涡流和磁滞现象。

3）线圈的自感系数与互感系数等于常数。

理想变压器的电路如图4.13所示。

2. 理想变压器的特性

（1）理想变压器的电压变换

如图4.14所示，若流入线圈1的电流发生变化，根据电磁感应定律可得

$$u_1=\frac{N_1\mathrm{d}\Phi}{\mathrm{d}t},\quad u_2=\frac{N_2\mathrm{d}\Phi}{\mathrm{d}t}$$

所以

$$\frac{U_1}{U_2}=\frac{N_1}{N_2}=n \tag{4.11}$$

式中，n称为电压比。变压器一次、二次线圈的端电压之比等于匝数比。

如果$N_1<N_2$，$n<1$，电压上升，称为升压变压器。

如果$N_1>N_2$，$n>1$，电压下降，称为降压变压器。

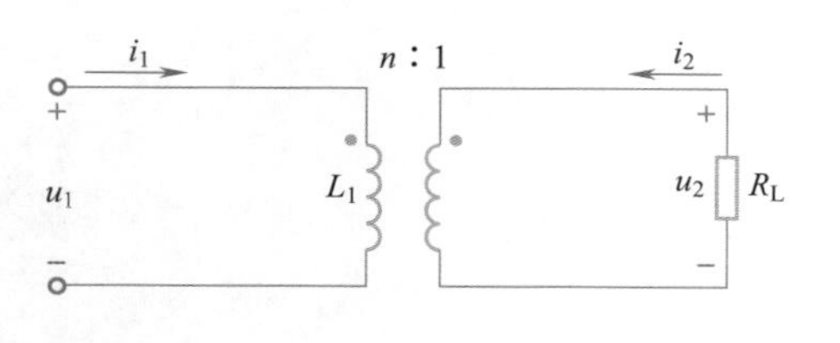

图4.13
理想变压器的电路

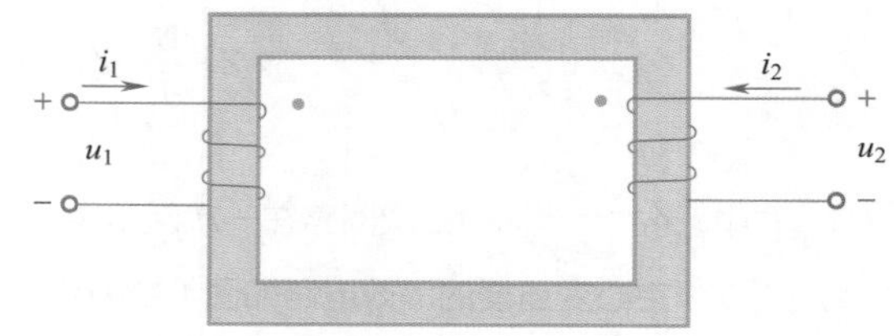

图4.14
变压器示意图

（2）理想变压器的电流变换

由于理想变压器没有能量损耗，根据能量守恒定律，变压器输出功率与从电网中获得的功率相等，即$P_1=P_2$，由交流电功率的公式可得

$$U_1I_1\cos\varphi_1=U_2I_2\cos\varphi_2$$

式中，$\cos\varphi_1$——一次线圈电路的功率因数；

$\cos\varphi_2$——二次线圈电路的功率因数。

φ_1，φ_2相差很小，可认为相等，因此得到

$$U_1I_1=U_2I_2$$

$$\frac{I_1}{I_2}=\frac{N_2}{N_1}=\frac{1}{n} \tag{4.12}$$

可见，变压器工作时，一次、二次线圈的电流跟线圈的匝数成反比。高压线圈通过的电

流小，用较细的导线绕制；低压线圈通过的电流大，用较粗的导线绕制。这是在外观上区别变压器高、低压饶组的方法。

笔 记

（3）理想变压器的阻抗变换

设变压器一次输入阻抗为 $|Z_1|$，二次负载阻抗为 $|Z_2|$，则

$$|Z_1|=\frac{U_1}{I_1}$$

将 $U_1=\frac{N_1}{N_2}U_2$，$I_1=\frac{N_2}{N_1}I_2$ 代入，得

$$|Z_1|=\left(\frac{N_1}{N_2}\right)^2\frac{U_2}{I_2}$$

因为

$$\frac{U_2}{I_2}=|Z_2|$$

所以

$$|Z_1|=\left(\frac{N_1}{N_2}\right)^2|Z_2|=n^2|Z_2| \tag{4.13}$$

可见，二次侧接上负载 $|Z_2|$ 时，相当于电源接上阻抗为 $n^2|Z_2|$ 的负载。变压器的这种阻抗变换特性，在无线电技术中常用来实现阻抗匹配和信号源内阻相等，使负载上获得最大功率。

【例4.3】有一电压比为220/110V的降压变压器，如果在二次侧接上55Ω的电阻，求变压器一次侧的输入阻抗。

解1：二次电流 $$I_2=\frac{U_2}{|Z_2|}=\frac{110}{55}\text{A}=2\text{A}$$

一次电流 $$n=\frac{N_1}{N_2}\approx\frac{U_1}{U_2}=\frac{220}{110}\text{A}=2\text{A}$$

$$I_1=\frac{I_2}{n}=\frac{2}{2}\text{A}=1\text{A}$$

输入阻抗 $$|Z_1|=\frac{U_1}{I_1}=\frac{220}{1}\Omega=220\Omega$$

解2：电压比 $$n=\frac{N_1}{N_2}\approx\frac{U_1}{U_2}=\frac{220}{110}=2$$

输入阻抗 $$|Z_1|\approx\left(\frac{N_1}{N_2}\right)^2|Z_2|=n^2|Z_2|=4\times55\Omega=220\Omega$$

【例4.4】有一信号源的电动势为1V，内阻为600Ω，负载电阻为150Ω。欲使负载获得最大功率，必须在信号源和负载之间接一匹配变压器，使变压器的输入电阻等于信号源的内阻，如图4.15所示。问：变压器电压比，一次、二次电流各为多少？

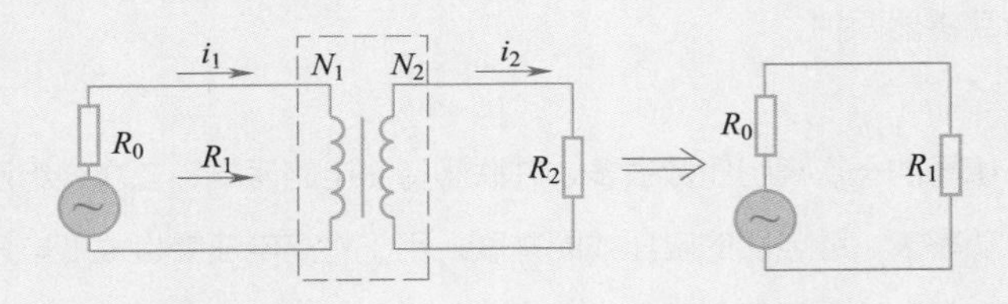

图 4.15
例 4.4 电路图

解：负载电阻 R_2=150Ω，变压器的输入电阻 R_1=R_0=600Ω，则电压比应为

$$n=\frac{N_1}{N_2}\approx\sqrt{\frac{R_1}{R_2}}=\sqrt{\frac{600}{150}}=2$$

一次、二次电流分别为

$$I_1=\frac{E}{R_0+R_1}=\frac{1}{600+600}\text{A}\approx0.83\times10^{-3}\text{ A}=0.83\text{ mA}$$

$$I_2\approx\frac{N_1}{N_2}I_1=2\times0.83\text{mA}=1.66\text{ mA}$$

三、特殊变压器

1. 自耦变压器

自耦变压器一次、二次线圈共用一部分绕组，它们之间不仅有磁耦合，还有电的关系，如图4.16所示。

一次、二次电压之比和电流之比的关系为

$$\frac{U_1}{U_2}=\frac{N_1}{N_2}=n \tag{4.14}$$

$$\frac{I_1}{I_2}=\frac{N_2}{N_1}=\frac{1}{n} \tag{4.15}$$

自耦变压器在使用时，一定要注意正确接线，否则易于发生触电事故。实验室中用来连续改变电源电压的调压变压器，就是一种自耦变压器。

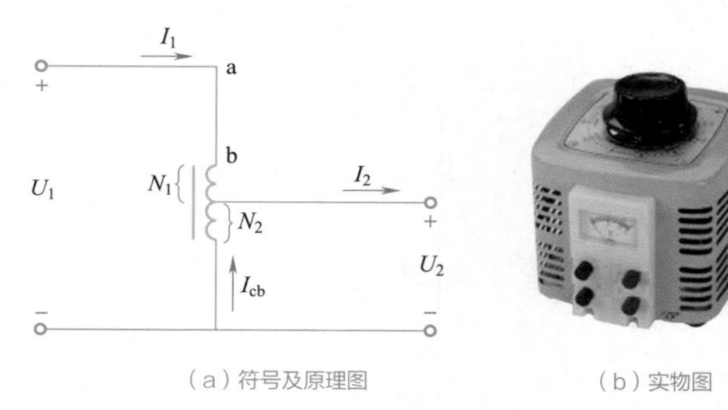

（a）符号及原理图　　（b）实物图

图 4.16
自耦变压器符号及原理图和实物图

动画：
电压互感器的
工作原理

2. 仪用互感器

仪用互感器是一种专供测量仪表、控制设备和保护设备中使用的变压器。可分为电压互感器和电流互感器两种。

（1）电压互感器

电压互感器的一次绕组匝数很多，并联于待测电路两端；二次绕组匝数较少，与电压表及电度表、功率表、继电器的电压线圈并联。用于将高电压变换成低电压。使用时，电压互感器的高压绕组跨接在需要测量的供电线路上，低压绕组则与电压表相连，其示意图和实物

笔 记

图如图4.17所示。

$$\frac{U_1}{U_2}=\frac{N_1}{N_2}=n$$

可见，高压线路的电压U_1等于所测量电压U_2和电压比n的乘积，即$U_1=nU_2$

使用时应注意：

① 二次绕组不能短路，防止烧坏二次绕组。

② 铁心和二次绕组一端必须可靠地接地，防止高压绕组绝缘被破坏而造成设备的破坏和人身伤亡。

动画：电流互感器的工作原理

（2）电流互感器

如图4.18所示。

$$\frac{I_1}{I_2}=\frac{N_2}{N_1}=\frac{1}{n}$$

一次绕组线径较粗，匝数很少，与被测电路负载串联；二次绕组线径较细，匝数很多，与电流表及功率表、电度表、继电器的电流线圈串联。用于将大电流变换为小电流。使用时，电流互感器的一次绕组与待测电流的负载相串联，二次绕组则与电流表串联成闭合回路，其示意图和实物图如图4.18所示。通过负载的电流就等于所测电流和电压比倒数的乘积。

使用时应注意：

① 绝对不能让电流互感器的二次侧开路，否则易造成危险；

② 铁心和二次绕组一端均应可靠接地。

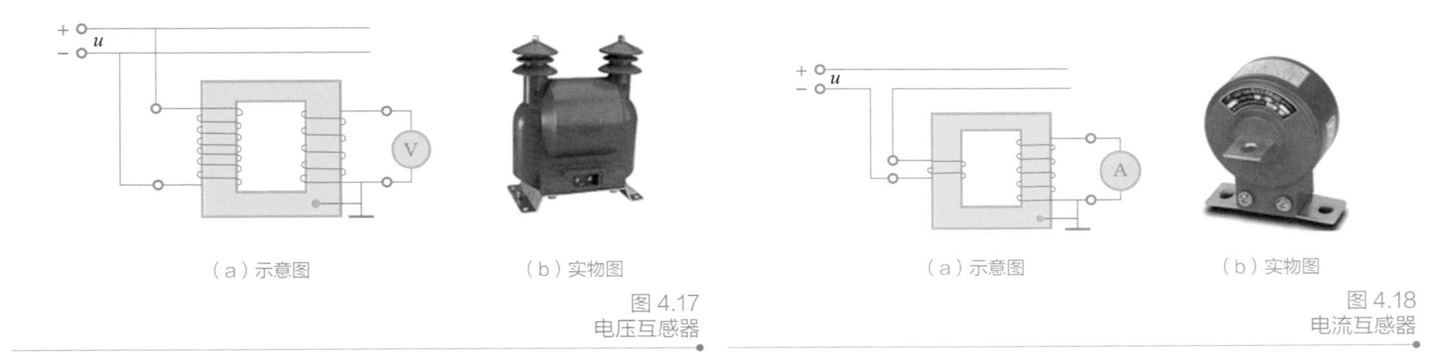

（a）示意图 （b）实物图

图4.17 电压互感器

（a）示意图 （b）实物图

图4.18 电流互感器

常用的钳形电流表也是一种电流互感器。它能够在不切断电路的情况下测量电路中的电流，使用方便。它是由一个电流表接成闭合回路的二次绕组和一个铁心构成，其铁心可开、可合。测量时，把待测电流的一根导线放入钳口中，通有被测电流的导线相当于电流互感器的一次侧，于是在二次侧就会产生感应电流，并送入电流表测出电流数值，其示意图和实物图如图4.19所示。

拓展资源：变压器的类型及结构

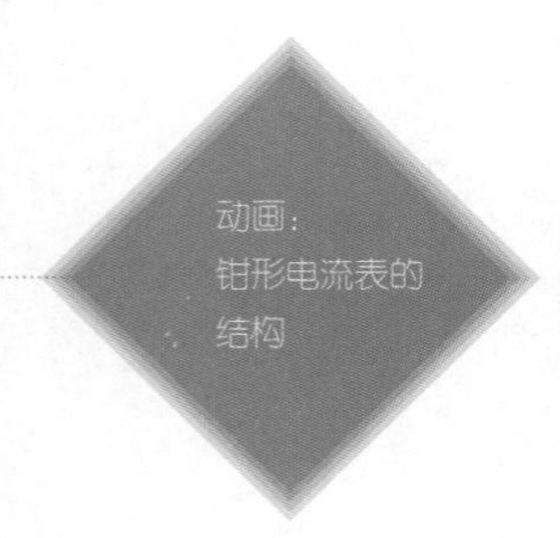

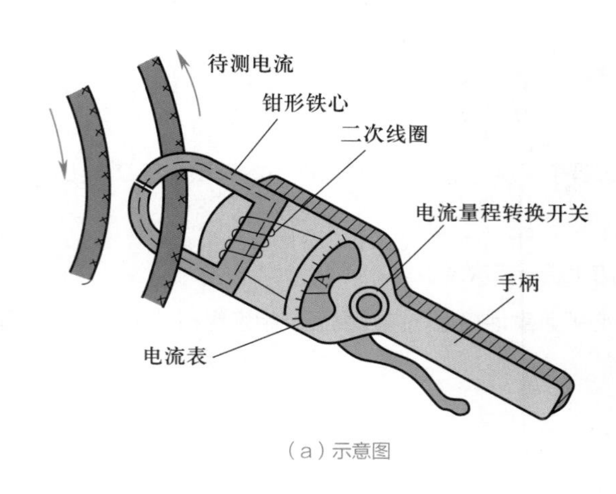

（a）示意图

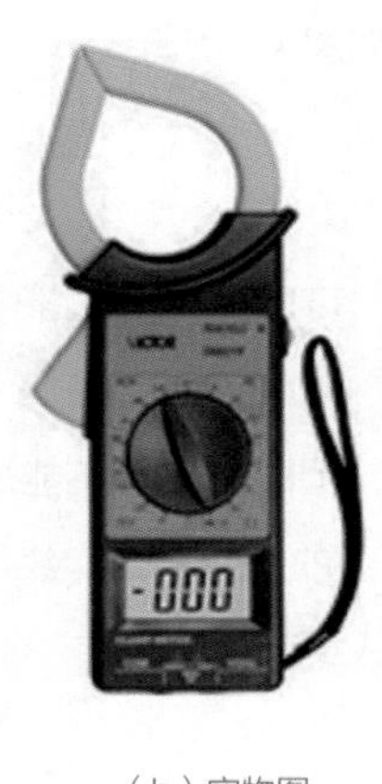

（b）实物图

图 4.19
钳形电流表

项目 2　变压器的使用与测试

任务导入

变压器是电路中的重要器件之一。本任务介绍了变压器的技术指标、常见的故障及排除方法，最后要求完成单相变压器高、低压绕组及同名端的测定。

任务目标

掌握变压器的额定参数，了解变压器常见的故障及排除方法，学会单相变压器高、低压绕组及同名端的测定方法。

一、变压器的技术指标

1. 频率 f

频率 f 表示变压器适用的电源频率。

2. 相数 m

相数 m 表示变压器绕组的相数，也表示适用电源的相数，二者必须一致。

3. 额定电压 U_N

一次侧额定电压：是指电源施加在一次绕组出线端子之间的电压（即线电压）的保证值。

笔 记

4. 额定电流 I_N

额定电流I_N表示在外施额定电压下，变压器满负荷运行时的线电流，是以容量除以额定电压计算得出的。

5. 额定容量 S_N

在额定工作情况下，变压器的最大输出能力以视在功率来表示。对三相变压器而言，额定容量S_N指三相容量之和；对于有高压、低压、中压（如果有的话）的三相变压器而言，额定容量指容量最大的那套三相绕组的容量。

变压器的额定值取决于变压器的构造及使用的材料。使用时，变压器应在额定条件下运行，不能超过其额定值。

除此外还应注意：

① 工作温度不能过高。

② 一次、二次绕组必须分清。

③ 防止变压器绕组短路，以免烧毁变压器。

二、变压器的故障与排除

1. 变压器投入运行前的检查

变压器投入运行前应进行以下检查：

① 变压器的铭牌资料是否符合要求，其电压等级、连接组别、容量和运行方式是否与实际要求相符。

② 变压器各部位应完好无损。

③ 变压器外壳接地应牢固可靠。

④ 变压器一次、二次侧及线路的连接是否完好，三相的颜色标志是否准确无误。

⑤ 采用熔断器和其他保护装置，要检查其规格是否符合要求，接触是否良好。

⑥ 检查夹件和垫块有无松动，各紧固螺栓应有防松措施。

2. 变压器运行中的检查

变压器运行中要进行以下检查：

① 变压器声音是否正常。

② 变压器温度是否正常。

③ 变压器一次、二次侧的熔体是否完好。

④ 接地装置是否完整无损。

如发现异常现象，应停电进行检查。

笔 记

3. 变压器常见故障及检查

（1）故障情况

在变压器的各种故障中，以线包故障最为多见，如开路、短路、漏电及烧毁等。

（2）故障检查

变压器发生故障的原因有时比较复杂，为了正确检查和分析原因，应进行下列检查：

① 外观检查。检查线圈引线有无断线、脱焊，绝缘材料有无烧焦、有无机械损伤，再通电检查有无焦臭味或冒烟。如有以上故障，应排除后再进行其他检查。

② 检查各线圈的通断和直流电阻。能够用万用表直接测出的可用万用表检查；对于直流电阻较小的，尤其是电磁线较粗的变压器线圈，最好用电桥测量直流电阻。

③ 测量各线圈之间、各线圈与铁心之间的绝缘电阻。可用兆欧表进行测量，冷却电阻应在50MΩ以上。

4. 故障处理

接通电源二次侧无电压输出故障原因和检修方法：

（1）故障情况

① 电源插头或馈线开路。

② 一次绕组开路或引线脱焊。

③ 二次绕组开路或引线脱焊。

（2）维修方法

接通电源，用万用表250V交流挡测一次绕组引出线端电压。若为220V左右，说明插头与插座接触良好，插头与馈线均无开路故障。

（3）检修过程

① 一次、二次绕组间短路或一次、二次绕组边层间、匝间短路：可直接用万用表或兆欧表检测，将一表笔接一次绕组的一引出线端，另一表笔接二次绕组的任一引出线端。

② 铁心绝缘太差：拆下铁心，检查硅钢片表面绝缘漆是否剥落。

③ 负载或外部电路不正常：负载过重或输出电路局部短路引起的变压器高热，只要减轻负载或排除输出电路上的短路故障即可。

【技能训练】

单相变压器高、低压绕组及同名端的测量

一、实训目的

① 了解变压器的用途、结构及工作原理；

② 学习单相变压器高、低压绕组的判别方法；

③ 学会变压器同名端的测量方法。

二、实训设备和器件

① 实训工作台（含三相电源、常用仪表等） 一台
② 单相变压器 一个
③ 自耦变压器 一台
④ 数字万用表 一个
⑤ 导线 一卷
⑥ 螺钉旋具、剥线钳、尖嘴钳 各一把

以上设备和器件的技术参数可按实训室的要求进行选取。

笔 记

三、 实训内容和步骤

① 用万用表电阻挡测出给定变压器两边绕组的电阻值，并指出哪端是高压侧，哪端是低压侧。

② 交流法测单相变压器同名端。为安全起见，利用自耦调压器供给30V交流电（以万用表交流挡测出结果为准），加于单相变压器一个绕组的两端，按交流法找出单相变压器的同名端。

③ 直流法测单相变压器同名端。按直流法测同名端，并用交流法结果加以验证。

四、注意事项

① 选择直流法时，用万用表直流毫安挡测量，注意避免反偏电流过大时损坏指针，故最好先选择直流毫安最大挡，再逐步减小。

② 选择直流法时，观察开关闭合瞬间指针偏转情况，因为在开关闭合以后，直流电产生了恒定磁通，二次绕组没有感应电动势产生，也就没有感应电流通过毫安表。

【思考与练习】

1. 何谓耦合系数？什么是全耦合？

2. 试述理想变压器和空心变压器的反射阻抗不同之处。

3. 何谓同侧相并？异侧相并？哪一种并联方式获得的等效电感量增大？

4. 如果误把顺串的两互感线圈反串，会发生什么现象？为什么？

5. 变压器是根据什么原理工作的？它有哪些主要用途？

6. 一台单相变压器，额定电压为220/110V，如果不慎将低压侧误接到220V的电源上，对变压器有何影响？

7. 一台变压器有两个一次绕组，每组额定电压为110V，匝数为440匝，二次绕组匝数为80匝，试求：（1）一次绕组串联时的电压比和一次加上额定电压时的二次侧输出电压。

（2）一次绕组并联时的电压比和一次侧加上额定电压时的二次侧输出电压。

8. 单相变压器，一次线圈匝数N_1=1 000匝，二次侧N_2=500匝，现一次侧加电压U_1=220V，测得二次电流I_2=4A，忽略变压器内阻抗及损耗，求：（1）一次侧等效阻抗Z_1=？（2）负载消耗功率P_2=？（阻性）

9. 有一单相照明变压器，容量为10kV·A，电压为300/220V。今欲在二次绕组接上60W、220V的白炽灯，如果要变压器在额定情况下运行，这种白炽灯可接多少个？并求一次、二次绕组的额定电流。

10. 已知一变压器N_1=800，N_2=200，U_1=220V，I_2=8A，负载为纯电阻，忽略变压器的漏磁和损耗，求变压器的二次电压U_2，一次电流I_1。

11. 试确定如图4.20所示耦合线圈的同名端。

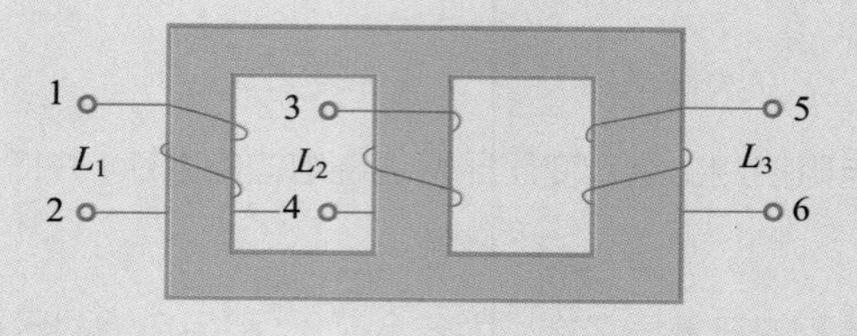

图4.20
题11电路图

12. 写出如图4.21所示各耦合电感的伏安特性。

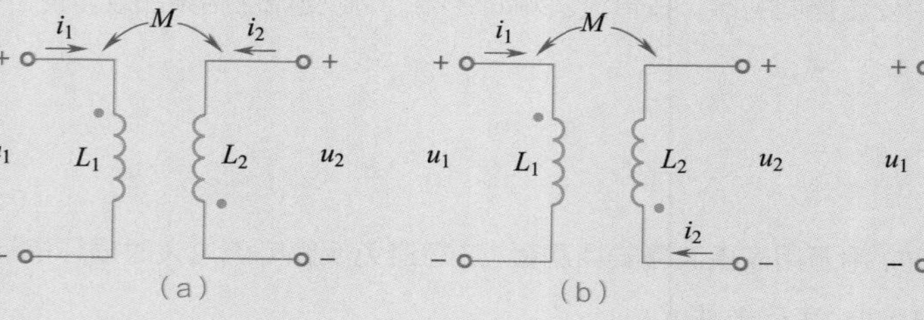

图4.21
题12电路图

13. 试计算如图4.22所示各互感电路的等效电感。

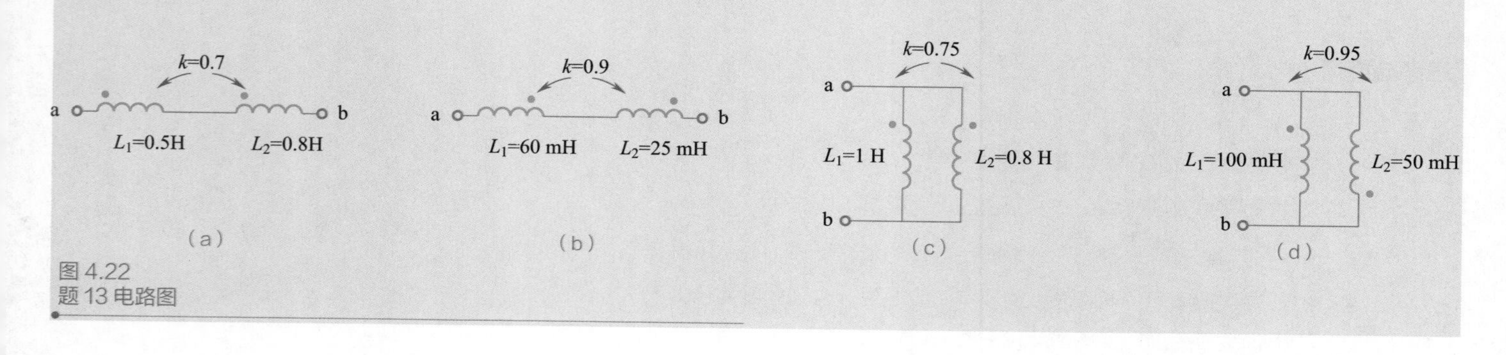

图4.22
题13电路图

14. 如图4.23所示是一电源变压器，一次绕组有550匝，接220V电压。二次绕组有两个：一个电压36V，负载36W；一个电压12V，负载24W。两个都是纯电阻负载时，求一次电流I_1和两个二次绕组的匝数。

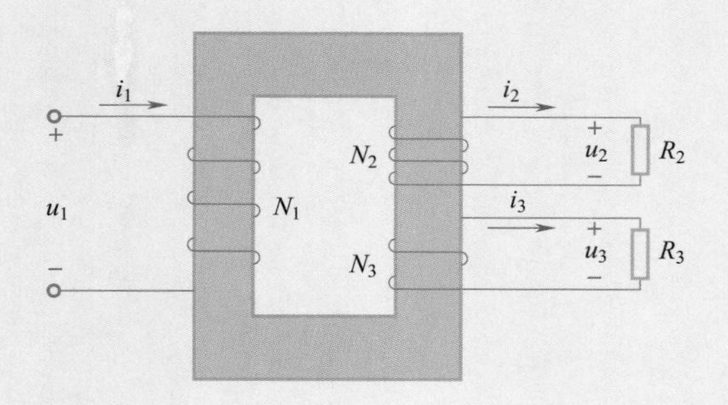

图 4.23
题 14 电路图

学习情境五

生产车间供电线路的安装与调试

本学习情境主要内容包括正弦交流电的基本概念及电路分析方法；正弦交流电路相量，对称三相电源，三相四线制，相、线电压的关系，相、线电流的关系对称三相负载星形联结，对称三相负载三角形联结，配电安装工艺，常用电工工具，常用电工材料，生产车间供电线路安装与调试，成本核算与环境保护。

本学习情境的教学重点包括生产车间供电线路的特点与分析，正弦交流电路基本定律的复数形式、相量形式和相量图，用三表法测量交流电路的等效参数，对称三相电源，相、线电压的关系，相、线电流的关系，配电安装工艺知识，常用电工材料的选择与使用，生产车间供电线路安装与调试。教学难点包括提高功率因数的意义与方法，用相量法计算简单正弦交流电路，对称三相负载星形联结时的分析与计算，对称三相负载三角形联结时的分析与计算，生产车间供电线路规划与安装。

项目 1　正弦交流稳态电路的分析与应用

任务 1　正弦交流电的三要素和有效值

演示文稿：
正弦交流稳态电路的分析与应用

任务导入　世界各国的电力系统大多采用正弦交流电，交流电广泛使用在电子技术、实际生产和日常生活中，本学习任务就来认识它。

任务目标　掌握正弦交流电的三要素、相位差和有效值的概念。

一、正弦交流电的三要素

大小及方向均随时间按正弦规律做周期性变化的电流、电压叫做正弦交流电流、电压。在某一时刻t，它们的值可用三角函数式来表示，即

$$i=I_m\sin(\omega t+\varphi_i)$$

$$u=U_m\sin(\omega t+\varphi_u)$$

表达一个正弦量须具备三个要素，即振幅值、角频率和初相角。

如正弦电压　　$u=U_m\sin(\omega t+\varphi)$

式中，U_m、ω、φ分别为振幅值、角频率和初相角。

笔 记

1. 振幅值（最大值）

正弦量瞬时值中的最大值叫振幅值或峰值。

2. 周期、频率、角频率

（1）周期

正弦交流电完成一次循环变化所用的时间叫做周期，用字母T表示，单位为秒（s）。显然正弦交流电流或电压相邻的两个最大值（或相邻的两个最小值）之间的时间间隔即为周期，由三角函数知识可知

$$T=\frac{2\pi}{\omega} \tag{5.1}$$

（2）频率

交流电周期的倒数叫做频率（用符号f表示），即

$$f=\frac{1}{T} \tag{5.2}$$

它表示正弦交流电流在单位时间内做周期性循环变化的次数，即表征交流电交替变化的速率（快慢）。频率的国际单位制是赫兹（Hz）。

周期和频率表示正弦量变化的快慢程度。周期越短，频率越高，变化越快。直流量也可以看成f=0（$T=\infty$）的正弦量。

我国和世界上大多数国家都采用50Hz（T=0.02s）作为电力工业的标准频率（美、日等少数国家采用60Hz），习惯上称为工频。

（3）角频率

ω叫做交流电的角频率，单位为弧度/秒（rad/s），它表征正弦交流电每秒内变化的电角度。

角频率与频率之间的关系为

$$\omega=2\pi f \tag{5.3}$$

3. 相位与初相

$u=U_{\rm m}\sin(\omega t+\varphi)$中，$(\omega t+\varphi)$称为相位角，简称相位。$\varphi$是正弦量在$t$=0时的初相位，简称初相。

为了统一起见，规定初相的绝对值不超过180°，超过180°者，要换算成绝对值小于180°的角。

正弦量的初相与计时起点（即波形图上的坐标原点）的选择有关，且在t=0时，函数值的正负与对应φ的正负号相同，如图5.1所示。

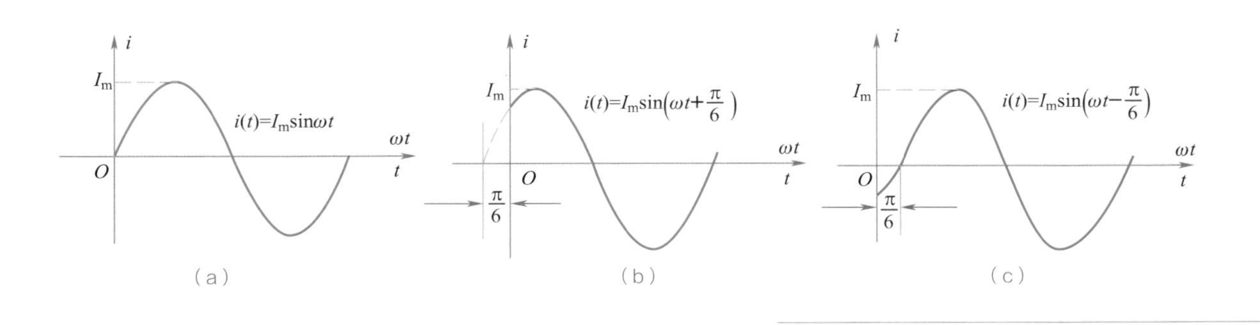

图 5.1
计时起点的选择

【例5.1】已知选定参考方向下正弦量的波形如图5.2所示，试写出正弦量的解析式 。

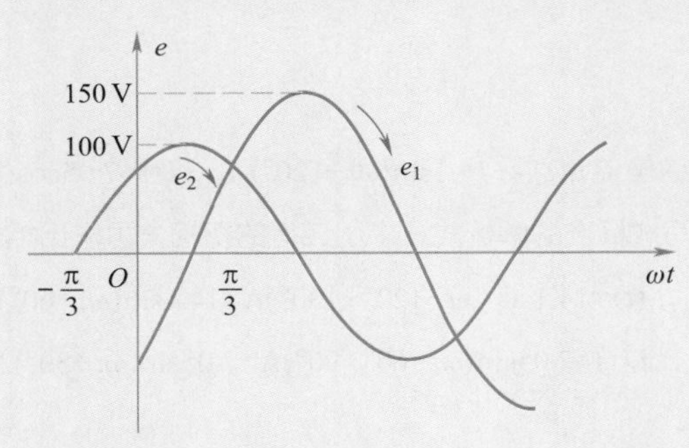

图 5.2
例 5.1 波形图

解：解析式为

$$e_1=150\sin\left(\omega t-\frac{\pi}{3}\right)\text{V}$$

$$e_2=100\sin\left(\omega t+\frac{\pi}{3}\right)\text{V}$$

4. 同频率正弦量的相位差

相位差是两个同频率正弦量的相位之差，例如：

$$u_1=U_{1m}\sin(\omega t+\varphi_1)$$

$$u_2=U_{2m}\sin(\omega t+\varphi_2)$$

相位差为

$$\varphi_{12}=(\omega t+\varphi_1)-(\omega t+\varphi_2)=\varphi_1-\varphi_2$$

并规定

$$|\varphi_{12}|\leqslant 180^\circ \quad 或 \quad |\varphi_{12}|\leqslant \pi$$

在讨论两个正弦量的相位关系时：

① 当$\varphi_{12}>0$时，称第一个正弦量比第二个正弦量的相位越前（或超前）φ_{12}，如图5.3（a）所示；

② 当$\varphi_{12}<0$时，称第一个正弦量比第二个正弦量的相位滞后（或落后）$|\varphi_{12}|$；

③ 当$\varphi_{12}=0$时，称第一个正弦量与第二个正弦量同相，如图5.3（b）所示；

④ 当$\varphi_{12}=\pm\pi$或$\pm 180^\circ$时，称第一个正弦量与第二个正弦量反相，如图5.3（c）所示；

⑤ 当$\varphi_{12}=\pm\frac{\pi}{2}$或$\pm 90^\circ$时，称第一个正弦量与第二个正弦量正交，如图5.3（a）所示。

动画：
相位差的几种形式

例如，已知u=311sin(314t−30°)V，I=5sin(314t+60°)A，则u与i的相位差为φ_{ui}=(−30°)−(+60°)=−90°，即u比i滞后90°，或i比u超前90°。

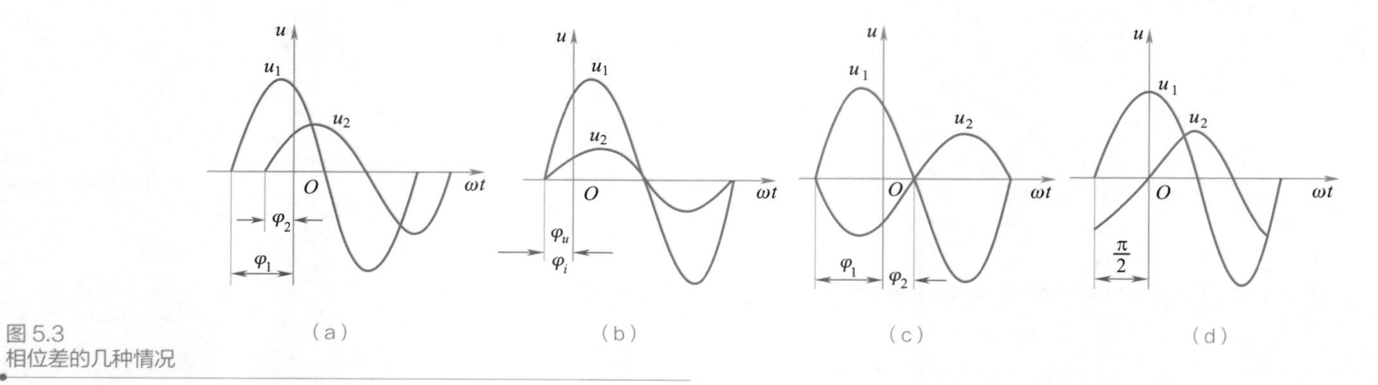

图 5.3
相位差的几种情况

【例5.2】求两个正弦电流$i_1(t)=-14.1\sin(\omega t-120°)$A，$i_2(t)=7.05\cos(\omega t-60°)$A的相位差$\varphi_{12}$。

解：把i_1和i_2写成标准的解析式，求出二者的初相，再求出相位差。

$$i_1(t)=14.1\sin(\omega t-120°+180°)\text{A}=14.1\sin(\omega t+60°)\text{A}$$

$$i_2(t)=7.05\sin(\omega t-60°+90°)\text{A}=7.05\sin(\omega t+30°)\text{A}$$

则

$$\varphi_1=60°$$

$$\varphi_2=30°$$

$$\varphi_{12}=\varphi_1-\varphi_2=60°-30°=30°$$

二、正弦量的有效值和平均值

1. 正弦量的有效值

在电工技术中，有时并不需要知道交流电的瞬时值，而规定一个能够表征其大小的特定值——有效值，其依据是交流电流和直流电流通过电阻时，电阻都要消耗电能（热效应）。

设正弦交流电流$i(t)$在一个周期T时间内，使一电阻R消耗的电能为Q_R，另有一相应的直流电流I在时间T内也使该电阻R消耗相同的电能，即$Q_R = I^2RT$。就平均对电阻做功的能力来说，这两个电流（i与I）是等效的，则该直流电流I的数值可以表示交流电流$i(t)$的大小，于是把这一特定的数值I称为交流电流的有效值。

由此得出

$$I^2RT=\int_0^T i^2(t)R\mathrm{d}t$$

所以，交流电流的有效值为

$$I=\sqrt{\frac{1}{T}\int_0^T i^2(t)\mathrm{d}t} \tag{5.4}$$

同理，交流电压的有效值为

$$U=\sqrt{\frac{1}{T}\int_0^T u^2(t)\mathrm{d}t} \tag{5.5}$$

笔 记

交流电的有效值等于它的瞬时值的平方在一个周期的平均值的算术平方根，所以有效值又叫方根均值。

对于正弦交流电流

$$i(t)=I_{\mathrm{m}}\sin(\omega t+\theta)$$

推导可得它的有效值为

$$I=\sqrt{\frac{1}{T}\int_0^T I_{\mathrm{m}}^2\sin^2(\omega t+\theta)\mathrm{d}t}=\sqrt{\frac{I_{\mathrm{m}}^2}{T}\int_0^T\frac{1}{2}\left[I-\cos 2(\omega t+\theta)\right]\mathrm{d}t}=\frac{I_{\mathrm{m}}}{\sqrt{2}}$$

理论与实验均可证明，正弦交流电流i的有效值I等于其振幅（最大值）I_{m}的0.707倍，即

$$I=\frac{I_{\mathrm{m}}}{\sqrt{2}}=0.707I_{\mathrm{m}} \quad (5.6)$$

正弦交流电压的有效值为

$$U=\frac{U_{\mathrm{m}}}{\sqrt{2}}=0.707U_{\mathrm{m}} \quad (5.7)$$

正弦交流电动势的有效值为

$$E=\frac{E_{\mathrm{m}}}{\sqrt{2}}=0.707E_{\mathrm{m}} \quad (5.8)$$

例如正弦交流电流$i=2\sin(\omega t-30°)$A的有效值$I=2\times0.707\mathrm{A}=1.414\mathrm{A}$，如果交流电流$i$通过$R=10\Omega$的电阻时，在一秒时间内电阻消耗的电能（又叫做平均功率）为$P=I^2R=20\mathrm{W}$，即与$I=1.414\mathrm{A}$的直流电流通过该电阻时产生相同的电功率。

我国工业和民用交流电源电压的有效值为220V、频率为50Hz，因而通常将这一交流电压简称为工频电压。

因为正弦交流电的有效值与最大值（振幅值）之间有确定的比例系数，所以有效值、频率、初相这三个参数也可以合在一起叫做正弦交流电的三要素。

【例5.3】一个正弦电流的初相角为60°，在$t=T/4$时电流的值为5A，试求该电流的有效值。

解：该正弦电流的解析式为

$$i(t)=I_{\mathrm{m}}\sin(\omega t+60°)$$

由已知得

$$5=I_{\mathrm{m}}\sin(\omega t+60°)$$

将$t=T/4$代入得　$$5=I_{\mathrm{m}}\sin\left(\frac{\pi}{2}+\frac{\pi}{3}\right)=I_{\mathrm{m}}\sin\left(\frac{5\pi}{6}\right)$$

解得　$$I_{\mathrm{m}}=\frac{5}{\sin\left(\frac{5\pi}{6}\right)}\mathrm{A}=\frac{5}{\frac{1}{2}}\mathrm{A}=10\mathrm{A}$$

则该电流的有效值为　$$I=\frac{I_{\mathrm{m}}}{\sqrt{2}}=\frac{10}{\sqrt{2}}\mathrm{A}=7.07\mathrm{A}$$

笔 记

2. 正弦量的平均值

周期性交流量的波形曲线在半个周期内与横轴所围面积的平均值定义为交流量的平均值。

$$I_{av}=\frac{2}{\pi}I_m=0.637I_m \tag{5.9}$$

任务 2 相量形式的基尔霍夫定律

任务导入

前面已经介绍了正弦量的两种表示方法，一种是解析式，即三角函数表示法，另一种是波形图表示法。在分析计算正弦交流电路时，这两种表示方法很繁琐，所以引出“相量”来表示正弦量从而简化电路计算。本学习任务介绍正弦量的相量表示方法，讨论相量形式的基尔霍夫定律。

任务目标

掌握正弦量的相量表示法，理解它的含义；掌握相量形式的基尔霍夫定律。

一、正弦量的相量表示法

正弦量可以用振幅相量或有效值相量表示，但通常用有效值相量表示。

微课：正弦量的相量表示法

1. 振幅相量表示法

振幅相量表示法是用正弦量的振幅值作为相量的模（大小）、用初相角作为相量的幅角，例如有三个正弦量为

$$e=60\sin(\omega t+60°)\text{V}$$

$$u=30\sin(\omega t+30°)\text{V}$$

$$i=5\sin(\omega t-30°)\text{A}$$

则它们的振幅相量图如图 5.4 所示。

动画：正弦量的相量表示

2. 有效值相量表示法

有效值相量表示法是用正弦量的有效值作为相量的模（长度大小）、仍用初相角作为相量的幅角，例如

$$u=220\sqrt{2}\sin(\omega t+53°)\ \text{V},\quad i=0.41\sqrt{2}\sin(\omega t)\ \text{A}$$

则它们的有效值相量图如图 5.5 所示。

只有同频率的相量才能画在同一复平面上，称为相量图。在相量图上同频率的相量之间的相位差等于初相差，只有同频率的正弦量的相量才能相互运算。

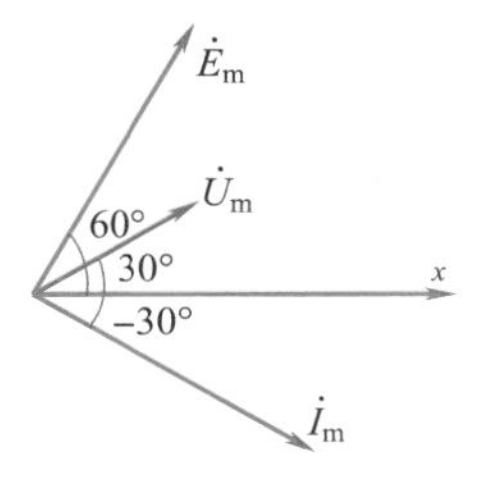

图 5.4
正弦量的振幅相量图举例

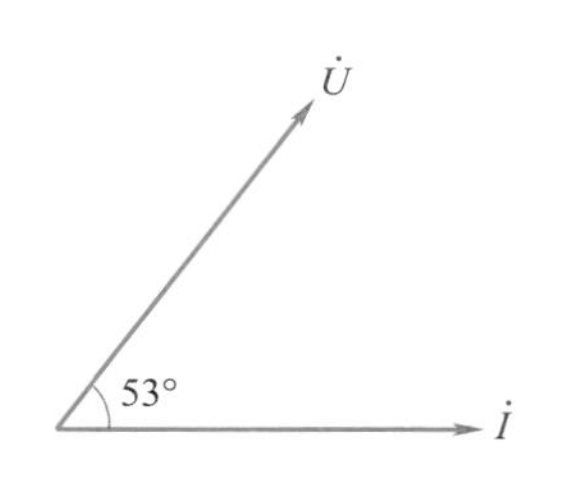

图 5.5
正弦量的有效值相量图举例

二、正弦量相量的四种表示形式

① 代数形式： $\dot{A}=a+\mathrm{j}b$

② 三角形式： $\dot{A}=r\cos\varphi+\mathrm{j}r\sin\varphi$

③ 指数形式： $\dot{A}=r\mathrm{e}^{\mathrm{j}\varphi}$

④ 极坐标形式： $\dot{A}=r\angle\varphi$

四种表示形式之间的关系如图 5.6 所示。

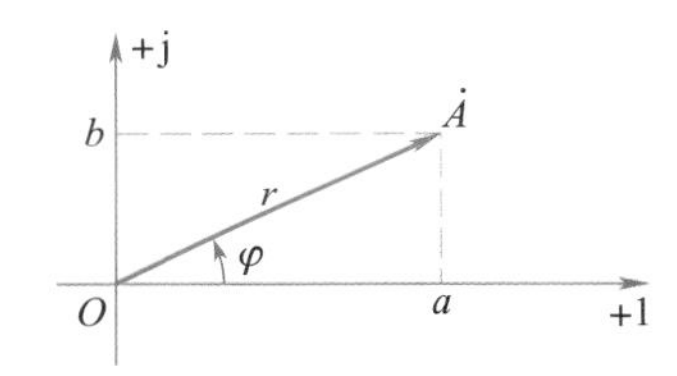

图 5.6
用复数表示正弦量的相量

它们之间有：

$$r=|A|=\sqrt{a^2+b^2}$$

$$\varphi=\arctan\frac{b}{a}$$

$$a=r\cos\varphi$$

$$b=r\sin\varphi$$

这样，正弦电流 $i=I_m\sin(\omega t+\varphi_i)$ 的相量表达式为

$$\dot{I}=\frac{I_m}{\sqrt{2}}\mathrm{e}^{\mathrm{j}\varphi_i}=I\angle\varphi_i$$

正弦电压 $u=U_m\sin(\omega t+\varphi_u)$ 的相量表达式为

$$\dot{U}=\frac{U_m}{\sqrt{2}}\mathrm{e}^{\mathrm{j}\varphi_u}=U\angle\varphi_u$$

【例 5.4】把正弦量 $u=311\sin(314t+30°)$V，$i=4.24\sin(314t-45°)$A 用相量表示。

解：（1）正弦电压 u 的有效值为 $U=0.7071\times311\text{V}=220\text{V}$，初相 $\varphi_u=30°$，所以它的相量为

$$\dot{U}=U\angle\varphi_u=220\angle30°\ \text{V}$$

（2）正弦电流 i 的有效值为 $I=0.7071\times4.24\text{A}=3\text{A}$，初相 $\varphi_i=-45°$，所以它的相量为

$$\dot{I}=I\angle\varphi_i=3\angle-45°\ \text{A}$$

【例5.5】把下列正弦相量用三角函数的瞬时值表达式表示，设角频率均为ω:（1）$\dot{U}=120\angle -37^\circ$ V；（2）$\dot{I}=5\angle 60^\circ$ A 。

解：$u=120\sqrt{2}\sin(\omega t-37^\circ)$V，$i=5\sqrt{2}\sin(\omega t+60^\circ)$A。

三、正弦量的简单相量运算

1. 相量的加减法

$$\dot{A}_1 \pm \dot{A}_2=(a_1+jb_1) \pm (a_2+jb_2)=(a_1 \pm a_2)+j(b_1 \pm b_2)=a+jb$$

相量的加减法可在相量图上进行，如图5.7所示。

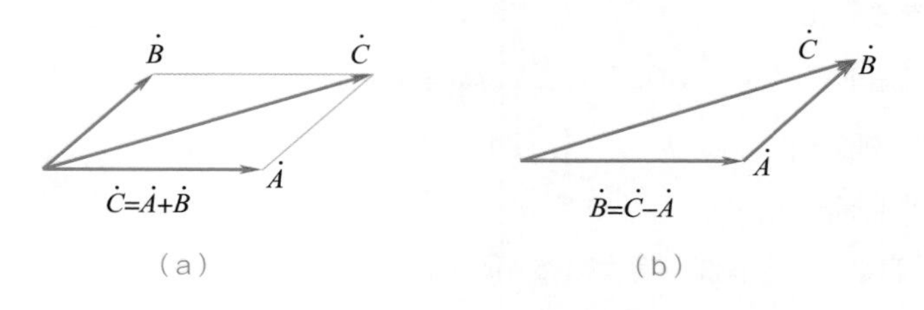

图 5.7
相量加减法的相量图

2. 相量的乘除法

当对相量进行乘除运算时，常采用极坐标形式更为方便。

$$\dot{A}_1 \cdot \dot{A}_2=r_1\angle\varphi_1 \cdot r_2\angle\varphi_2=r_1r_2\angle(\varphi_1+\varphi_2)=r\angle\varphi$$

$$\dot{A}_1 / \dot{A}_2=r_1\angle\varphi_1 / r_2\angle\varphi_2=r_1/r_2\angle(\varphi_1-\varphi_2)=r\angle\varphi$$

【例5.6】已知 $i_1=3\sqrt{2}\sin(\omega t+30^\circ)$A，$i_2=4\sqrt{2}\sin(\omega t-60^\circ)$A。试求：$i_1+i_2$。

解：首先用复数相量表示正弦量i_1、i_2，即

$$\dot{I}_1=3\angle 30^\circ\text{A}=3(\cos30^\circ+j\sin30^\circ)\text{A}=(2.598+j1.5)\text{A}$$

$$\dot{I}_2=4\angle -60^\circ\text{A}=4(\cos60^\circ-j\sin60^\circ)\text{A}=(2-j3.464)\text{A}$$

然后作复数加法：$\dot{I}_1+\dot{I}_2=4.598\text{A}-j1.964\text{A}=5\angle -23.1^\circ$ A

最后将结果还原成正弦量：$i_1+i_2=5\sqrt{2}\sin(\omega t-23.1^\circ)$A

四、相量形式的基尔霍夫定律

1. 基尔霍夫电流定律 KCL

在交流电路中，流过电路中某个节点（或封闭面）的各电流瞬时值的代数和等于零，即：

$$\Sigma i=0 \tag{5.10}$$

基尔霍夫电流定律适用于交流电路的任一瞬间，也适用于连接在电路任一节点的各支路电流的解析式。正弦交流电路中的各电流都是与电源同频率的正弦量，将同频率的正弦量用相量表示，得基尔霍夫电流定律的相量形式：

$$\Sigma \dot{I}=0 \tag{5.11}$$

若电流的参考方向指向节点取正号时，则背离节点取负号。

笔 记

2. 基尔霍夫电压定律 KVL

基尔霍夫电压定律指出：交流电路中，任何一个闭合回路中各段电压瞬时值的代数和等于零，即：

$$\Sigma u=0 \tag{5.12}$$

基尔霍夫电压定律适用于任一时刻，也适用于任一回路的各支路电压的解析式。在正弦交流电路中，任一回路的各支路电压都是与电源同频率的正弦量，将这些同频率的正弦量用相量表示，即得基尔霍夫电压定律的相量形式：

$$\Sigma \dot{U}=0 \tag{5.13}$$

在写平衡式时，先要确定回路的绕行方向，当电压的参考方向与绕行方向一致时，电压取正号，反之取负号。

【例5.7】如图5.8所示电路中，电压表V_1、V_2的读数都是50V，$i=I\angle 0^\circ$ A，$\dot{U}_1=50\angle 0^\circ$ V，$\dot{U}_2=50\angle -90^\circ$ V，试求电路中电压表V的读数。

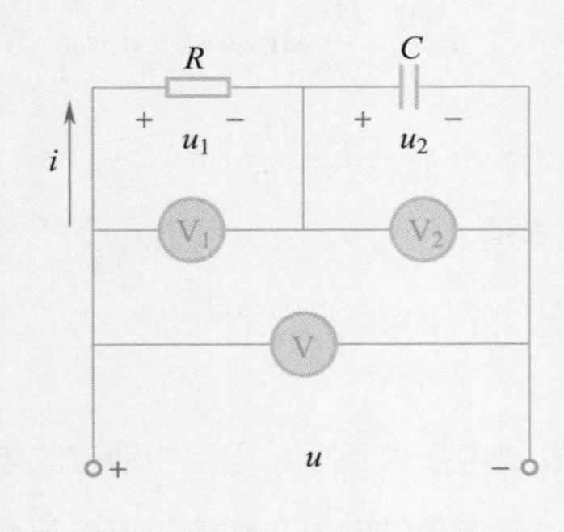

图 5.8
例 5.7 电路图

解：根据KVL，有

$$\dot{U}=\dot{U}_1+\dot{U}_2=50\angle 0^\circ \text{V}+50\angle -90^\circ \text{V}=(50-\text{j}50)\text{V}=70.7\angle -45^\circ \text{V}$$

所以电压表V的读数是70.7 V。

任务 3　*R*、*L*、*C* 元件的电压与电流相量关系

任务导入

电阻元件、电感元件、电容元件是交流电路中的基本电路元件，它们的电压与电流的相量关系是分析正弦交流电路的一个基础。本学习任务将研究这三种元件上电压与电流的关系。

笔 记

任务目标	掌握电阻元件、电感元件、电容元件上电压与电流的相量关系；了解它们的能量转换问题。

一、电阻元件上电压与电流的关系

交流电路一般均受电阻、电感、电容这三个参数的影响，而这三个参数对交流电路的影响又各不相同。但有的电路以一个参数的影响为主，其他两个参数的作用很小，可以忽略。此时，便可认为此交流电路为单一参数的交流电路，如纯电阻电路、纯电感电路、纯电容电路。

下面先研究纯电阻电路，所谓纯电阻电路就是在交流电路中只具有电阻性元件的电路。例如，白炽灯、电阻炉等组成的交流电路就可看成是纯电阻电路。

1. 电压与电流的关系

如图5.9所示，设电压为$u=U_m\sin\omega t$，根据欧姆定律，电路中的电流为

$$i=\frac{u}{R}=\frac{U_m}{R}\sin\omega t=I_m\sin\omega t$$

式中

$$I_m=\frac{U_m}{R}$$

两边同除以$\sqrt{2}$得到有效值

$$I=\frac{U}{R} \tag{5.14}$$

由上述分析可知，在交流电压作用下，电阻中通过的电流是与电压同频率的正弦交流电流，电流与电压同相位。通过电阻的电流有效值等于电阻两端电压有效值与电阻值之比（最大值也如此），仍保持欧姆定律的形式。

图5.10（a）、（b）是它们的曲线图和矢量图。

2. 电路的功率

（1）瞬时功率

交流电通过电阻所产生的功率是随时间而变化的，在某一时刻所产生的功率称为瞬时功率。瞬时功率等于电压瞬时值与电流瞬时值的乘积，即

$$p=u\cdot i$$

把电流和电压的瞬时值表达式代入上式，可得

$$p=u\cdot i=U_m\sin\omega t\cdot I_m\sin\omega t=U_mI_m\sin^2\omega t$$

$$=U_mI_m\left(\frac{1-\cos 2\omega t}{2}\right)=UI(1-\cos 2\omega t)$$

由此可知，瞬时功率包括两部分，一部分是常量UI，另一部分是交变量$UI\cos 2\omega t$。图5.10（c）所示的功率曲线指出，瞬时功率总是正值，说明在任何时刻，电阻总是吸收电源

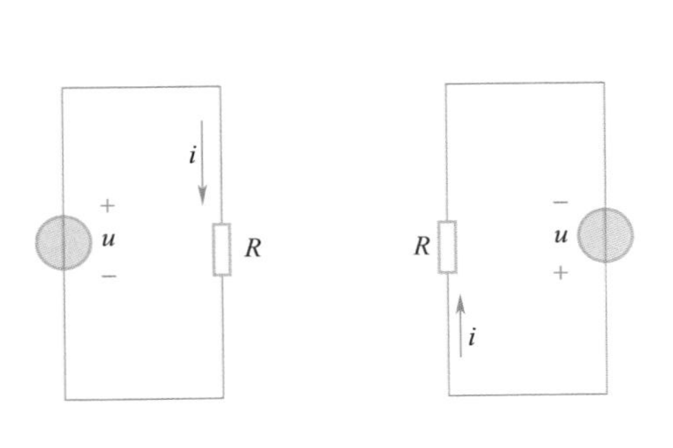

图5.9
纯电阻电路

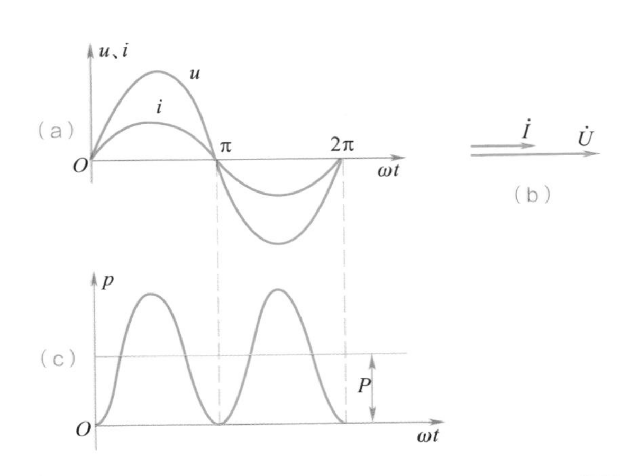

图5.10
纯电阻电路中电流、电压、功率的曲线图及电压、电流矢量图

供给的电能，并把它转化为热能。

（2）平均功率

由于瞬时功率不断变化，不便于计算，所以一般用瞬时功率在一个周期内的平均值来表示功率的大小，称为平均功率，又称有功功率，用大写字母P表示。

$$P=\frac{1}{T}\int_0^T p\mathrm{d}t=\frac{1}{T}\int_0^T UI\left(1-\cos 2\omega t\right)\mathrm{d}t$$
$$=UI=I^2R=\frac{U^2}{R} \tag{5.15}$$

由式（5.15）可知，电阻取用的功率（有功功率）等于电阻两端电压的有效值与通过电阻的电流有效值的乘积。有功功率的单位是瓦［特］（W），瓦［特］的千倍称千瓦［特］（kW），瓦［特］的千分之一称毫瓦（mW）。工作中常说的20W的灯，45W的电烙铁，是指有功功率。

【例5.8】10Ω的电阻接在$u=311\sin 314t$ V的交流电源上，求通过电阻的电流瞬时值、有效值及其取用的有功功率。

解：
$$i=\frac{u}{R}=\frac{311}{10}\sin 314t\mathrm{A}=31.1\sin 314t\mathrm{A}$$
$$I=\frac{I_{\mathrm{m}}}{\sqrt{2}}=\frac{31.1}{\sqrt{2}}\mathrm{A}=22\mathrm{A}$$
$$U=\frac{U_{\mathrm{m}}}{\sqrt{2}}=\frac{311}{\sqrt{2}}\mathrm{V}=220\mathrm{V}$$
$$P=UI=220\mathrm{V}\times 22\mathrm{A}=4\,840\mathrm{W}=4.84\mathrm{kW}$$

【例5.9】220V、60W的白炽灯接在$u=311\sin(314t+30°)$V的交流电源上，求通过白炽灯的电流瞬时值、有效值。

解：白炽灯的电阻

$$R=\frac{U^2}{P}=\frac{220^2}{60}\Omega=806.7\Omega$$

$$i=\frac{u}{R}=\frac{311\sin\left(314t+30^{\circ}\right)}{806.7}\text{A}=0.39\sin\left(314t+30^{\circ}\right)\text{A}$$

$$I=\frac{U}{R}=\frac{220}{806.7}\text{A}=0.27\text{A}$$

【例5.10】功率为1W的10kΩ电阻器，它能通过的额定电流为多大？把它接在200V的电源上，消耗的功率为多少？

解：电阻器能通过的额定电流为

$$I=\sqrt{\frac{P}{R}}=\sqrt{\frac{1}{10\times10^{3}}}\text{A}=10\text{mA}$$

接在200V的电源上，消耗的功率为

$$P=\frac{U^{2}}{R}=\frac{200^{2}}{10\times10^{3}}\text{W}=4\text{W}$$

二、电感元件上电压与电流的关系

把电感线圈接到交流电源上，当线圈的电阻及分布电容非常小时，可略去不计，则此电路可认为是纯电感电路。

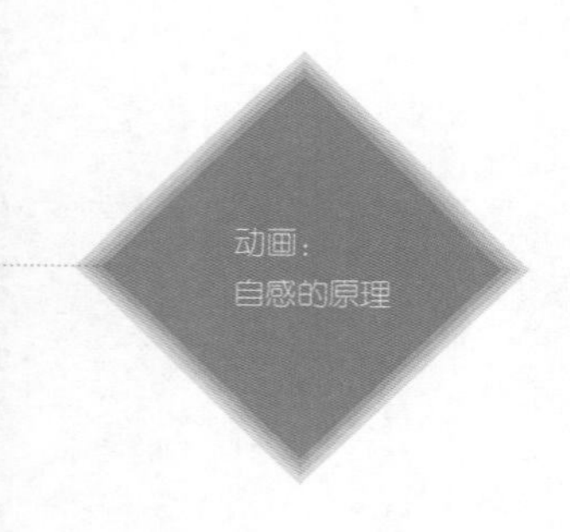

1. 自感电动势的产生

如图5.11所示，当通过线圈的电流发生变化时，线圈的磁通链也发生变化，对于某一已确定的线圈而论，它的磁通链的微小变化量$N\text{d}\Phi=\text{d}\Psi$与电流的微小变化量$\text{d}i$的比是一常量，这个常量定义为线圈的电感，用大写字母L表示，即

$$L=N\frac{\text{d}\Phi}{\text{d}i}=\frac{\text{d}\Psi}{\text{d}i}$$

电感的单位是亨［利］，简称亨（H）。在实际应用中常用的单位还有毫亨（mH）和微亨（μH）。

$$1\text{mH}=10^{-3}\text{H}，1\mu\text{H}=10^{-6}\text{H}$$

线圈的电感由线圈自身的形状和线圈的匝数所决定。

由于通过线圈电流的变化，使线圈的磁通链发生变化，线圈便产生自感电动势，用符号e_{L}表示，其大小为

$$e_{\text{L}}=-\frac{\text{d}\Psi}{\text{d}t}=-L\frac{\text{d}i}{\text{d}t} \tag{5.16}$$

由上式可知，线圈的自感电动势是与通过线圈的电流的变化率成正比。自感电动势的单位是伏［特］（V）。自感电动势的方向可用楞次定律来确定。

2. 电压与电流的关系

动画：自感电动势瞬时极性的判别

设通过电感线圈的电流为一正弦交流电：

$$i=I_m\sin\omega t$$

由于此电流是交变的，则在电感线圈中便产生自感电动势 e_L，设自感电动势 e_L、电压 u 和电流 i 的参考方向如图5.11所示，则根据基尔霍夫电压定律：

$$u+e_L=0,\ u=-e_L$$

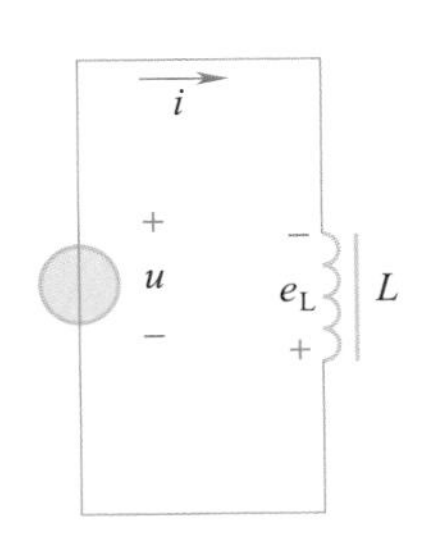

图5.11
纯电感电路

笔 记

又因为
$$e_L=-L\frac{\mathrm{d}i}{\mathrm{d}t}$$

所以
$$u=L\frac{\mathrm{d}i}{\mathrm{d}t}=L\frac{\mathrm{d}}{\mathrm{d}t}I_m\sin\omega t=I_m\omega L\cos\omega t$$
$$=U_m\sin\left(\omega t+\frac{\pi}{2}\right)$$

式中
$$U_m=\omega LI_m=X_LI_m$$

上式两边同除以$\sqrt{2}$得

$$U=\omega LI=X_LI$$

或

$$I=\frac{U}{\omega L}=\frac{U}{X_L} \tag{5.17}$$

$$X_L=\omega L=2\pi fL \tag{5.18}$$

X_L称为线圈的感抗，单位为Ω。

根据上述分析可得出如下结论：当通过线圈的电流是一正弦交流电时，则线圈两端的电压也必是同频率的正弦交流电，并且电压超前电流π/2；电流有效值等于电压有效值与线圈感抗之比。

图5.12（a）、（b）所示是电压、电流的矢量图与曲线图。

根据公式 $U=\omega LI=X_LI$ 可知，在纯电感电路中，当电感两端电压有效值一定时，通过线圈的电流与线圈的感抗成反比。可见，感抗是用来表示电感线圈对交流电阻碍作用大小的物理量。由 $X_L=\omega L=2\pi fL$ 可知，感抗的大小是与线圈的电感量 L 成正比，与交流电的频率成正比的。当线圈的电感量一定时，通过线圈的电流频率愈高，则线圈的自感电动势就愈大，表现出对电流的阻碍作用也愈大；而当通过线圈的电流频率愈低时，感抗就愈小；当电流频率为零也即是直流电时，感抗也为零，即电感线圈对直流电没有阻碍作用。所以电感线圈具有通直流阻交流的作用。

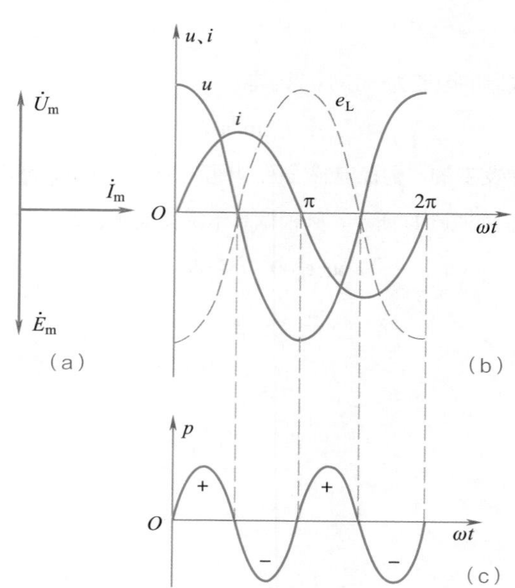

图 5.12
纯电感电路中电压、电流、功率的曲线图及电压、电流矢量图

由式$u=U_m \sin\left(\omega t+\frac{\pi}{2}\right)$可知，电压比电流超前π/2，那么，为什么会出现这π/2的相位差呢？因为在纯电感电路中没有电阻，电源电压只平衡于自感电动势，而自感电动势又正比于线圈中电流的变化率，因此，线圈两端的电压也正比于电流的变化率。当正弦电流为零值时，其变化率$\frac{\mathrm{d}i}{\mathrm{d}t}$为最大值，因而此时线圈两端的电压也为最大值；而当正弦电流到达最大值时，其变化率$\frac{\mathrm{d}i}{\mathrm{d}t}$却为零，因而线圈两端的电压也为零。这就是纯电感电路电压、电流形成π/2相位差的根本原因。

3. 电路的功率

（1）瞬时功率

电路的瞬时功率为电压瞬时值与电流瞬时值的乘积。即

$$\begin{aligned}p=ui&=U_m I_m \sin\left(\omega t+\frac{\pi}{2}\right)\sin\omega t\\&=U_m I_m \cos\omega t \sin\omega t=\frac{U_m I_m}{2}\sin 2\omega t=UI\sin 2\omega t\end{aligned} \tag{5.19}$$

上式表明，电路的瞬时功率是时间的正弦函数，其频率为电流频率的二倍。功率随时间的变化曲线如图5.12（c）所示。

由于瞬时功率为一正弦函数，所以在一周内的平均功率为零，即$P=0$，它说明电感在交流电路中不消耗电能。

（2）无功功率

从图5.12可以看出，在电流的第一和第三个1/4周期内，电压u和电流i的方向是相同的，因而功率p为正值，此时是电源把电能传递给电感线圈，转换为电感线圈中的磁场能；在电流的第二和第四个1/4周期内，电压u和电流i的方向是相反的，因而功率p为负值，此

时是电源把前一个1/4周传递给线圈的电能又吸收回去，即线圈的磁场能又转变为电能。这说明在电源和线圈之间只有能量交换，而无能量的损耗，也即是说电感线圈在交流电路中是储能元件，而非耗能元件。

为了衡量电感L和电源之间能量交换的快慢，称瞬时功率的最大值为无功功率，即

$$Q_L=UI=I^2X_L=\frac{U^2}{X_L} \tag{5.20}$$

无功功率的单位是乏尔（var），简称乏。

【例5.11】一个1H的电感，在频率为50Hz时，它的感抗有多大？又当感抗为3 140Ω时，频率为多少？

解:

$$X_L=2\pi fL=2\times 3.14\times 50\times 1\Omega=314\Omega$$

当X_L=3 140Ω时，

$$f=\frac{X_L}{2\pi L}=\frac{3140}{2\times 3.14\times 1}\text{Hz}=500\text{Hz}$$

【例5.12】已知一线圈的电感L=0.2H，忽略其电阻，把此线圈接在$u=311\sin\left(314t+\frac{\pi}{6}\right)$V的电源上，求:（1）线圈的感抗;（2）电路中的电流I;（3）电流的瞬时值方程式;（4）无功功率。

解:（1）线圈的感抗

$$X_L=\omega L=314\times 0.2\Omega=62.8\Omega$$

（2）电路中的电流

$$I_m=\frac{U_m}{X_L}=\frac{311}{62.8}\text{A}=4.95\text{A}$$

$$I=\frac{I_m}{\sqrt{2}}=\frac{4.95}{\sqrt{2}}\text{A}=3.5\text{A}$$

（3）电流的瞬时值方程式

因为

$$\psi_u-\psi_i=\frac{\pi}{2}$$

而

$$\psi_u=\frac{\pi}{6}$$

所以

$$\psi_i=\psi_u-\frac{\pi}{2}=\frac{\pi}{6}-\frac{\pi}{2}=-\frac{\pi}{3}$$

则

$$i=4.95\sin\left(314t-\frac{\pi}{3}\right)\text{A}$$

（4）无功功率

$$Q_L=UI=\frac{311}{\sqrt{2}}\times 3.5\text{var}\approx 770\text{var}$$

笔 记

三、电容元件上电压与电流的关系

介质电阻和分布电感影响很小，即电容起主导作用的电路称为纯电容电路，如图5.13所示。

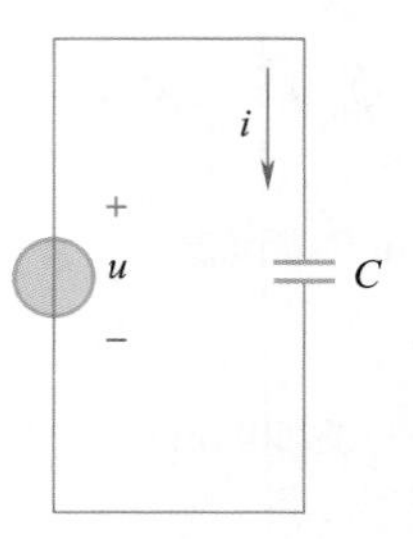

图 5.13
纯电容电路

根据在物理学中学过的知识可知，将电容器C接入直流电路中时，电源将对电容器进行充电。当两极板之间的电压升高到等于外加电压时，充电就停止。电容器在充电的过程中，电路中有电流通过，当充电结束时，电路中电流为零，电路处于断开状态，这种状态称稳态，即电容器在直流稳态时不能通过电流。

将电容器C接入交流电路中时，情况就大不一样了。由于交流电压的大小和方向都要随时间作周期性变化，导致电容器反复不断地充电、放电。因此电路中总是有持续不断的充放电电流，即交变电流。

在交流电压作用下，电容器极板上的电荷量q也将随着交变电压的变化而变化。设在$\mathrm{d}t$时间内电容器极板上的电荷量的变化为$\mathrm{d}q$，则此瞬间在电路中的电流即为

$$i=\frac{\mathrm{d}q}{\mathrm{d}t}$$

因为

$$q=Cu$$

所以

$$\mathrm{d}q=C\mathrm{d}u$$

则

$$i=\frac{\mathrm{d}q}{\mathrm{d}t}=C\frac{\mathrm{d}u}{\mathrm{d}t}$$

上式说明电容器的充、放电电流是与其两极板之间的电压的变化率成正比的。

1. 电压与电流的关系

设电容器两端的电压为

$$u=U_{\mathrm{m}}\sin\omega t$$

则

$$i=C\frac{\mathrm{d}u}{\mathrm{d}t}=C\frac{\mathrm{d}}{\mathrm{d}t}\left(U_{\mathrm{m}}\sin\omega t\right)$$

$$=C\omega U_{\mathrm{m}}\cos\omega t=I_{\mathrm{m}}\sin\left(\omega t+\frac{\pi}{2}\right)$$

式中

$$I_{\mathrm{m}}=\omega CU_{\mathrm{m}}=\frac{U_{\mathrm{m}}}{\frac{1}{\omega C}}$$

令

$$X_C=\frac{1}{\omega C}=\frac{1}{2\pi fC} \tag{5.21}$$

$$I_m=\frac{U_m}{X_C}$$

上式两边同除以$\sqrt{2}$，得有效值

$$I=\frac{U}{X_C} \tag{5.22}$$

式中，X_C称为电容器的容抗，单位为欧姆（Ω）。

根据上述分析可得如下结论：当电容器两端加有正弦交流电压时，通过电容器的电流为同频率的正弦交流电，并且电流超前于电压π/2，电流有效值等于电压有效值与电容器容抗之比。

图5.14（a）、（b）是电压、电流的矢量图和曲线图。

笔记

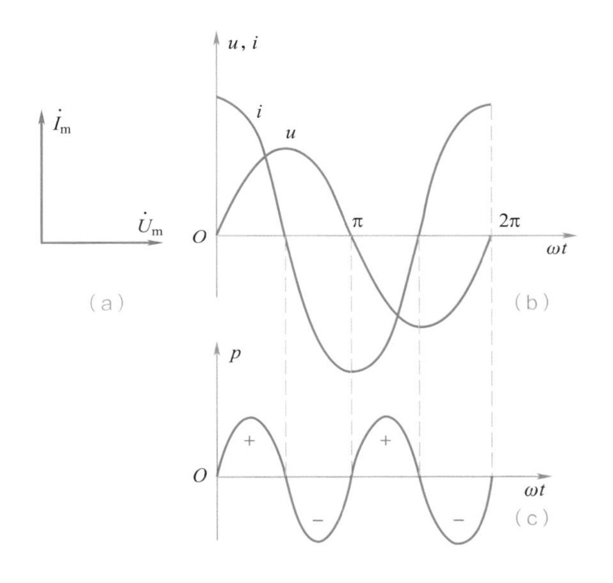

图5.14
纯电容电路中电压、电流、功率的曲线圈及电压、电流矢量图

由式$I=\dfrac{U}{X_C}$可知，在纯电容电路中，当电容两端的电压一定时，通过电容器的电流与电容器的容抗成反比。可见，容抗是用来表示电容器对交流电阻碍作用大小的物理量。容抗的大小与电容器的电容量成反比，与交变电流的频率成反比。当电容器的容量一定时，电流的频率愈高，电压变化率就愈大，电容器充、放电进行得愈快，在单位时间内移动的电荷量也愈多，即电流愈大，也就是电容对高频电流的容抗愈小，也即是高频电流越容易通过电容；而电流的频率愈低，容抗就愈大，阻碍电流的作用就愈大。若$f=0$，即为直流电时，容抗$X_C=\infty$，因而直流电无法通过，这就是电容器的一个重要特性——隔直通交。

由式$i=C\omega U_m\cos\omega t=I_m\sin\left(\omega t+\dfrac{\pi}{2}\right)$可知，电流比电压超前π/2，那么，为什么会出现π/2的相位差呢？因为电容器的充、放电电流是与电压的变化率成正比的。在第一个1/4周期内，正方向的电压由零逐渐升高到最大值，其变化率（$\dfrac{du}{dt}>0$）为正，电容器这时被充电，充电电流与电压的变化率成正比，充电电流的方向与电压同方向，为正，并由最大值逐渐降

笔 记

低到零。在第二个1/4周期内，正方向的电压由最大值逐渐降到零，其变化率（$\frac{\mathrm{d}u}{\mathrm{d}t}<0$）为负，而变化率在数值上由零增加到最大，电容器由于电压的降低而放电，放电电流与电压的变化率成正比，因此，放电电流的方向为负，与电压方向相反，并由零逐渐增加到负最大值，在第三个1/4周期内，电容器反向充电，第四个1/4周期内，电容器反向放电。总之，电容器的充、放电电流与电容器两端电压的变化率成正比是形成电流超前于电压π/2的根本原因。

2. 电路的功率

（1）瞬时功率

电路的瞬时功率为电压瞬时值与电流瞬时值的乘积。即

$$\begin{aligned}p&=ui=U_\mathrm{m}\sin\omega t\cdot I_\mathrm{m}\sin\left(\omega t+\frac{\pi}{2}\right)\\&=U_\mathrm{m}I_\mathrm{m}\sin\omega t\cos\omega t=UI\sin 2\omega t\end{aligned} \tag{5.23}$$

上式表明，纯电容电路的瞬时功率也是时间的正弦函数，它的频率是电流频率的两倍，瞬时功率曲线如图5.14（c）所示。

由于瞬时功率为正弦函数，所以在一周内的平均值为零，即$P=0$，它说明电容在交流电路中不消耗能量。

（2）无功功率

从图5.14（c）可以看出，在电压的第一个和第三个1/4周期内，即电容器处在正向和反向充电过程中，电流的方向与电压的方向相同，电容器从电源吸取电能，转变为电容器的电场能，电容器充电过程的瞬时功率为正值；在第二和第四个1/4周期中，电容器处于放电过程中，电流的方向与电压的方向相反，电路的瞬时功率为负，电容器储存的电场能又转变为电能送还电源。这说明在纯电容电路中，只有能量的交换，而无能量的消耗，即电容器为储能元件，而非耗能元件。

为了衡量电容器和电源之间进行能量交换的快慢，称瞬时功率的最大值为无功功率，用符号Q_C表示。

$$Q_\mathrm{C}=UI=I^2X_\mathrm{C}=\frac{U^2}{X_\mathrm{C}} \tag{5.24}$$

无功功率的单位为乏尔（var），简称乏。

【例5.13】已知电容器的电容$C=4\mu\mathrm{F}$，试分别计算在电流频率为50Hz和50kHz时的容抗。

解：当$f_1=50\mathrm{Hz}$时

$$X_\mathrm{C1}=\frac{1}{2\pi f_1C}=\frac{1}{2\times3.14\times50\times4\times10^{-6}}\Omega=159\Omega$$

当$f_2=50\mathrm{kHz}$时

$$X_\mathrm{C2}=\frac{1}{2\pi f_2C}=\frac{1}{2\times3.14\times50\times10^3\times4\times10^{-6}}\Omega=0.159\Omega$$

【例5.14】已知电容器的容量C=39.8μF，接在$u=311\sin\left(100\pi t+\frac{\pi}{4}\right)$V的交流电源上，求：（1）容抗；（2）电流的瞬时值方程式；（3）无功功率。

解：（1）

$$X_C=\frac{1}{2\pi fC}=\frac{1}{2\times3.14\times50\times39.8\times10^{-6}}\Omega=80\Omega$$

（2）

$$I_m=\frac{U_m}{X_C}=\frac{311}{80}\text{A}=3.89\text{A}$$

因为

$$\psi_i-\psi_u=\frac{\pi}{2},\ \ \psi_u=\frac{\pi}{4}$$

所以

$$\psi_i=\psi_u+\frac{\pi}{2}=\frac{3}{4}\pi$$

则

$$i=3.89\sin\left(100\pi t+\frac{3}{4}\pi\right)\text{A}$$

（3）

$$Q_C=UI=\frac{U_mI_m}{2}=\frac{311\times3.89}{2}\text{var}=604.9\text{var}$$

【技能训练】

R、L、C元器件阻抗特性的测定

一、实验目的

① 验证电阻、感抗、容抗与频率的关系，测定R~f，X_L~f与X_C~f特性曲线；

② 加深理解R、L、C元件端电压与电流间的相位关系。

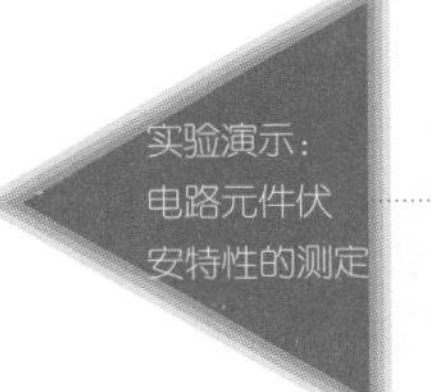

二、实验设备（见表 5.1）

表5.1　实验设备

序号	名称	型号与规格	数量
1	函数信号发生器		1
2	双踪示波器		1
3	交流毫伏表		1
4	实验电路元件	R=1kΩ、L=10mH、C=1μF，r=200Ω	1
5	频率计		1

笔 记

三、实验内容

① 测量R、L、C元件的阻抗频率特性。电路接线如图5.15所示，用交流毫伏表测量U使它的电压有效值为U=3V，并保持不变。

将信号源的输出频率从200Hz逐渐增至5kHz（用频率计测量），并使开关S分别接通R、L、C三个元件，用交流毫伏表测量u_r，并计算各频率点时，I_R、I_L、I_C（即u_r/r）以及$R=U/I_R$、$X_L=U/I_L$，$X_C=U/I_C$之值。

注意：在接通C测试时，信号源的频率应控制在200~2500Hz之间。

② 用双踪示波器观察在不同频率下各元器件阻抗角的变化情况。

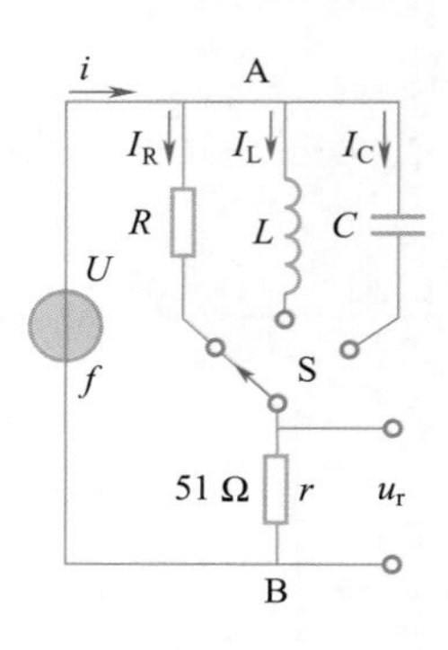

图5.15
实验电路

四、注意事项

交流毫伏表属于高阻抗电表，测量前必须先调零。

五、实验报告

① 根据实验数据，在方格纸上绘制R、L、C三个元件的阻抗频率特性曲线，从中可得出什么结论？

② 根据实验数据，在方格纸上绘制RL串联、RC串联电路的阻抗角频率特性线，并总结、归纳出结论。

任务 4　串、并联电路分析

笔 记

任务导入

实际上，仅仅含有一个元件的交流电路并不多见，而真正的纯电阻、纯电感、纯电容电路也是不存在的，它们是一种理想的电路。常见的交流电路往往同时具有几个元件，并按一定的方式连接起来。然而任何一个实际的电路都可以利用这些理想电路的串、并联的组合来代替。本任务将分别对串、并联电路进行讨论。分析它们的电路特点是分析复杂交流电路的基础。

任务目标

掌握串、并联交流电路分析和计算方法，认识相量形式的欧姆定律。

一、*RLC* 串联电路

图 5.16 所示为一电阻、电感、电容的串联电路，电压和电流的参考方向如图所示。

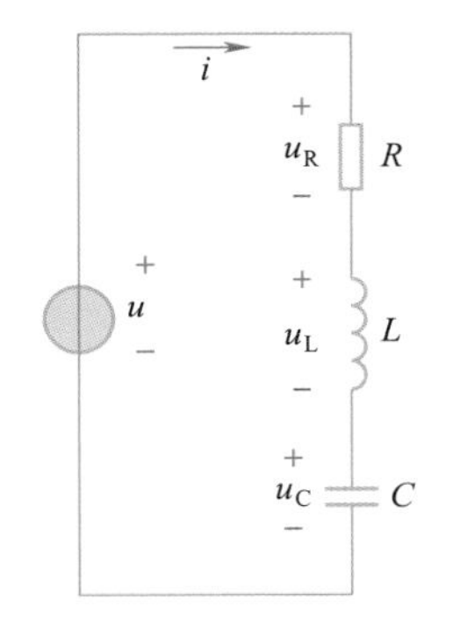

图 5.16
R、*L*、*C* 串联电路

设流经电路中的电流为

$$i=I_m\sin\omega t$$

则

$$u_R=iR=RI_m\sin\omega t$$

$$u_L=L\frac{di}{dt}=\omega LI_m\sin\left(\omega t+\frac{\pi}{2}\right)$$

$$u_C=\frac{1}{C}\int i dt=-\frac{I_m}{\omega C}\sin\left(\omega t+\frac{\pi}{2}\right)$$

根据基尔霍夫电压定律

$$u=u_R+u_L+u_C$$

笔 记

$$=I_{m}R\sin\omega t+I_{m}\omega L\sin\left(\omega t+\frac{\pi}{2}\right)-\frac{I_{m}}{\omega C}\sin\left(\omega t+\frac{\pi}{2}\right)$$

经运算化简得

$$u=U_{m}\sin(\omega t+\psi)$$

上式说明，如果流经电路中的电流是正弦交流电流，则电路两端所加的总电压也是按正弦规律变化的同频率的交流电压；反之，当将R、L、C串联电路接在按正弦规律变化的交流电压上时，则电路中流过的也必将是一按正弦规律变化的同频率的交流电流。

用相量法分析：

设 $$\dot{I}=I\angle 0°$$

$$\dot{U}_{R}=\dot{I}R$$

则 $$\dot{U}_{L}=\dot{I}(jX_{L})$$

$$\dot{U}_{C}=\dot{I}(-jX_{C})$$

又KVL，有 $$\dot{U}=\dot{U}_{R}+\dot{U}_{L}+\dot{U}_{C}$$

所以 $$\dot{U}=\dot{I}R+\dot{I}(jX_{L})+\dot{I}(-jX_{C})$$

$$=\dot{I}[R+j(X_{L}-X_{C})]=\dot{I}Z\text{（称为相量形式的欧姆定律）} \quad (5.25)$$

式中，$Z=R+j(X_{L}-X_{C})$称为复阻抗。

（1）总电压与各部分电压之间的关系

由于在串联电路中，流经电阻R、电感L、电容C的电流是相同的，再根据前面分析过的纯电阻、纯电感、纯电容电路中电压和电流之间的相位关系，以电流$\dot{I}$为参考矢量，可画出如图5.17所示的R、L、C串联电路的矢量图。

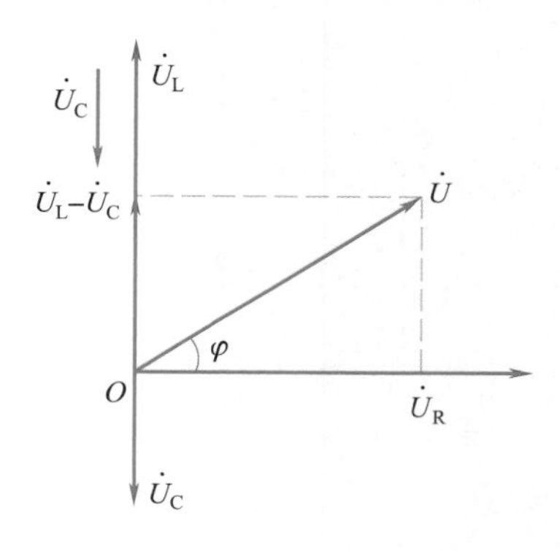

图5.17
R、L、C串联电路的矢量图

由图可知

总电压与各部分电压有效值间的关系为

$$U=\sqrt{U_{R}^{2}+\left(U_{L}-U_{C}\right)^{2}} \quad (5.26)$$

上式表明总电压包括两个部分，一部分是与电流同相位的电阻上的电压U_{R}，称为有功电压，在电路中将消耗电能。另一部分是与电流在相位上相差$\pi/2$的电压$(U_{L}-U_{C})$，称为无功电压，在电路中以电场能、磁场能的形式互相转换，并不消耗电能。

在图5.17中，由总电压U、有功电压U_{R}、无功电压$(U_{L}-U_{C})$所构成的直角三角形，称为电压三角形。由电压三角形可得总电压与电流之间的相位差为

$$\varphi=\arctan\frac{U_L-U_C}{U_R} \tag{5.27}$$

笔 记

（2）电压与电流的关系

因为 $$U_R=IR$$

$$U_L-U_C=IX_L-IX_C$$

所以
$$U=\sqrt{U_R^2+(U_L-U_C)^2}$$

$$=\sqrt{(IR)^2+(IX_L-IX_C)^2}$$

$$=I\sqrt{R^2+(X_L-X_C)^2} \tag{5.28}$$

上式为总电压与电流的有效值之间的关系。

（3）总阻抗与电阻、电抗的关系

令 $$Z=\sqrt{R^2+(X_L-X_C)^2}$$

则 $$U=IZ$$

式中，Z称为交流电路的总阻抗。

再令$X=X_L-X_C$，称为电抗，则

$$Z=\sqrt{R^2+X^2} \tag{5.29}$$

上式表明了R、L、C串联电路对交流电所呈现出的总阻抗与电阻、电抗间的关系。

图5.17所示的电压三角形的各边同除以电流I，则电压三角形就成为图5.18所示的阻抗三角形。

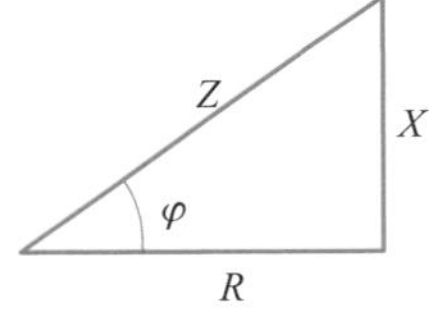

图 5.18
阻抗三角形

由阻抗三角形可得总电压与电流之间的相位差为

$$\varphi=\arctan\frac{X_L-X_C}{R}$$

讨论：

① 当$X_L>X_C$时，$X>0$，$\varphi>0$，说明总电压超前于电流，电路呈感性，如图5.19（a）所示；

② 当$X_L<X_C$时，$X<0$，$\varphi<0$，说明总电压滞后于电流，电路呈容性，如图5.19（b）所示；

③ 当$X_L=X_C$时，$X=0$，$\varphi=0$，说明总电压与电流同相位，电路呈纯电阻性，如图5.19（c）所示。

（4）RLC串联电路的功率

① 有功功率（平均功率）：电路中的有功功率就是电阻上消耗的功率。

$$P=I^2R=U_RI=UI\cos\varphi \tag{5.30}$$

式中，$\cos\varphi$是电路的总电压与电流之间的相位差的余弦，称电路的功率因数。功率因数的

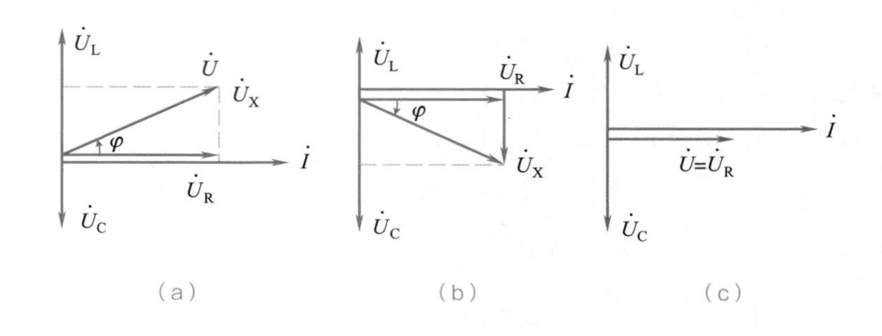

图 5.19
RLC 串联电路的三种情况

大小对电路状况有很大影响。从阻抗三角形和电压三角形都可求得

$$\cos\varphi=\frac{R}{Z}=\frac{U_R}{U} \tag{5.31}$$

一般，$0\leqslant\cos\varphi\leqslant1$。

② 无功功率为

$$Q=I^2X=(U_L-U_C)I \tag{5.32}$$

③ 视在功率。电路的视在功率等于电路总电压的有效值与电路电流有效值的乘积，用S表示。即

$$S=UI=\sqrt{P^2+Q^2} \tag{5.33}$$

视在功率的单位为伏安（V·A）或千伏安（kV·A）。

电压三角形的各边同乘以电流的有效值I就可得由视在功率S、有功功率P、无功功率Q构成的功率三角形，如图5.20所示。

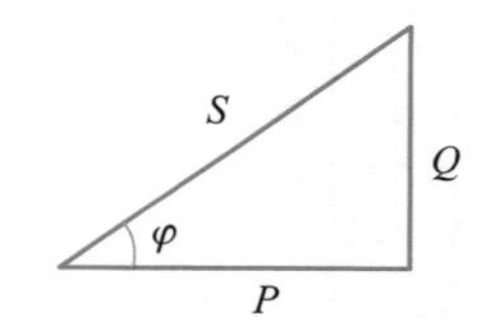

图 5.20
功率三角形

由功率三角形可得

$$P=S\cdot\cos\varphi$$

$$Q=S\cdot\sin\varphi$$

$$S=\sqrt{P^2+Q^2}$$

【例5.15】把一个电阻R=6Ω，电感L=25.5mH的线圈接到f=50Hz、电压U=220V的交流电源上，试求电路中的电流I、负载的有功功率P、无功功率Q、视在功率S以及功率因数。

解：负载的感抗为

$$X_L=2\pi fL=2\times3.14\times50\times25.5\times10^{-3}\Omega=8\Omega$$

阻抗为 $$Z=\sqrt{R^2+X_L^2}=\sqrt{6^2+8^2}\,\Omega=10\Omega$$

电路中的电流为 $$I=\frac{U}{Z}=\frac{220}{10}\text{A}=22\text{A}$$

负载的功率因数为　$\cos\varphi=\frac{R}{Z}=\frac{6}{10}=0.6$

负载的有功功率、无功功率、视在功率分别为

$$P=UI\cos\varphi=220\times22\times0.6\text{W}=2\ 904\text{W}$$

$$Q=UI\sin\varphi=220\times22\times0.8\text{var}=3\ 872\text{var}$$

$$S=UI=220\text{V}\times22\text{A}=4840\text{V}\cdot\text{A}$$

【例5.16】将R=10Ω、L=0.1H的线圈与C=398μF的电容器串联后接至U=220 V、f=50Hz的交流电源上，求:（1）电路中的电流I及其与电源电压的相位差;（2）线圈上的电压U_1;（3）电容器上的电压U_C。

解：线圈的感抗为　$X_L=2\pi fL=2\times3.14\times50\times0.1\Omega=31.4\Omega$

电容的容抗为

$$X_C=\frac{1}{2\pi fC}=\frac{1}{2\times3.14\times50\times398\times10^{-6}}\Omega=8\Omega$$

电路的总阻抗为　$Z=\sqrt{R^2+(X_L-X_C)^2}=\sqrt{10^2+(31.4-8)^2}\ \Omega=25.4\Omega$

线圈的阻抗为　$Z_1=\sqrt{R^2+X_L^2}=\sqrt{10^2+31.4^2}\ \Omega\approx33\Omega$

（1）电路中的电流为

$$I=\frac{U}{Z}=\frac{220}{25.4}\text{A}=8.66\text{A}$$

电流与电源电压的相位差为

$$\varphi=\arctan\frac{X_L-X_C}{R}=\arctan\frac{31.4-8}{10}=66.86°$$

（2）线圈上的电压为　$U_1=IZ_1=8.66\times33\text{V}=285.78\text{V}$

（3）电容器上的电压为$U_C=IX_C=8.66\times8\text{V}=69.28\text{V}$

二、*RLC*并联电路

图5.21为一电阻、电感、电容的并联电路。在正弦交流电压的作用下，根据前面的讨论可知，流过R、L、C各支路的电流必是同频率的正弦交流电流。电压及电流的方向如图所示，根据基尔霍夫电流定律可知:

$$i=i_R+i_L+i_C$$

1. 总电流与各支路电流的关系

根据纯电阻、纯电感、纯电容电路中电压和电流之间的相位关系，可画出并联电路的电压、电流矢量图，如图5.22所示，则

$$\dot{I}=\dot{I}_R+\dot{I}_L+\dot{I}_C$$

根据矢量图可得

$$I=\sqrt{I_R^2+(I_C-I_L)^2} \qquad (5.34)$$

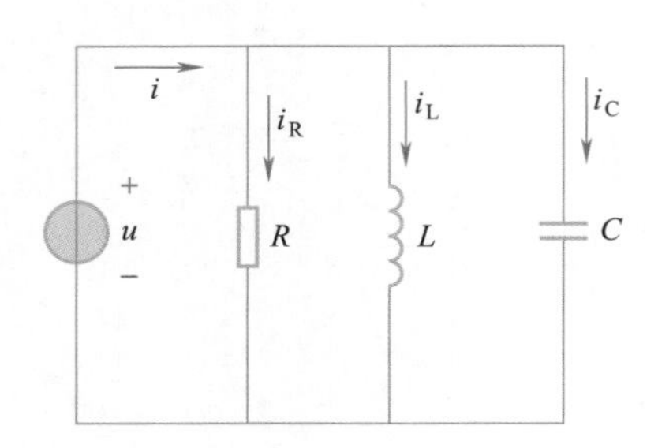

图 5.21
R、L、C 并联电路

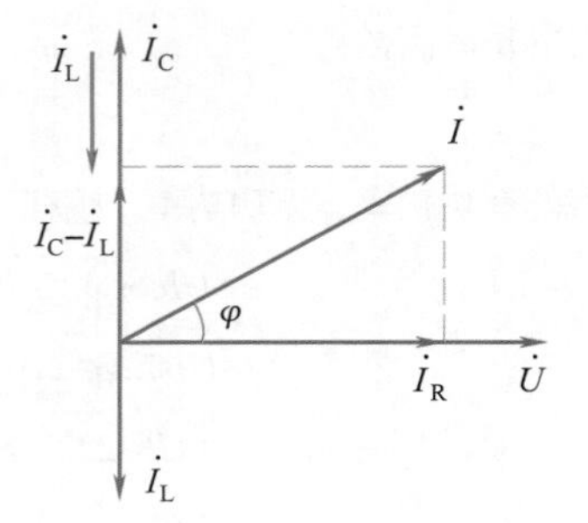

图 5.22
R、L、C 并联电路矢量图

笔 记

上式表明总电流包括两部分，一部分是与电压同相位的通过电阻的电流I_R，称为有功电流；另一部分是与电压在相位上相差π/2的电流(I_C-I_L)，称为无功电流。

在图5.22中总电流I、有功电流I_R、无功电流(I_C-I_L)所构成的直角三角形为电流三角形。由电流三角形可得电压与总电流的相位差为

$$\varphi=\arctan\frac{I_C-I_L}{I_R} \tag{5.35}$$

2. 电压与总电流的关系

$$I_R=\frac{U}{R},\ I_C=\frac{U}{X_C},\ I_L=\frac{U}{X_L}$$

代入式$I=\sqrt{I_R^2+(I_C-I_L)^2}$中可得

$$I=\sqrt{I_R^2+(I_C-I_L)^2}=\sqrt{\left(\frac{U}{R}\right)^2+\left(\frac{U}{X_C}-\frac{U}{X_L}\right)^2}$$
$$=U\sqrt{\left(\frac{1}{R}\right)^2+\left(\frac{1}{X_C}-\frac{1}{X_L}\right)^2} \tag{5.36}$$

式（5.36）为总电流与电压的有效值之间的关系式。

3. 交流电的导纳

电阻的倒数，称为电导，用G表示：

$$G=\frac{1}{R} \tag{5.37}$$

容抗的倒数，称为容纳，用B_C表示：

$$B_C=\frac{1}{X_C} \tag{5.38}$$

感抗的倒数，称为感纳，用B_L表示：

$$B_L=\frac{1}{X_L} \tag{5.39}$$

容纳和感纳之差称为电纳，用B表示：

$$B=B_C-B_L=\frac{1}{X_C}-\frac{1}{X_L} \tag{5.40}$$

根据以上关系，可将上式写成：

$$I=U\sqrt{G^2+(B_C-B_L)^2}=U\sqrt{G^2+B^2}$$

笔 记

将上式两边同除以电压的有效值得

$$\frac{I}{U}=\sqrt{G^2+B^2} \tag{5.41}$$

电路中的总电流被电压除，应为R、L、C并联电路对交流电所呈现出来的阻抗的倒数，用Y表示，称为并联交流电路的导纳。导纳、电导、电纳的单位都是西门子（S）。则

$$Y=\sqrt{G^2+\left(B_C-B_L\right)^2} \tag{5.42}$$

图5.22中的电流三角形的各边同除以电压U，则电流三角形就成为如图5.23所示的导纳三角形。

由导纳三角形可得电压与总电流之间的相位差为

$$\varphi=\arctan\frac{B_C-B_L}{G} \tag{5.43}$$

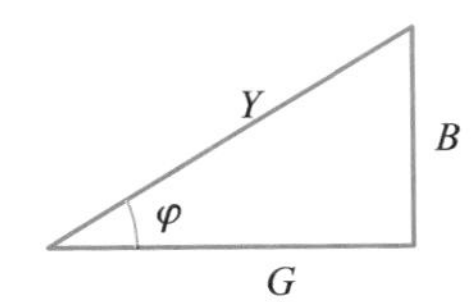

图5.23
导纳三角形

讨论：

① 当$B_C-B_L>0$时，$B>0$，$\varphi>0$，则总电流超前电压φ角，称电路呈容性，如图5.24（a）；

② 当$B_C-B_L<0$时，$B<0$，$\varphi<0$，则总电流滞后电压φ角，称电路呈感性，如图5.24（b）；

③ 当$B_L-B_C=0$时，$B=0$，$\varphi=0$，则总电流与电压同相位，称电路呈纯电阻性，如图5.24（c）。

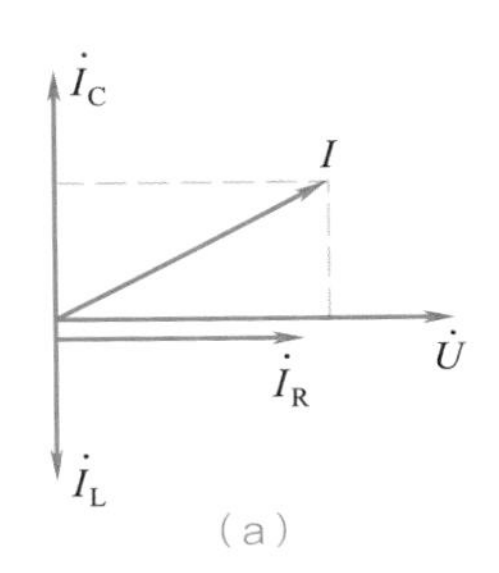

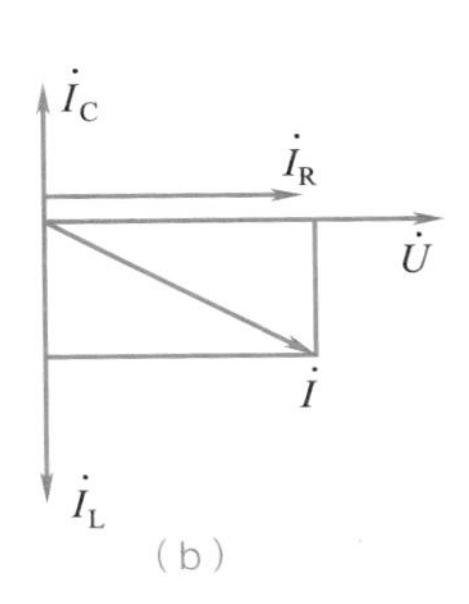

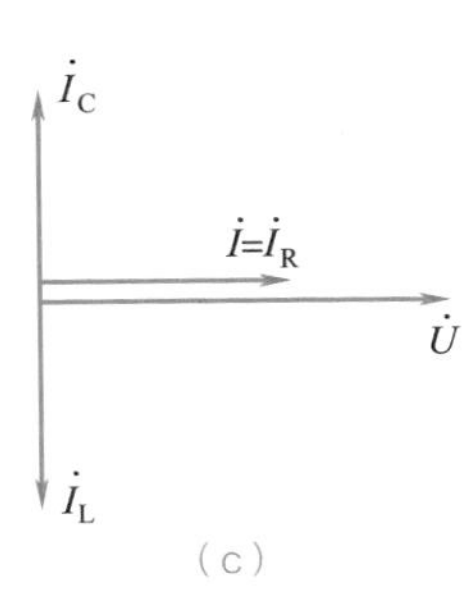

图5.24
RLC并联电路的三种情况

4. 电路的功率

电路的平均功率即有功功率就是消耗在电阻上的功率，其值为流过电阻的电流有效值I_R与电压有效值U的乘积。

$$P=I_RU=I_R^2R=UI\cos\varphi \tag{5.44}$$

式中，$\cos\varphi$为电路电压与电路总电流之间的相位角的余弦，也即功率因数。

由导纳三角形和电流三角形可得

$$\cos\varphi=\frac{G}{Y}=\frac{I_R}{I} \tag{5.45}$$

【例5.17】电感L=100mH的纯电感线圈与C=58μF的电容器相并联，接在U=220V，f=50Hz的电源上，试求通过线圈和电容器的电流I_L、I_C及电路的总电流I。

解：线圈的感抗$X_L=2\pi fL=2\times3.14\times50\times100\times10^{-3}\Omega=31.4\Omega$

电容器的容抗

$$X_C=\frac{1}{2\pi fC}=\frac{1}{2\times3.14\times50\times58\times10^{-6}}\Omega=54.9\Omega$$

通过电感线圈的电流为

$$I_L=\frac{U}{X_L}=\frac{220}{31.4}\text{A}=7\text{A}$$

通过电容器的电流为

$$I_C=\frac{U}{X_C}=\frac{220}{54.9}\text{A}=4\text{A}$$

电路中的总电流为 $I=\sqrt{I_R^2+\left(I_C-I_L\right)^2}=\sqrt{\left(4-7\right)^2}\text{A}=3\text{A}$

【例5.18】一电阻、电容、电感并联电路，已知R=125Ω，L=0.8H，C=31.8μF，电源电压为220V，电源的频率为50Hz。求：（1）电路的导纳；（2）各支路电流；（3）电路的总电流；（4）电路的平均功率。

解：（1）电导为

$$G=\frac{1}{R}=\frac{1}{125}\text{S}=0.008\text{S}$$

感纳为

$$B_L=\frac{1}{2\pi fL}=\frac{1}{2\times3.14\times50\times0.8}\text{S}=0.004\text{S}$$

容纳为 $B_C=2\pi fC=2\times3.14\times50\times31.8\times10^{-6}\text{S}=0.009\text{S}$

电路的导纳为$Y=\sqrt{G^2+\left(B_C-B_L\right)^2}=\sqrt{0.008^2+\left(0.009-0.004\right)^2}\ \text{S}$

$=0.009\ 4\ \text{S}$

（2）电阻支路的电流为 $I_R=UG=220\times0.008\text{A}=1.76\text{A}$

电感支路的电流为 $I_L=UB_L=220\times0.004\text{A}=0.88\text{A}$

电容支路的电流为 $I_C=UB_C=220\times0.009\text{A}=1.98\text{A}$

（3）电路总电流为 $I=UY=220\times0.009\ 4\text{A}=2.07\text{A}$

（4）电路的平均功率为 $P=I_RU=1.76\times220\text{W}=387.2\text{W}$

任务5 谐振电路

任务导入

谐振是电路中特有的一种现象，在电子技术中有着广泛的应用，而在电力系统中却要避免谐振发生。因此，只有搞清谐振发生的条件以及谐振的特征，才能趋利避害。本任务讨论基本的RLC串联和并联谐振电路及谐振时的特性。

任务目标　掌握 *RLC* 串联和并联电路的谐振条件和谐振特征，了解谐振电路的应用。

笔 记

一、*RLC* 串联谐振电路

1. 谐振的概念

在含有电阻、电感和电容的二端网络中，取端口电压与电流参考方向一致时，若端口电压与电流同相，则这种现象称为谐振。谐振时电路中感抗作用与容抗作用相互抵消，电路呈纯电阻性。

如图5.25所示的*RLC*串联电路中，有

$$Z=R+\mathrm{j}(X_L-X_C)=R+\mathrm{j}X=|Z|\angle\varphi$$

当$X=X_L-X_C=0$时，电路相当于“纯电阻”电路，其总电压U和总电流I同相。电路出现的这种现象称为“谐振”。

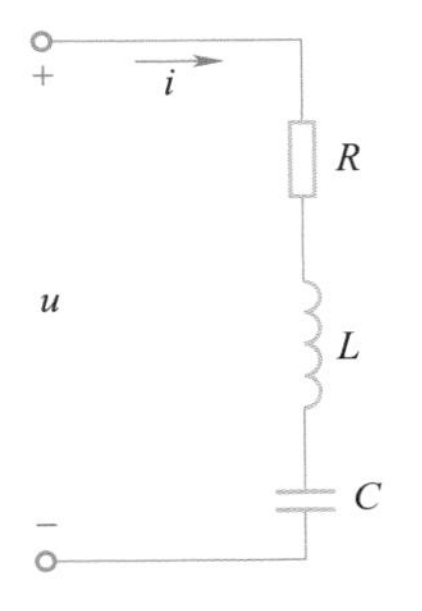

图 5.25
串联谐振电路

2. 谐振的条件

$$X_L-X_C=0 \text{ 或 } X_L=X_C$$

即

$$\omega L=\frac{1}{\omega C}$$

① 当L、C固定时，可以改变电源频率达到谐振

$$\begin{cases}\omega_0=\dfrac{1}{\sqrt{LC}}\\ f_0=\dfrac{1}{2\pi\sqrt{LC}}\end{cases} \tag{5.46}$$

谐振频率f_0只由电路中的电感L与电容C决定，是电路中的固有参数，所以通常将谐振频率f_0叫做固有频率。

② 当电源的频率ω一定时，可改变电容C和电感L使电路谐振。

$$\begin{cases}C=\dfrac{1}{\omega^2 L}\\ L=\dfrac{1}{\omega^2 C}\end{cases} \tag{5.47}$$

这个过程称之为调谐。例如无线电收音机的接收回路就是用改变电容C的办法，使之对某一电台发射的频率信号发生谐振，从而达到选择此电台的目的的；而电视机通常是通过调整电感L来达到选台的目的的。

【例5.19】某收音机的输入回路（调谐回路），可简化为一R、L、C组成的串联电路，已知电感L=250μH，R=20Ω，今欲收到频率范围为525~1 610kHz的中波段信号，试求电容C的变化范围。

解：因为

$$C=\frac{1}{\omega^2 L}=\frac{1}{(2\pi f)^2 L}$$

当f=525kHz时，电路谐振，则

$$C_1=\frac{1}{(2\pi\times525\times10^3)^2\times250\times10^6}\text{F}=368\text{pF}$$

当f=1 610 kHz时，电路谐振，则

$$C_1=\frac{1}{(2\pi\times1\,610\times10^3)^2\times250\times10^6}\text{F}=39.1\text{pF}$$

所以电容C的变化范围为39.1~368pF。

笔 记

3. 串联谐振的基本特征

① 谐振时，阻抗最小，且为纯阻性。

因为谐振时，X=0，所以Z=R，$|Z|$=R。

② 谐振时，电路中的电流最大，且与外加电源电压同相。

③ 谐振时，电路的电抗为零。感抗X_L和容抗X_C相等，其值称为电路的特性阻抗ρ。

由于谐振时

$$\omega_0=\frac{1}{\sqrt{LC}}$$

所以

$$X_{L0}=\omega_0 L=\frac{1}{\sqrt{LC}}L=\sqrt{\frac{L}{C}}=\rho$$
$$X_{C0}=\frac{1}{\omega_0 C}=\frac{1}{\frac{1}{\sqrt{LC}}C}=\sqrt{\frac{L}{C}}=\rho \tag{5.48}$$
$$\rho=\omega_0 L=\frac{1}{\omega_0 C}=\sqrt{\frac{L}{C}}$$

④ 谐振时，电感和电容上的电压大小相等，相位相反，且其大小为电源电压U_S的Q倍。Q称为电路的品质因数。

$$Q=\frac{U_{L0}}{U_S}=\frac{I\cdot\omega_0 L}{I\cdot R}=\frac{\omega_0 L}{R}=\frac{\rho}{R} \tag{5.49}$$
$$U_{L0}=U_{C0}=QU_S$$

⑤ 谐振时，电源仅供给电阻消耗的能量，电源与电路不发生能量交换；而电感与电容之间则以恒定的总能量进行着磁能与电能的转换。

【例5.20】已知R、L、C串联电路中，R=20Ω，L=300μH，信号源频率调到800kHz时，回路中的电流达到最大，最大值为0.15mA，试求信号源电压U_S、电容C、回路的特性阻抗ρ、品质因数Q及电感上的电压U_{L0}。

解：根据谐振电路的基本特征，当回路的电流达到最大时，电路处于谐振状态。由于谐振时

$$C=\frac{1}{\omega^2 L}=\frac{1}{(2\pi f)^2 L}$$

$$=\frac{1}{\left(2\pi\times 800\times 10^3\right)^2\times 300\times 10^{-6}}\text{F}=132\text{pF}$$

$$U_S=U_R=I_0 R=0.15\times 20\text{mV}=3\text{mV}$$

$$\rho=\sqrt{\frac{L}{C}}=\sqrt{\frac{300\times 10^{-6}}{132\times 10^{-12}}}\Omega=1\,508\Omega$$

$$Q=\frac{\rho}{R}=\frac{1\,508}{20}=75$$

则电感上的电压为

$$U_{L0}=QU_S=75\times 3\text{mV}=225\text{mV}$$

4. 串联谐振电路的选频特性

动画：串联谐振电路的选频特性

由于

$$Z=R+\text{j}\left(\omega L-\frac{1}{\omega C}\right), \dot{I}=\frac{\dot{U}}{Z}$$

$$|Z|=\sqrt{R^2+\left(\omega L-\frac{1}{\omega C}\right)^2}, I=\frac{U}{|Z|}$$

$$I=\frac{U}{\sqrt{R^2+(X_L-X_C)^2}} \tag{5.50}$$

笔 记

可见，电流I随频率变化而变化。它随频率变化的曲线，我们称为串联谐振电路电流的谐振曲线，如图5.26所示。

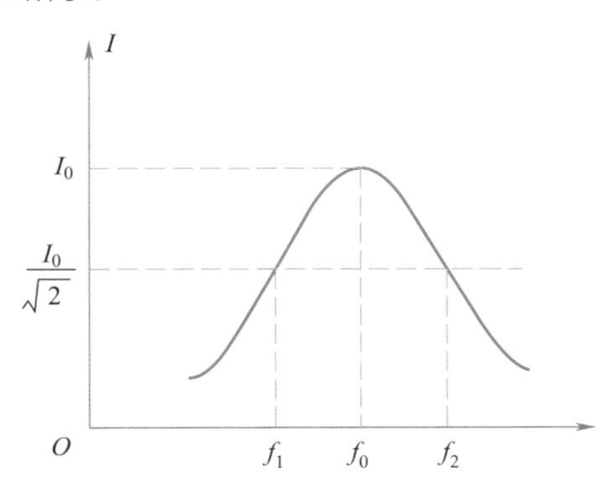

图 5.26
串联谐振电路的电流谐振曲线

为了说明选频特性的好坏，通常引入通频带的概念，规定在电流I值等于最大值I_0的70.7%即（$I_0/\sqrt{2}$）处所对应频率的f_2与f_1之间的宽度称为通频带，即

$$BW=f_2-f_1 \tag{5.51}$$

式中，f_2、f_1分别称为上、下截止频率。

串联谐振的应用举例：收音机的输入电路是由实际线圈L和可变电容C串联组成的，当各电台不同频率的电磁信号经过天线时，都会在天线回路中感应出不同频率的电动势。电路中的电流是各个不同频率电动势所产生的电流的叠加，如果将电容C调到某一值，使其与某

笔 记

电台频率发生谐振，则电路对该台信号源的阻抗最小，该频率信号电流最大。由于天线回路和电感之间有感应作用，在电感的两端就会得到最高的输出电压，再经解调、放大，就能收听到该电台的节目。 对于其他电台的信号，电路对它们不发生谐振，因而阻抗大，电流很小。因此，通过调节电容C的数值，电路就会对不同电台的频率发生谐振，从而达到选台的目的。

二、*RLC* 并联谐振电路

1. 并联谐振的条件

串联谐振电路通常适用于电源低阻的情况。若电源内阻太大，则会严重降低电路的品质因数，从而使选择性变坏，故内阻较大的电源宜采用并联谐振电路做负载。在工程上广泛应用电感线圈和电容器组成并联谐振电路，其中电感线圈可用电感与其内阻相串联表示，而电容器的损耗较小，可略去不计。

如图5.27所示，在感性负载与电容并联的电路中，关联方向下，如果电路的总电流与端电压同相，则这时发生并联谐振。

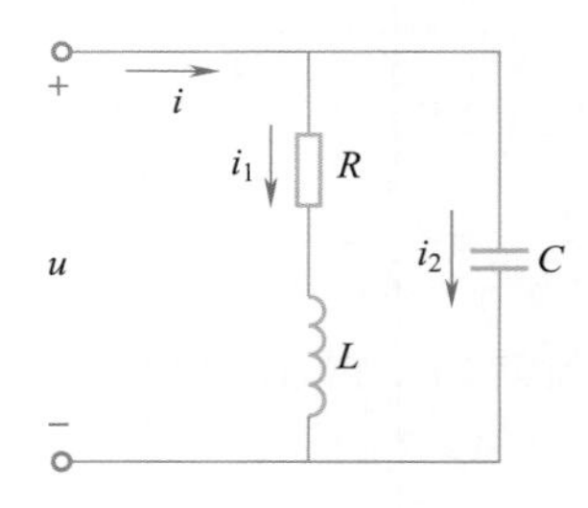

图 5.27
并联谐振电路

支路1和2的导纳分别为

$$Y_1=\frac{1}{R+\mathrm{j}\omega L}=\frac{R-\mathrm{j}\omega L}{R^2+(\omega L)^2}$$

$$=\frac{R}{R^2+(\omega L)^2}-\frac{\mathrm{j}\omega L}{R^2+(\omega L)^2}$$

$$Y_2=\frac{1}{-\mathrm{j}X_C}=\mathrm{j}\omega C$$

$$Y=Y_1+Y_2=\frac{R}{R^2+(\omega L)^2}+\mathrm{j}\left[\omega C-\frac{\omega L}{R^2+(\omega L)^2}\right]$$

令

$$\omega C=\frac{\omega L}{R^2+(\omega L)^2} \tag{5.52}$$

解得

$$\omega_0=\frac{1}{\sqrt{LC}}\sqrt{1-\frac{CR^2}{L}}=\frac{1}{\sqrt{LC}}\sqrt{1-\frac{R^2}{\rho^2}}=\frac{1}{\sqrt{LC}}\sqrt{1-\frac{1}{Q^2}}$$

可简化为

$$\omega_0\approx\frac{1}{\sqrt{LC}}$$

$$f_0 \approx \frac{1}{2\pi\sqrt{LC}} \tag{5.53}$$

笔记

2. 并联谐振的特征

① 谐振时，导纳为最小值，阻抗为最大值，且为纯阻性。

$$\begin{aligned} Y &= \frac{R}{R^2+(\omega L)^2} \\ Z &= \frac{R^2+(\omega_0 L)^2}{R} \approx \frac{(\omega_0 L)^2}{R} = Q\omega_0 L = Q\rho = \frac{\rho^2}{R} \end{aligned} \tag{5.54}$$

通常R很小，相比之下Z很大。理想状态下，R=0，则回路阻抗为无穷大。这点与串联谐振不同。

② 谐振时，总电流最小，且与端电压同相。

③ 谐振时，电感支路与电容支路的电流大小近似相等，为总电流的Q倍。

$$\begin{aligned} &\dot{U} = \dot{I}Z_0 \approx \dot{I}Q\omega_0 L \approx \dot{I}Q\frac{1}{\omega_0 C} \\ &\dot{I}_{L0} = \frac{\dot{U}}{R+\mathrm{j}\omega_0 L} \approx \frac{\dot{U}}{\mathrm{j}\omega_0 L} = -\mathrm{j}Q\dot{I} \\ &\dot{I}_{C0} = \frac{\dot{U}}{-\mathrm{j}\omega_0 L} = \mathrm{j}\omega_0 C\dot{U} = \mathrm{j}Q\dot{I} \\ &I_{L0} = I_{C0} = QI \end{aligned} \tag{5.55}$$

Q值一般可达几十到几百，Q值越大，谐振时两支路电流比总电流越大，因此并联谐振又称为电流谐振。并联谐振也可进行选频。如电子线路中的LC正弦振荡器就是利用并联谐振电路选频特性，使其只对某一频率的信号满足振荡条件。同样，选频特性的好坏，也由Q值决定。

④ 谐振时在并联的电容与电感之间发生着电磁能量的转换，而电源与振荡电路之间并不发生能量转换，只是补充电路中电阻在振荡时的损耗。

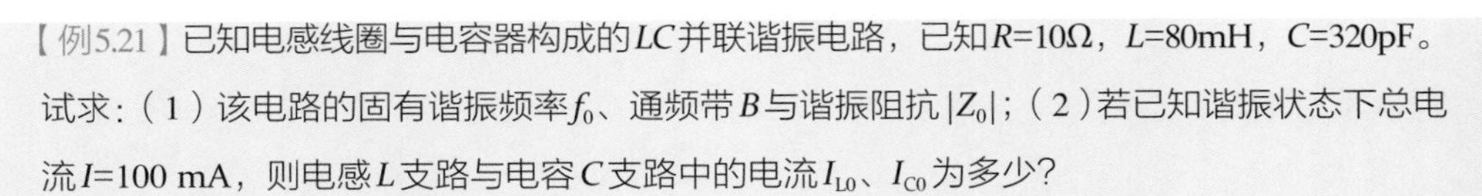

【例5.21】已知电感线圈与电容器构成的LC并联谐振电路，已知R=10Ω，L=80mH，C=320pF。试求：（1）该电路的固有谐振频率f_0、通频带B与谐振阻抗$|Z_0|$；（2）若已知谐振状态下总电流I=100 mA，则电感L支路与电容C支路中的电流I_{L0}、I_{C0}为多少？

解：（1）$\omega_0 = \frac{1}{\sqrt{LC}} \approx 6.25\times10^6$ rad/s，$f_0 = \frac{1}{2\pi\sqrt{LC}} \approx 1$ MHz，$Q = \frac{\omega_0 L}{R} = 50$

$B = \frac{f_0}{Q_0} = 20$ kHz，$|Z_0| = Q_0^2 R = 25$ kΩ

（2）$I_{L0} \approx I_{C0} = QI = 5$mA

笔 记

【技能训练】

R、L、C串联谐振电路的研究

一、实验目的

① 学习用实验方法绘制R、L、C串联电路的幅频特性曲线；

② 加深理解电路发生谐振的条件、特点，掌握电路品质因数（电路Q值）的物理意义及其测定方法。

二、电路品质因数 Q 值的两种测量方法

一是根据公式$Q=\frac{U_L}{U_0}=\frac{U_C}{U_0}$测定，$U_C$、$U_L$分别为谐振时电容器$C$和电感线圈$L$上的电压；

另一方法是通过测量谐振曲线的通频带宽度$\Delta f=f_2-f_1$，再根据$Q=\frac{f_0}{f_2-f_1}$求出Q值。式中，f_0为谐振频率，f_2和f_1是失谐时，亦即输出电压的幅度下降到最大值（0.707）时的上、下频率点。Q值越大，曲线越尖锐，通频带越窄，电路的选择性越好。在恒压源供电时，电路的品质因数、选择性与通频带只决定于电路本身的参数，而与信号源无关。

三、实验设备

函数信号发生器	1台
交流毫伏表　0~600V	1台
双踪示波器	1台
频率计	1台
谐振电路实验电路　R=200Ω，1kΩ，C≈0.01μF，0.1μF，L≈30mH	

四、实验内容

① 按图5.28所示实验电路组成测量电路。令信号源输出电压U_1=4V，并保持不变。

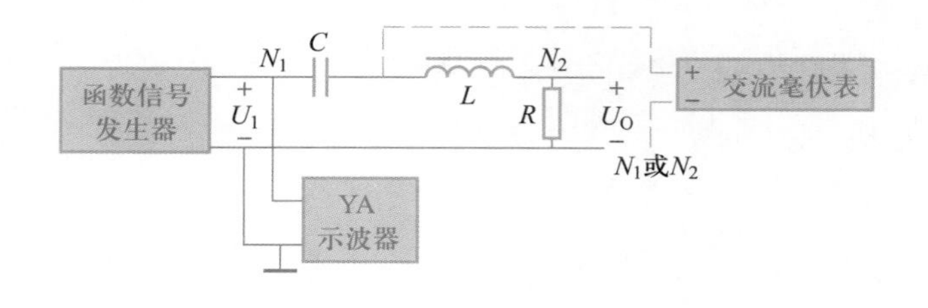

图 5.28
串联谐振实验电路

② 找出电路的谐振频率f_0。其方法是，将毫伏表接在R（200Ω）两端，令信号源的频率由小逐渐变大（注意要维持信号源的输出幅度不变），当U_0的读数为最大时，读得频率计

上的频率值，即为电路的谐振频率，并测量U_C与U_L之值（注意及时更换毫伏表的量程）。

③ 在谐振点两侧，按频率递增或递减500Hz，依次各取若干个测量点，逐点测出U_0、U_C、U_L之值。

④ 改变电阻，重复2、3的测量过程。

⑤ 改变电容，重复步骤2~4。

笔 记

任务6　功率因数的提高

任务导入

在电力系统中，发电厂在发出有功功率的同时也输出无功功率。二者在总功率中各占多少不是取决于发电机，而是由负载的功率因数决定的。当负载功率因数过低时，设备的容量不能充分利用，同时在线路上产生较大的功率损失。因此，应设法提高功率因数。本任务就来讨论功率因数提高的方法。

任务目标

进一步熟悉功率因数的概念；理解功率因数提高的意义；掌握功率因数提高的方法。

一、有功功率P与功率因数λ

瞬时功率在一个周期内的平均值叫做平均功率，它反映了交流电路中实际消耗的功率，所以又叫做有功功率，用P表示，单位是瓦特（W）。

$$P=UI\cos\varphi=UI\lambda$$

式中，$\lambda=\cos\varphi$叫做正弦交流电路的功率因数。

功率因数的特点：没有量纲的纯数，它由网络结构、元件参数和电源频率决定。

二、提高功率因数的意义

上面已述，电路的功率因数就是$\cos\varphi$，它取决于电路（负载）的参数。只有电阻性负载（例如白炽灯、电阻炉等），功率因数才为1。但工业上的负载大多是感性负载，如大量使用的三相异步电动机就是感性负载，在满载时，功率因数约在0.8~0.9之间，再如荧光灯，由于串联了镇流器，其功率因数在0.5左右。因此，整个电路的功率因数总是小于1。功率因数低，将引起以下两个方面的问题。

笔 记

动画：
功率因数的提高

1. 电源设备不能充分利用

因为电源设备（如发电机或变压器等设备）的容量都是根据额定电压和额定电流设计的，其容量（视在功率）为$S_N=U_NI_N$，表示允许发出的最大功率。如果$\cos\varphi=1$，则发电设备所能发出或传输的有功功率$P_N=S_N=U_NI_N$，电源设备得到充分利用；如果$\cos\varphi<1$，发电设备所能发出的有功功率就减小了。例如：一台容量为$S=100\text{kV}\cdot\text{A}$的变压器，若负载的功率因数$\lambda=1$时，则此变压器就能输出100 kW的有功功率；若$\lambda=0.6$时，则此变压器只能输出60 kW了，也就是说变压器的容量未能充分利用。功率因数$\cos\varphi$越小，发电设备所发出的有功功率就越小，而无功功率却越大。无功功率越大，电路中进行能量交换的规模就越大，发电设备发出的能量就不能被充分利用，其中一部分在发电设备与负载之间进行交换。因此，提高负载的功率因数，可以提高电源设备的利用率。

2. 输电线路的损耗和压降增加

当发电设备的输出电压和功率一定时，电流I与功率因数成反比（$I=P/U\cos\varphi$）。功率因数越低，输电线路的电流就越大，输电线路的损耗和线路的压降就越大。功率因数越大，输电线路的电流就越小，输电线路的损耗和线路的压降就越小，从而提高了供电质量，或在相同损耗的情况下，可以节约输电线材料。

功率因数低的原因是因为感性负载的存在，它要与发电设备进行能量的往返交换。所以提高功率因数就必须采取措施，减少负载与发电设备之间能量的交换，但同时又要保证不影响感性负载的正常工作。

因此，提高负载的功率因数对合理科学地使用电能以及国民经济都有着重要的意义。

三、提高功率因数的方法

在交流电力系统中，负载多为感性负载。提高感性负载功率因数的最简便的方法，是用适当容量的电容器与感性负载并联，如图5.29所示。

这样就可以使电感中的磁场能量与电容器的电场能量进行交换，从而减少电源与负载间能量的互换。

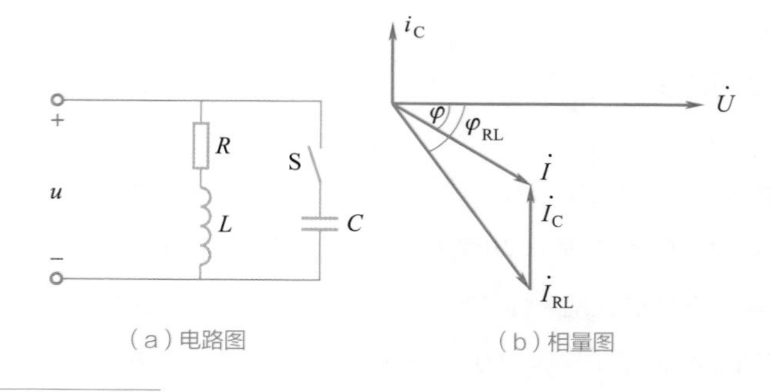

图 5.29
功率因数的提高

原则：负载上的电压U和负载的有功功率P不变。

对于额定电压为U、额定功率为P、工作频率为f的感性负载$R-L$来说，将功率因数从

λ_1=cosφ_1提高到λ_2=cosφ_2，所需并联的电容为

$$C=\frac{P}{2\pi fU^2}(\tan\varphi_1-\tan\varphi_2) \tag{5.56}$$

其中φ_1= arccosλ_1，φ_2= arccosλ_2，且$\varphi_1>\varphi_2$，$\lambda_1<\lambda_2$。

【例5.22】已知某单相电动机（感性负载）的额定参数是功率P=120W，工频电压U=220V，电流I=0.91A。试求：把电路功率因数λ提高到0.9时，应使用一只多大的电容C与这台电动机并联？

解：（1）首先求未并联电容时负载的功率因数λ_1=cosφ_1

因$P=UI\cos\varphi_1$，

则$\lambda_1=\cos\varphi_1=P/(UI)=0.599\ 4$，$\varphi_1=\arccos\lambda_1=53.2°$

（2）把电路功率因数提高到$\lambda_2=\cos\varphi_2=0.9$ 时，

$\varphi_2=\arccos\lambda_2=25.8°$　，则

$$C=\frac{P}{2\pi fU^2}(\tan\varphi_1-\tan\varphi_2)=\frac{120}{314\times220^2}(1.336\ 7-0.483\ 4)\text{F}=6.74\mu\text{F}$$

【例5.23】荧光灯等效电路如图5.29（a）所示，灯管可等效为电阻元件R，镇流器等效为电感L。已知电源电压U=220V，频率f=50Hz，测得荧光灯灯管两端的电压为U_R=110V，功率为P=40W。求：（1）荧光灯的电流和功率因数。

（2）若要将功率因数提高到cosφ_2=0.9，需要并联的电容器的容量是多少？

（3）并联电容前后电源提供的电流各是多少？

解：（1）通过荧光灯灯管的电流为

$$I_R=\frac{P}{U_R}=\frac{40}{110}\text{A}=0.36\text{A}$$

荧光灯的功率因数为

$$\cos\varphi=\frac{P}{UI}=\frac{40}{220\times0.36}=0.5$$

（2）由于cosφ_1=0.5，则　　φ_1=arccos0.5=60°

由于cosφ_2=0.9，则　　φ_2=arccos0.9=25.84°

要将功率因素提高到 cosφ_2=0.9，需要并联的电容器的容量为

$$C=\frac{P}{2\pi f}(\tan\varphi_1-\tan\varphi_2)$$

$$=\frac{40}{2\pi\times50}(\tan60°-\tan25.84°)\text{F}$$

$$=0.13(1.37-0.42)\text{F}$$

$$=0.12\text{F}$$

（3）未并联电容前，流过荧光灯灯管的电流就是电源提供的电流：

$$I_1=0.364\text{A}$$

并联电容后，电源提供的电流将减小为

$$I_2=\frac{P}{U\cos\varphi_2}=\frac{40}{220\times0.9}\text{A}=0.202\text{A}$$

笔 记

【技能训练】

正弦稳态交流电路相量的研究

一、实验目的

① 研究正弦稳态交流电路中电压、电流相量之间的关系；

② 掌握荧光灯线路的接线；

③ 理解改善电路功率因数的意义并掌握其方法。

二、实验器材

① 交流电压表	0~500V	1台
② 交流电流表	0~5A	1台
③ 功率表		1台
④ 自耦调压器		1台
⑤ 镇流器、辉光启动器		各1
⑥ 荧光灯灯管	40W	1根
⑦ 电容器	1μF，2.2μF，4.7μF/ 500V	各1
⑧ 白炽灯及插座	220V，15W	1~3
⑨ 电流插座		3

三、实验内容

1. 荧光灯线路接线与测量

按图5.30接线。接通电源，调节自耦调压器的输出，使其输出电压缓慢增大，直到荧光灯启辉点亮为止，记下三表的指示值，验证电压三角形关系和电压、电流相量关系。

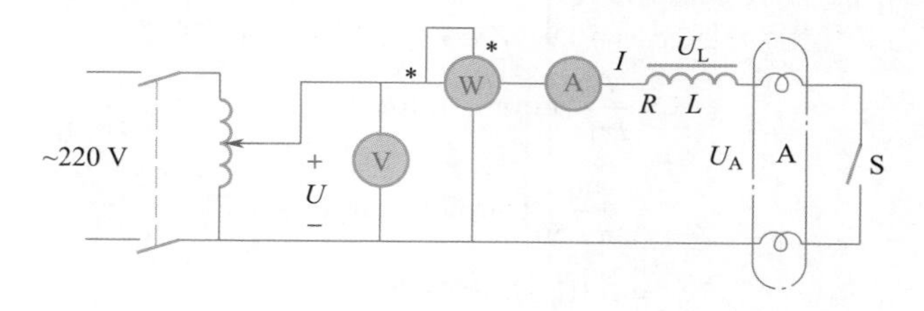

图 5.30
荧光灯线路接线图

2. 功率因数的提高

按图5.31所示电路组成实验线路。接通电源，将自耦调压器的输出调至220V，记录功率表、电压表读数。通过一只电流表和三个电流插座分别测得三条支路的电流，改变电容值，进行三次重复测量，并进行数据分析。

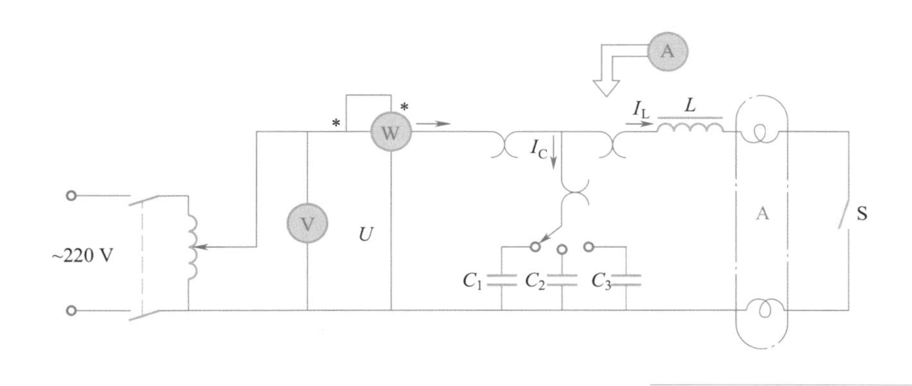

图 5.31
功率因数的提高实验电路图

四、实验注意事项

① 所有需要测量的电压值，均以电压表测量值为准，不能以电源表盘指示值为准。

② 防止电源“+”、“−”极碰线短路。

③ 注意仪表量程的及时更换。

④ 本实验用交流电市电 220V，务必注意用电安全。切记改变电路时，先切断电源。

项目 2　三相交流电路的分析与应用

任务 1　对称三相电源

任务导入

三相交流电路的应用最为广泛，世界各国的电力系统普遍采用三相电路。日常生活中的单相用电也是取自三相交流电中的一相。本学习任务就来认识三相电源。

演示文稿：三相交流电路的分析与应用

任务目标

掌握对称三相电源的特点及相序的概念；掌握对称三相电路中星形接法和三角形接法的线电压与相电压、线电流与相电流的关系。

一、三相电源的基本概念

动画：对称三相电动势的产生

1. 对称三相电动势的产生

所谓对称三相电动势，指的是幅值相等、频率相同、相位互差 120° 的三个电动势。对称三相电动势一般是由三相交流发电机产生的。三相正弦电压源就是三相交流发电机的三

笔 记

相绕组，如图5.32所示。A、B、C为首端；X、Y、Z为末端。每组称为一相，每相线圈的匝数、形状、参数都相同，在空间上彼此相差120° 。规定对称三相电动势的方向是从绕组的末端指向始端。

对称三相电动势瞬时值的数学表达式为

第一相（U相）电动势：　$u_A=U_m\sin\omega t$

第二相（V相）电动势：　$u_B=U_m\sin(\omega t-120°)$

第三相（W相）电动势：　$u_C=U_m\sin(\omega t+120°)$

相量式为：　$\dot{U}_A=U\angle 0°$

$\dot{U}_B=U\angle -120°$

$\dot{U}_C=U\angle 120°$

显然，有$u_A+u_B+u_C=0$。波形图与相量图如图5.33所示。

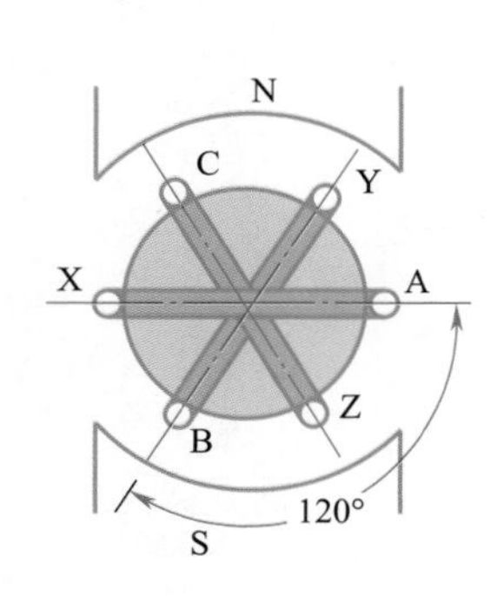

图 5.32
对称三相电源的绕组

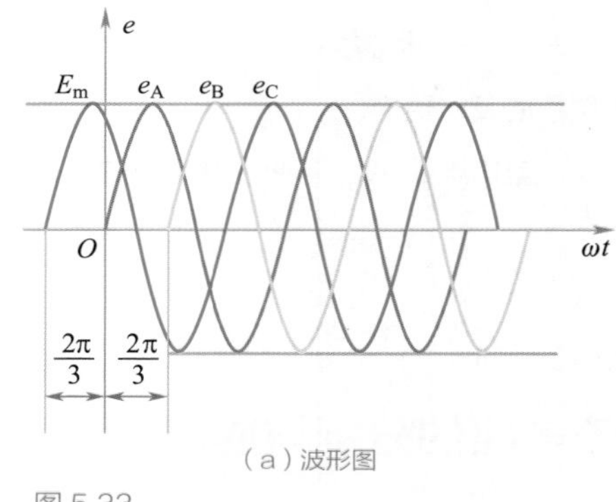

（a）波形图

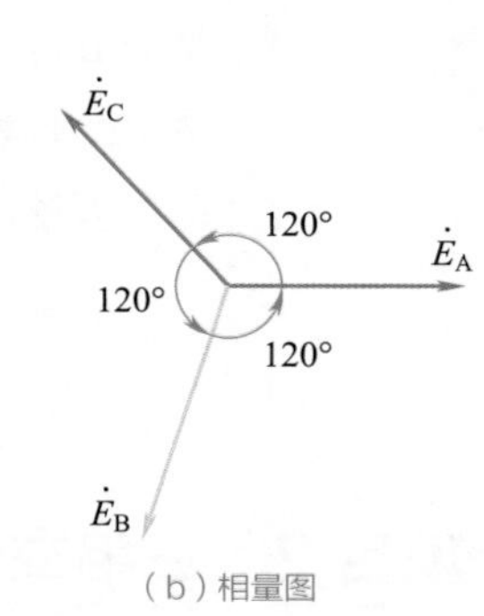

（b）相量图

图 5.33
三相对称电动势波形图和相量图

2. 相序

三相电动势达到最大值（振幅）的先后次序叫做相序。e_1比e_2超前120°，e_2比e_3超前120°，而e_3又比e_1超前120°，称这种相序为正相序或顺相序；反之，如果e_1比e_3超前120°，e_3比e_2超前120°，e_2比e_1超前120°，称这种相序为负相序或逆相序。

相序是一个十分重要的概念，为使电力系统能够安全可靠地运行，通常统一规定技术标准，一般在配电盘上用黄色标出U相，用绿色标出V相，用红色标出W相。不难证明，不论正序或逆序，三相对称电势总有

$$\dot{E}_A+\dot{E}_B+\dot{E}_C=0$$

二、三相电源的连接

三相电源的每相绕组都可以作为一个单独电源供电，而每相需要两根输电线，三相共需六根输电线。这样就构成了彼此相互独立，互不关联的三个单相交流供电系统，但这很不经济，也不能体现出三相供电系统的优点。

三相电源有星形（亦称Y形）接法和三角形（亦称 △ 形）接法两种。

1. 三相电源的星形（Y 形）接法

将A、B、C三相电源的末端X、Y、Z连在一起，组成一个公共点N，对外形成A、B、C、N四个端子，这种连接形式称为三相电源的星形联结或Y形联结，如图5.34所示。

从三相电源三个相头A、B、C引出的三根导线叫做端线或相线，俗称火线，任意两个火线之间的电压叫做线电压，用u_{AB}、u_{BC}、u_{CA}表示，通常用U_L表示三个对称线电压的有效值。

Y形公共连接点N叫做中点，从中点引出的导线叫做中线或零线。由三根相线和一根中线组成的输电方式叫做三相四线制（通常在低压配电中采用）。

每相绕组始端与末端之间的电压（即相线与中线之间的电压）叫做相电压，它们的瞬时值用u_A、u_B、u_C来表示，用U_P表示三个对称相电压的有效值。

（1）线电压与相电压的关系

线电压与相电压的关系，可通过作出线电压和相电压的相量图（如图5.35 所示），借助相量图得出线电压和相电压数值与相位关系。

从图5.35可知，若相电压是对称的，则线电压也是对称的，而且线电压的有效值（幅值）是相电压的有效值（幅值）的$\sqrt{3}$倍，相位超前对应的相电压30°，即

$$\begin{aligned}\dot{U}_{AB}&=\sqrt{3}\dot{U}_A\angle 30^\circ\\ \dot{U}_{BC}&=\sqrt{3}\dot{U}_B\angle 30^\circ\\ \dot{U}_{CA}&=\sqrt{3}\dot{U}_C\angle 30^\circ\end{aligned}\tag{5.57}$$

若用U_L表示线电压的有效值，用U_P表示相电压的有效值，则有

$$U_L=\sqrt{3}U_P \tag{5.58}$$

特别指出：三个相电压只有在对称时其和为零，而线电压不论对称与否其和均为零。

笔 记

微课：三相四线制

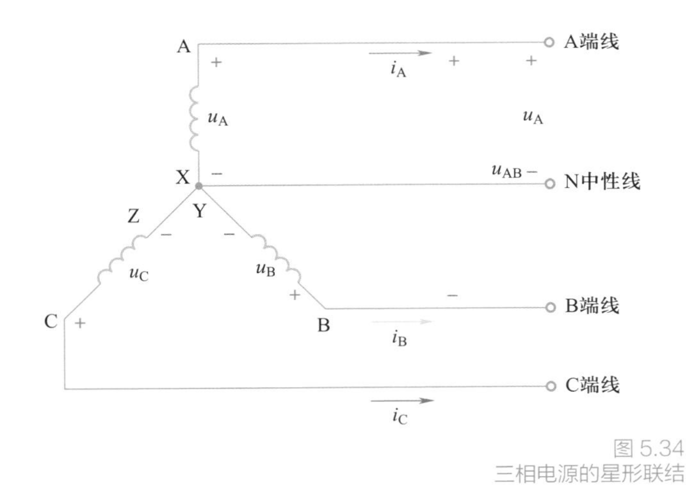

图 5.34
三相电源的星形联结

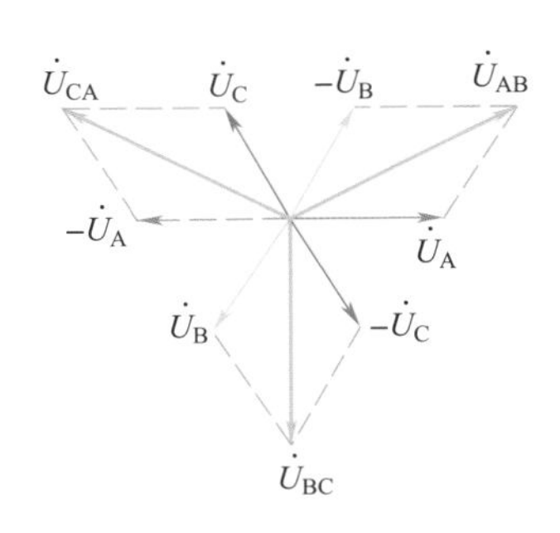

图 5.35
星形联结时线电压与相电压的关系

（2）线电流与相电流

通过端线的电流叫线电流。规定：线电流的参考方向是从电源端指向负载端，用i_A、i_B、i_C表示。对称线电流有效值用I_L表示。

相电流指流经每相绕组的电流。Y联结的线电流就是相电流。

笔 记

2. 三相电源的三角形（△形）接法

如图5.36所示，将三相绕组的始端和末端依次连接，构成一个闭合回路，再从三个连接点引出三根端线，这种连接方式称为三相电源的△形联结。这种没有中线、只有三根相线的输电方式叫做三相三线制。

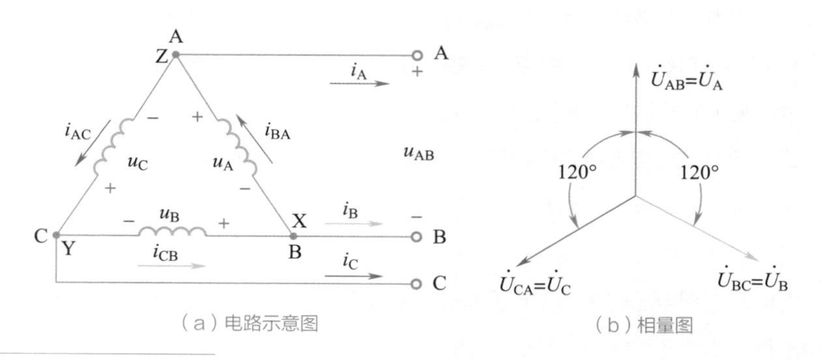

（a）电路示意图　（b）相量图

图 5.36
三相电源的三角形联结及其相量图

显然这时线电压等于相电压，即

$$U_L=U_P$$

（1）线电压与相电压

由图5.36可以看出，三相电源作三角形联结带负载时，线电压就是相电压。即：

$$\left.\begin{aligned}&\dot{U}_{AB}=\dot{U}_A=U_P\angle 0^\circ\\&\dot{U}_{BC}=\dot{U}_B=U_P\angle -120^\circ\\&\dot{U}_{CA}=\dot{U}_C=U_P\angle 120^\circ\\&\dot{U}_L=\dot{U}_P\end{aligned}\right\}\quad(5.59)$$

（2）线电流、相电流

三相电源作三角形联结带负载时，绕组内及线路上均有电流通过。端线的电流叫线电流，线电流的参考方向规定同前述。绕组上的电流叫相电流，分别用i_{BA}、i_{CB}、i_{AC}表示。相电流的参考方向规定自末端指向首端，如图5.36所示。可知线电流和相电流的关系为

$$\left.\begin{aligned}&\dot{I}_A=\dot{I}_{AB}-\dot{I}_{CA}=\sqrt{3}\,\dot{I}_{AB}\angle 30^\circ\\&\dot{I}_B=\dot{I}_{BC}-\dot{I}_{AB}=\sqrt{3}\,\dot{I}_{BC}\angle 30^\circ\\&\dot{I}_C=\dot{I}_{AB}-\dot{I}_{CA}=\sqrt{3}\,\dot{I}_{CA}\angle 30^\circ\end{aligned}\right\}\quad(5.60)$$

即三角形联结时，线电压和相电压相等，线电流等于相电流的$\sqrt{3}$倍，相位滞后相电流30°。若用I_L表示线电流的有效值，用I_P表示相电流的有效值，则有

$$I_L=\sqrt{3}I_P\quad(5.61)$$

在工业用电系统中，如果只引出三根导线（三相三线制），那么就都是相线（没有中线），这时所说的三相电压大小均指线电压U_L；而民用电源则需要引出中线，所说的电压大小均指相电压U_P。通常三相发电机的三相绕组均作Y形联结，很少作△形联结，而三相变压器则两种接法都有使用。

特别需要注意的是：三角形联结中三个绕组接成了闭合回路，若三相电动势对称，它们的相量之和等于零，外部不接负载时，闭合回路中没有电流。若三相电动势不对称，或者虽然对称，但若有一相接反，绕组内将产生很大的内部环流，有烧坏绕组的危险。

【例5.24】已知发电机三相绕组产生的电动势大小均为E=220V，试求：（1）三相电源为Y形接法时的相电压U_P与线电压U_L；（2）三相电源为△形接法时的相电压U_P与线电压U_L。

解：（1）三相电源Y形接法：相电压$U_P=E=220$ V，线电压$U_L\approx\sqrt{3}U_P=380$ V。

（2）三相电源△形接法：相电压$U_P=E=220$V，线电压$U_L=U_P=220$ V。

任务 2　三相电路的分析与计算

任务导入

三相电路实际上是由三个电源供电的复杂交流电路，所以，一般交流电路的各种解法，如节点法、网孔法等都可用于三相电路。而又由于其中的三个单相电源不是孤立的，它们之间有固定的关系，所以对称三相电路可以归结为一相计算。分析三相交流电路，首先要考虑负载，在三相电路中，若每相负载的复阻抗相同，即大小相等，性质相同，则称为对称负载。三相对称电源与三相对称负载，组成三相对称电路。

三相负载有两种类型，一类如工业负载三相电动机，其三相绕组对称，属于对称负载。另一类负载如照明灯、电烙铁等家用电器，本身只需要单相电源，称为单相负载。三个单相负载通常按星形和三角形两种方式连接，组成三相负载，这种负载可能对称，也可能不对称。本学习任务将讨论三相电路的有关计算问题。

任务目标

掌握对称三相电路电压、电流和功率的计算方法；理解中性线在三相四线制电路中的作用。

一、三相负载的连接

1. 三相负载的星形联结

三相负载的星形联结如图5.37所示。

动画：
三相负载的星形联结

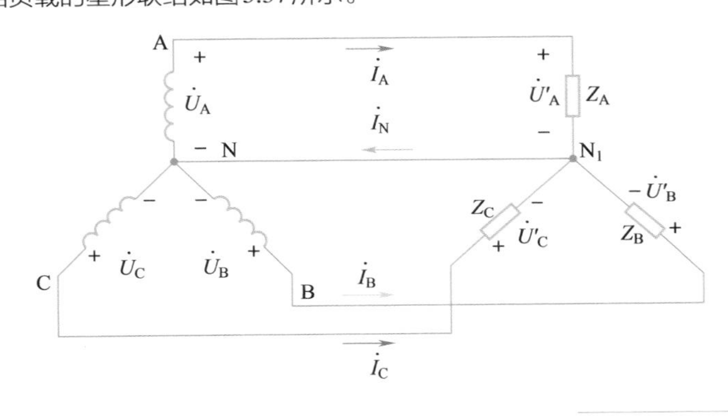

图 5.37
三相负载的星形联结

笔 记

（1）负载的相电压

每相负载上的电压称为负载的相电压。分析图5.37，可得每相负载的相电压

$$\left.\begin{aligned}\dot{U}_A'=\dot{U}_A=U\angle 0^\circ\\ \dot{U}_B'=\dot{U}_B=U\angle -120^\circ\\ \dot{U}_C'=\dot{U}_C=U\angle 120^\circ\end{aligned}\right\} \quad (5.62)$$

（2）负载的相电流

每相负载上流过的电流称为负载的相电流。由图5.37，有

$$\dot{I}_A=\frac{\dot{U}_A}{Z_A},\quad \dot{I}_B=\frac{\dot{U}_B}{Z_B},\quad \dot{I}_C=\frac{\dot{U}_C}{Z_C} \quad (5.63)$$

（3）线电流及中线电流

每个端线的电流称为线电流。根据基尔霍夫定律，中线NN_1上的电流为：

$$\dot{I}_N=\dot{I}_A+\dot{I}_B+\dot{I}_C \quad (5.64)$$

当三相负载对称时，三相电流也对称，这时中线电流为零，这种情况下断开中线不影响负载的正常工作。若三相负载不对称，则中线电流不为零，这时不能拆掉中线。

不对称三相负载的相电压对称，是因为中线的作用。否则，相电压就不对称。所以，中线要特别可靠且不能接开关和保险，电路中的线电压U_L都等于负载相电压U_P的$\sqrt{3}$倍，即

$$U_L=\sqrt{3}\,U_P$$

负载的相电流I_P等于线电流I_L，即

$$I_L=I_P$$

当三相负载对称时，即各相负载完全相同，相电流和线电流也一定对称（称为Y-Y形对称三相电路）。即各相电流（或各线电流）振幅相等、频率相同、相位彼此相差120°，并且中线电流为零。所以中线可以去掉，即形成三相三线制电路，也就是说对于对称负载来说，不必关心电源的接法，只需关心负载的接法。

【例5.25】在负载作Y形联结的对称三相电路中，已知每相负载均为$|Z|=20\Omega$，设线电压$U_L=380V$，试求：各相电流（也就是线电流）。

解：在对称Y形负载中，相电压为

$$U_P=\frac{U_L}{\sqrt{3}}\approx 220\ \text{V}$$

相电流（即线电流）为

$$I_P=\frac{U_{YP}}{|Z|}=\frac{220}{20}\ \text{A}=11\ \text{A}$$

【例 5.26】在图 5.38 所示电路中，电源电压对称，每相电压有效值 U_P=220V，负载为电灯组，三相电阻分别为 R_A=10Ω、R_B=5Ω、R_C=2Ω。试求：负载相电压、相电流及中线电流。

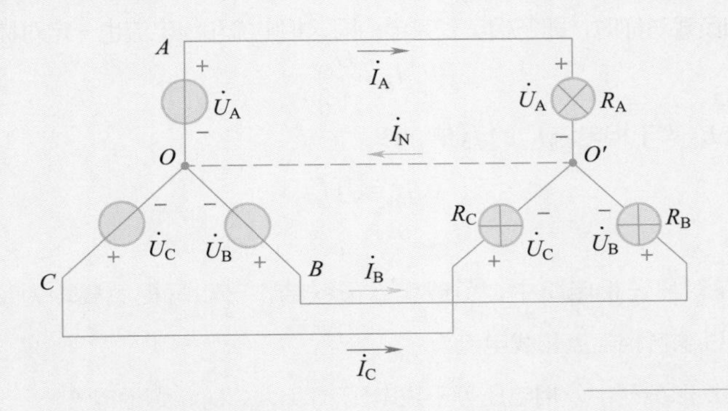

图 5.38
例 5.26 电路图

解：由已知可知电路中负载不对称，但由于中线的作用，使得三相负载的相电压仍为电源相电压，因此三相负载的相电压对称，有效值为 220V。若取 A 相电压为参考量，可得：

$$\dot{U}_A'=220\angle 0^\circ \text{V},\ \dot{U}_B'=220\angle -120^\circ \text{V},\ \dot{U}_C'=220\angle 120^\circ \text{V}$$

由于三相负载不对称，三个相电流必须单独计算：

$$\dot{I}_A=\frac{\dot{U}_A}{Z_A}=\frac{220\angle 0^\circ}{10}\text{A}=22\angle 0^\circ \text{A}$$

$$\dot{I}_B=\frac{\dot{U}_B}{Z_B}=\frac{220\angle -120^\circ}{5}\text{A}=44\angle -120^\circ \text{A}$$

$$\dot{I}_C=\frac{\dot{U}_C}{Z_C}=\frac{220\angle 120^\circ}{2}\text{A}=110\angle 120^\circ \text{A}$$

$$\dot{I}_N=\dot{I}_A+\dot{I}_B+\dot{I}_C=22\angle 0^\circ \text{A}+44\angle -120^\circ \text{A}+110\angle 120^\circ \text{A}=79.4\angle 133.9^\circ \text{A}$$

2. 负载的三角形联结

三相负载△形联结时，各相首尾端依次相连，三个连接点分别与电源的端线相连接。要求供电系统为三相三线制，如图 5.39 所示。△形联结时，每相负载的相电压等于相应的线电压，用线电压 $\dot{U}_{AB}$、$\dot{U}_{BC}$、$\dot{U}_{CA}$ 表示相电压。三相负载无论对称与否，相电压总是对称的。

动画：
三相负载的三角形联结

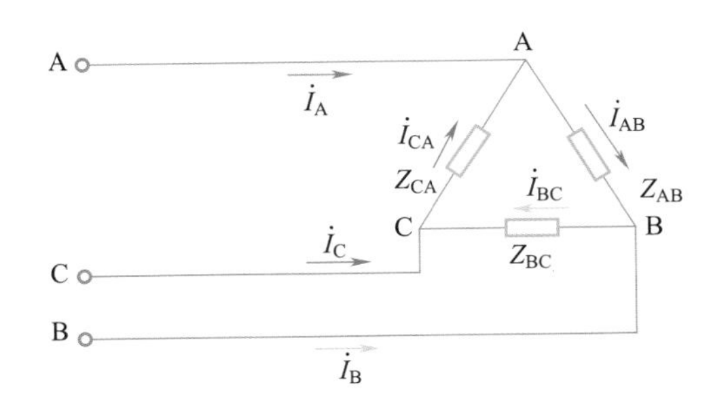

图 5.39
负载的三角形联结

每相负载的电流，即相电流，它们的相量为

$$\dot{I}_{AB}=\frac{\dot{U}_{AB}}{Z_A},\ \dot{I}_{BC}=\frac{\dot{U}_{BC}}{Z_B},\ \dot{I}_{CA}=\frac{\dot{U}_{BC}}{Z_C} \quad (5.65)$$

各线电流的相量为

$$\dot{I}_A=\dot{I}_{AB}-\dot{I}_{CA},\ \dot{I}_B=\dot{I}_{BC}-\dot{I}_{AB},\ \dot{I}_C=\dot{I}_{CA}-\dot{I}_{BC}$$

根据KCL，有

$$\dot{I}_A+\dot{I}_B+\dot{I}_C=0$$

当三相负载对称时，即各相负载完全相同，相电流和线电流也一定对称。负载的相电流为

$$I_{\Delta P}=\frac{U_{\Delta P}}{|Z|} \quad (5.66)$$

线电流$I_{\Delta L}$等于相电流$I_{\Delta P}$的$\sqrt{3}$倍，即

$$I_{\Delta L}=\sqrt{3}I_{\Delta P} \quad (5.67)$$

【例5.27】在对称三相电路中，负载作△形联结，已知每相负载均为$|Z|=50\Omega$，设线电压$U_L=380V$，试求各相电流和线电流。

解：在△形负载中，相电压等于线电压，即$U_{\Delta P}=U_L$，则相电流

$$I_{\Delta P}=\frac{U_{\Delta P}}{|Z|}=\frac{380}{50}A=7.6\ A$$

线电流 $$I_{\Delta L}=\sqrt{3}I_{\Delta P}\approx 13.2A$$

【例5.28】三相发电机是星形接法，负载也是星形接法，发电机的相电压$U_P=1\ 000V$，每相负载电阻均为$R=50k\Omega$，$X_L=25k\Omega$。试求：（1）相电流；（2）线电流；（3）线电压。

解： $$|Z|=\sqrt{50^2+25^2}k\Omega=55.9\ k\Omega$$

（1）相电流 $$I_P=\frac{U_P}{|Z|}=\frac{1\ 000V}{55.9k\Omega}=17.9\ mA$$

（2）线电流 $$I_L=I_P=17.9mA$$

（3）线电压 $$U_L=\sqrt{3}U_P=1\ 732V$$

二、三相电路的功率

三相电路中，三相负载的有功功率等于各相负载有功功率之和。

$$P=P_A+P_B+P_C \quad (5.68)$$

每相负载的功率 $$P_P=U_PI_P\cos\varphi$$

当三相负载对称时，每相功率相同，则

$$P=3P_{相}=3U_PI_P\cos\varphi \quad (5.69)$$

对于Y形联结，$U_P=\frac{U_l}{\sqrt{3}}$，$I_P=I_l$，则

$$P=3I_l\frac{U_l}{\sqrt{3}}\cos\varphi=\sqrt{3}U_lI_l\cos\varphi \quad (5.70)$$

对于△形联结，也得出同样的结果。

由此可见，对称三相负载无论何种接法，求总功率的公式都是相同的，注意上式5.70的φ是负载相电压和相电流之间的相位差，而不是线电压与线电流之间的相位差。

三相电路总的无功功率为各相无功功率之和

$$Q=Q_A+Q_B+Q_C$$

对称三相负载

$$Q=3U_PI_P\sin\varphi=\sqrt{3}U_lI_l\sin\varphi \quad (5.71)$$

三相电路的视在功率

$$S=\sqrt{P^2+Q^2}$$

对称三相电路

$$S=\sqrt{P^2+Q^2}=3U_PI_P=\sqrt{3}U_lI_l \quad (5.72)$$

【例5.29】三相电阻炉每相电阻R=8.68Ω，求：（1）三相电阻炉作星形联结，接U_l=380V的三相电源上，电阻炉从电网吸收的功率；（2）三相电阻炉作三角形联结，接在U_l=380V 的三相电源上，求电阻炉从电网吸收的功率。

解：（1）三相电阻炉作星形联结，则线电流为

$$I_L=I_P=\frac{U_P}{R}=\frac{U_l/\sqrt{3}}{R}=\frac{380/\sqrt{3}}{8.68}\text{A}=25.3\text{A}$$

$$P=\sqrt{3}U_LI_L\cos\varphi=\sqrt{3}\times380\times25.3\times1\text{W}=16.7\text{kW}$$

（2）三相电阻炉作三角形联结时，相电流为

$$I_P=\frac{U_l}{R}=\frac{380}{8.68}\text{A}=43.8\text{A}$$

则线电流为

$$I_L=\sqrt{3}I_P=\sqrt{3}\times43.8\text{A}=75.9\text{A}$$

吸收功率为

$$\begin{aligned}P&=\sqrt{3}U_LI_L\cos\varphi\\&=\sqrt{3}\times380\times75.9\text{W}\\&=49\ 955.8\text{W}\end{aligned}$$

【技能训练】

三相交流电路电压、电流的测量

一、实验目的

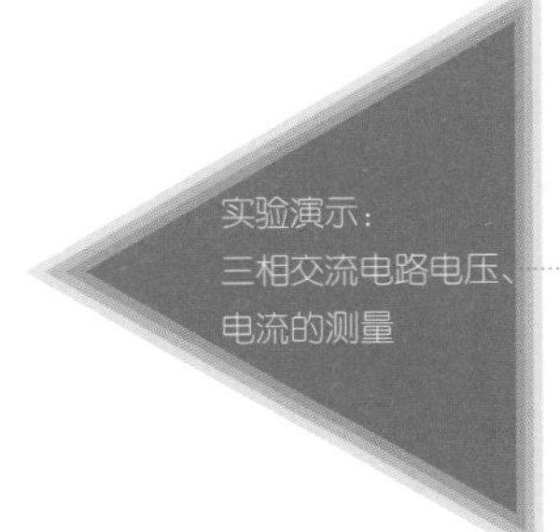

① 掌握三相负载作星形联结、三角形联结的方法，验证这两种接法下，线电压、相电压及线电流、相电流之间的关系；

② 充分理解三相四线供电系统中中线的作用；

③ 掌握用一瓦特表法、二瓦特表法测量三相电路有功功率与无功功率的方法。

笔 记

二、实训设备

交流电压表	0~500V
交流电流表	0~5A
单相功率表	
万用表	
三相自耦变压器	
三相灯组负载	220V，15W白炽灯
电门插座	
三相电容负载	1μF，2.2μF，4.7μF/500V

三、实验步骤与内容

1. 三相负载星形联结（三相四线制供电）

按图5.40所示电路组接实验电路。将三相调压器的旋柄置于输出为0 V的位置。开启实验台电源，然后调节调压器的输出，使输出的三相线电压为220 V，并分别测量三相负载的线电压、相电压、线电流、相电流、中线电流、电源与负载中点间的电压。将所测得的数据记入表中，并观察各相灯组亮暗的变化程度，特别要注意观察中线的作用。

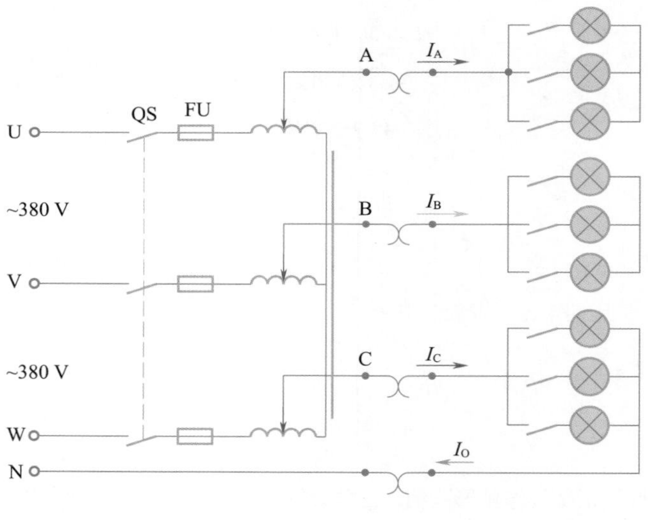

图5.40
三相负载星形联结实验电路

2. 负载三角形联结（三相三线制供电）

按图5.41改接电路，经指导教师检查合格后接通三相电源，并调节调压器，使其输出线电压为220V，并进行测试。

3. 用一瓦特表法测三相对称负载 Y_0 接法的总功率 $\sum P$

实验按图5.42所示线路接线。经指导教师检查后，接三相电源，调节调压器输出，使

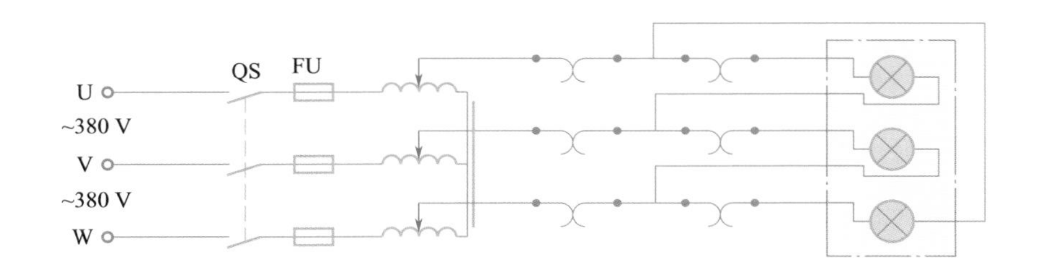

图 5.41
负载三角形联结实验电路

输出线电压为220V，进行测量及计算。

4. 用二瓦特表法测定三相负载的总功率

按图5.43接线，将三相灯组负载接成Y接法。经指导老师检查后，接通三相电源，调节调压器的输出线电压为220V，进行测量。

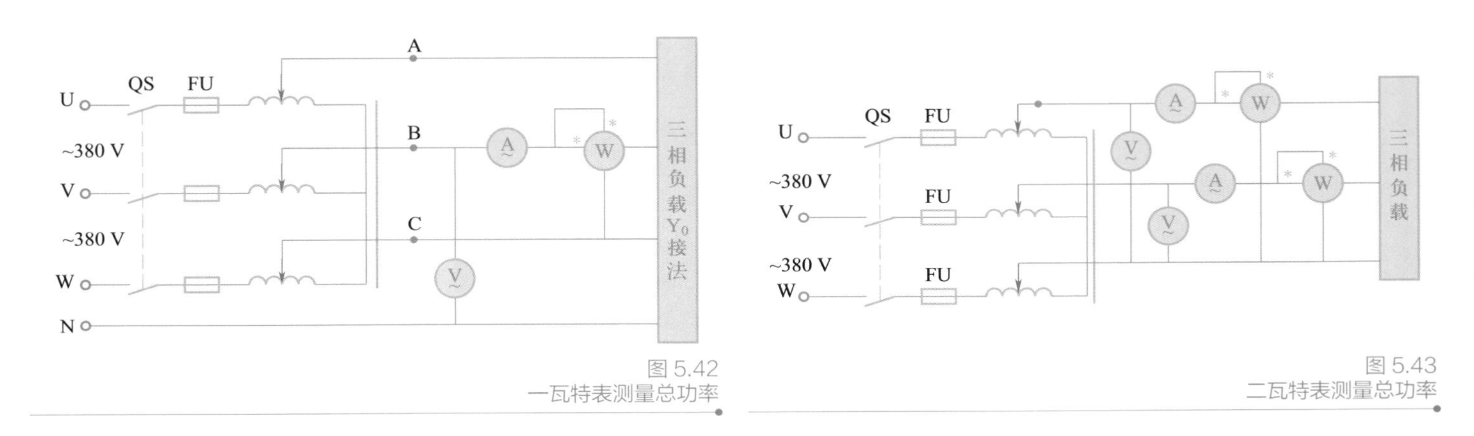

图 5.42
一瓦特表测量总功率

图 5.43
二瓦特表测量总功率

四、注意事项

① 本实验采用三相交流市电，线电压为380V，应穿绝缘鞋进实验室。注意人身安全，不可触及导电部件，防止意外事故发生。

② 每次接线完毕，必须严格遵守先断电、再接线、后通电；先断电、后拆线的实验操作原则。

③ 为避免烧坏灯泡，DG-04实验挂箱内设有过压保护装置。当任一相电压大于245V时，即声光报警并跳闸。因此，在做Y接法不平衡负载或缺相实验时，所加线电压应以最高相电压小于240 V为宜。

项目3　生产车间供电线路的设计与安装

任务导入

电能是工业生产的主要动力能源，生产车间供电线路的设计任务是从电力系统取得电源，经过合理的传输、变换、分配到工厂车间中每一个用电设备上。供电线路设计是否完善，不仅影响工厂的基本建设投资、运行费用和有色金属消耗量，而且也反映到工厂的可靠性和工厂的安全生产上，它与企业的经济效益、设备和人身安全等是密切相关的。

本任务根据设计任务书的要求，设计的主要内容包括照明电路用电设备选择和校验等。

任务目标

掌握相关配电安装工艺知识，能规划、安装、测试生产车间照明线路，具备成本核算与环境保护的初步能力。

一、用电负荷计算

以线路工作时的最大电流为选用依据，并预留有20%的余量。按用电量估算：

由$P=UI$　可得$I=P/U$

二、导线的选择

导线的选择应根据现场的特点和用电负荷的性质、容量等合理选择导线型号、规格。相线L、零线N和保护零线PE应采用不同颜色的导线。

1. 导线颜色的相关规定如表5.2所示。

表5.2　导线颜色的相关规定

类别	颜色标志	线别	备注
一般用途导线	黄色 绿色 红色 浅蓝色	相线　L1相 相线　L2相 相线　L3相 零线或中性线	U相 V相 W相
保护接地（接零） 中性线（保护零线）	绿/黄双色	保护接地（接零） 中性线（保护零线）	颜色组合3∶7

续表

类别	颜色标志	线别	备注
二芯（供单相电源用）	红色 浅蓝色	相线 零线	
三芯（供单相电源用）	红色 浅蓝色（或白色） 绿/黄色（或黑色）	相线 零线 保护零线	
三芯（供三相电源用）	黄、绿、红色	相线	无零线
四芯（供三相四线制用）	黄、绿、红色 浅蓝色	相线 零线	

笔 记

2. 导线颜色的选择

相线可使用黄色、绿色或红色中的任一种颜色，但不允许使用黑色、白色或绿/黄双色的导线。

零线可使用黑色导线，没有黑色导线时，也可用白色导线。零线不允许使用红色导线。

保护零线应使用绿/黄双色的导线，如无此种颜色导线，也可用黑色的导线。但这时零线应使用浅蓝色或白色的导线，以便两者有明显的区别。保护零线不允许使用除绿/黄双色线和黑色线以外的其他颜色的导线。

3. 导线截面的选择

① 概算总功率，即把所有的用电器功率加在一起。

② 计算电流，用总功率 ÷ 电压 = 电流。

③ 根据计算的电流查电工手册，加大一档选择电线的截面。

导线的截面积以 mm^2 为单位。

导线的截面积越大，允许通过的安全电流就越大。在同样的使用条件下，铜导线比铝导线可以小一号。

在选择导线的截面时，主要是根据导线的安全载流量来选择导线的截面。另外，还要考虑导线的机械强度。

一般铜线安全计算方法是：

$2.5mm^2$ 铜电源线的安全载流量为 –28A；

$4mm^2$ 铜电源线的安全载流量为 –35A；

$6mm^2$ 铜电源线的安全载流量为 –48A；

$10mm^2$ 铜电源线的安全载流量为 –65A；

$16mm^2$ 铜电源线的安全载流量为 –91A；

$25mm^2$ 铜电源线的安全载流量为 –120A。

如果铜线电流小于 28A，按 $10A/mm^2$ 来取肯定安全。如果铜线电流大于 120A，按 $5A/mm^2$ 来取。这只能作为估算，不是很准确。

笔 记

导线线径一般按如下公式计算：

$$铜线S= IL/(54.4U)$$

式中，I——导线中通过的最大电流（A）；

L——导线的长度（m）;

U——允许的电源降（V）;

S——导线的截面积（mm^2）。

导线的最终确定：

① 通常是导线的应用环境与规范要求确定了必须选择什么样类型的导线，例如，硬或软，以及绝缘皮的类型等等。

② 最后根据计算出来的电流，对照厂家提供的电缆规格表来确定采用具体规格的电缆或电线。

三、断路器的选择

① 首先根据额定电压选，额定电压要一致。

② 断路器的额定电流要大于等于所用电路的额定电流。

③ 断路器的额定开断电流要大于等于所用电路的短路电流。

四、照明电路安装要求

1. 照明电路安装的技术要求

① 灯具安装的高度，室外一般不低于3m，室内一般不低于2.5m。

② 照明电路应有短路保护。照明灯具的相线必须经开关控制，螺口灯头中心触点应接相线，螺口部分与零线连接。不准将电线直接焊在灯泡的接点上使用。绝缘损坏的螺口灯头不得使用。

③ 室内照明开关一般安装在门边便于操作的位置，拉线开关一般应离地2~3m，暗装翘板开关一般离地1.3m，与门框的距离一般为0.15~0.20m。

④ 明装插座的安装高度一般应离地1.3~1.5m；暗装插座一般应离地0.3m，同一场所暗装的插座高度应一致，其高度相差一般应不大于5mm；多个插座成排安装时，其高度应不大于2mm。

⑤ 照明装置的接线必须牢固，接触良好。接线时，相线和零线要严格区别，将零线接灯头上，相线须经过开关再接到灯头。

⑥ 应采用保护接地（接零）的灯具金属外壳，要与保护接地（接零）干线连接完好。

⑦ 灯具安装应牢固，灯具质量超过3kg时，必须固定在预埋的吊钩或螺栓上。软线吊灯的重量限于1kg以下，超过时应加装吊链。固定灯具需用接线盒及木台等配件。

⑧ 照明灯具须用安全电压时，应采用双圈变压器或安全隔离变压器，严禁使用自耦（单圈）变压器。安全电压额定值的等级为42V、36V、24V、12V、6V。

笔 记

⑨ 灯架及管内不允许有接头。

⑩ 导线在引入灯具处应有绝缘保护，以免磨损导线的绝缘，也不应使其承受额外的拉力；导线的分支及连接处应便于检查。

2. 照明电路安装的具体要求

① 布局：根据设计的照明电路图，确定各元器件安装的位置，要求符合要求，布局合理，结构紧凑，控制方便，美观大方。

② 固定器件：将选择好的器件固定在网板上，排列各个器件时必须整齐。固定的时候，先对角固定，再两边固定。要求元器件固定可靠，牢固。

③ 布线：先处理好导线，将导线拉直，消除弯、折，布线要横平竖直，整齐，转弯成直角，并做到高低一致或前后一致，少交叉，应尽量避免导线接头。多根导线并拢平行走。而且在走线的时候紧紧的记着“左零右火”的原则（即左边接零线，右边接相线）。

④ 接线：由上至下，先串后并；接线正确，牢固，各接点不能松动，敷线平直整齐，无漏铜、反圈、压胶，每个接线端子上连接的导线根数一般不超过两根，绝缘性能好，外形美观。红色线接电源相线（L），黑色线接零线（N），黄绿双色线专作地线（PE）；相线过开关，零线一般不进开关；电源相线进线接单相电能表端子“1”，电源零线进线接端子“3”，端子“2”为相线出线，端子“4”为零线出线。进出线应合理汇集在端子排上。

⑤ 检查线路：用肉眼观看电路，看有没有接出多余线头。参照设计的照明电路安装图检查每条线是否严格按要求来接，每条线有没有接错位，注意电能表有无接反，漏电保护器、熔断器、开关、插座等元器件的接线是否正确。

⑥ 通电：送电由电源端开始往负载依次顺序送电，先合上漏电保护器开关，然后合上控制白炽灯的开关，白炽灯正常发亮；合上控制荧光灯开关，荧光灯正常发亮；插座可以正常工作，电能表根据负载大小决定表盘转动快慢，负荷大时，表盘就转动快，用电就多。

⑦ 故障排除：操作各功能开关时，若不符合要求，应立即停电，判断照明电路的故障，可以用万用表欧姆挡检查线路，要注意人身安全和万用表挡位。

【技能训练】

一、训练目的

① 学会正确和合理使用电工工具和仪表，并做好维护和保养工作。

② 熟练掌握导线的剖削和连接方法及器件的安装和接线工艺。

③ 学会检测和排除电路的故障。

④ 严格遵守电工安全操作规程，培养安全用电和节约原材料意识。

⑤ 培养团队合作、爱护工具、爱岗敬业、吃苦耐劳的精神。

笔 记

二、训练器材（见表5.3）

表5.3 训练器材

序号	名称	作用	数量
1	电工实训实验板	安装照明电路	1
2	数字万用表或指针式万用表	检查故障、测试电路	1
3	单相电能表	计量电能	1
4	剥线钳、电工刀	剖削导线	各1把
5	螺钉旋具	安装照明器件	1套
6	钢丝钳、斜口钳	剪断导线	各1把
7	尖嘴钳	弯曲导线、导线连接	1
8	验电器	检查是否带电	1
9	开关	通断电路	
10	插座	接用电器	
11	漏电保护器	漏电保护装置	1
12	熔断器	电路的短路保护	2
13	灯泡、荧光灯管、节能灯	照明	
14	导线	连接电路	

三、训练内容

根据要求，自行设计照明电路，并安装由单相电能表、漏电保护器、熔断器、荧光灯、白炽灯、节能灯、若干开关和插座等元器件组成的照明电路，要求走线规范，布局美观、合理，电路可以正常工作，并能排除常见的照明电路故障。

1. 室内布线的工艺步骤

① 按设计图样确定灯具、插座、开关、配电箱等装置的位置。

② 确定导线敷设的路径，穿越墙壁或楼板的位置。

③ 在土建未涂灰之前，打好布线所需的孔眼，预埋好螺钉、螺栓或木榫。暗敷线路，还要预埋接线盒、开关盒及插座盒等。

④ 装设绝缘支撑物、线夹或管卡。

⑤ 进行导线敷设，导线连接、分支或封端。

⑥ 将出线接头与电器装置或设备连接。

笔 记

2. 插座安装训练

插座的安装工艺要点及注意事项如下：

① 两孔插座在水平排列安装时，应零线接左孔，相线接右孔，即左零右火；垂直排列安装时，应零线接上孔，相线接下孔，即上零下火。三孔插座安装时，下方两孔接电源线，零线接左孔，相线接右孔，上面大孔接保护接地线。

② 插座的安装高度，一般应与地面保持1.4m的垂直距离，特殊需要时可以低装，离地高度不得低于0.15m，且应采用安全插座。

另外在接线时也可根据插座后面的标识，L端接相线，N端接零线，E端接地线。

注意：根据标准规定，相线（火线）是红色线，零线（中性线）是黑色线，接地线是黄绿双色线。

3. 漏电保护器的安装训练

漏电保护器对电气设备的漏电电流极为敏感。当人体接触了漏电的用电器时，产生的漏电电流只要达到10~30mA，就能使漏电保护器在极短的时间（如0.1s）内跳闸，切断电源，有效地防止了触电事故的发生。漏电保护器还有断路器的功能，它可以在交、直流低压电路中手动或电动分合电路。漏电保护器在三相四线制中的应用如图5.44所示。

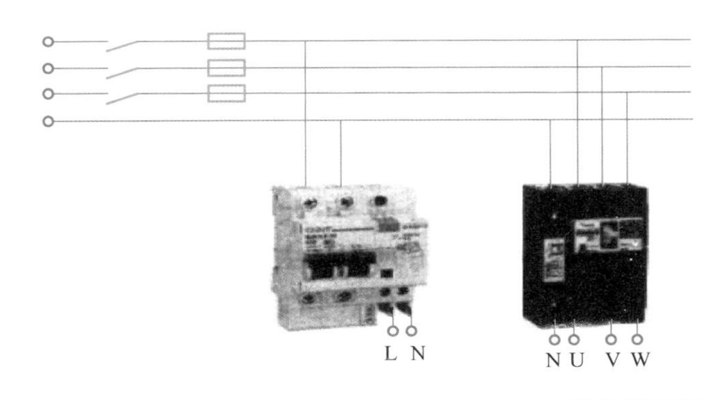

图 5.44
漏电保护器在三相四线制中的应用

（1）漏电保护器的接线（如图 5.45 所示）

电源进线必须接在漏电保护器的正上方，即外壳上标有“电源”或“进线”端；出线均接在下方，即标有“负载”或“出线”端。倘若把进线、出线接反了，将会导致保护器动作后烧毁线圈或影响保护器的接通、分断能力。漏电保护器的符号如图5.46所示。

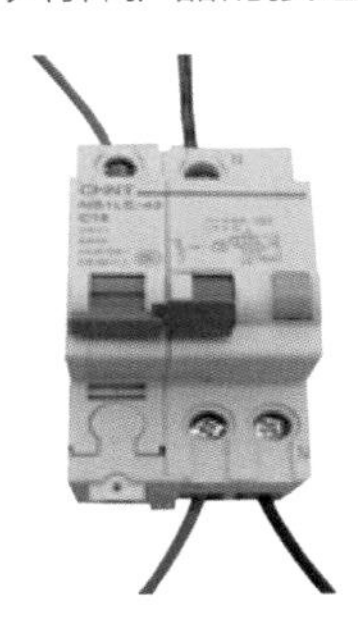

图 5.45
漏电保护器的接线

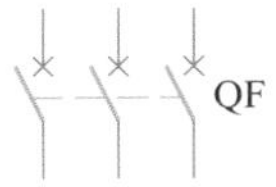

QF

图 5.46
漏电保护器的符号

笔 记

（2）漏电保护器的安装

① 漏电保护器应安装在进户线截面较小的配电盘上或照明配电箱内（如图5.47所示）。安装在电度表之后，熔断器之前。

图 5.47
配电盘上的漏电保护器

② 所有照明线路导线（包括中性线在内），均必须通过漏电保护器，且中性线必须与地绝缘。

③ 应垂直安装，倾斜度不得超过5°。

④ 安装漏电保护器后，不能拆除单相闸刀开关或熔断器等。这样，一是维修设备时有一个明显的断开点；二是刀闸或熔断器起着短路或过负荷保护作用。

注意事项：

① 装接时，分清漏电保护器进线端和出线端，不得接反。

② 安装时，必须严格区分中性线和保护线，四极式漏电保护器的中性线应接入漏电保护器。经过漏电保护器的中性线不得作为保护线，不得重复接地或接设备外露的导电部分，保护线不得接入漏电保护器。

③ 漏电保护器中的继电器接地点和接地体应与设备的接地点和接地体分开，否则漏电保护器不能起保护作用。

④ 安装漏电保护器后，被保护设备的金属外壳仍应采用保护接地和保护接零。

⑤ 不得将漏电保护器当做闸刀使用。

4. 熔断器的安装

低压熔断器广泛用于低压供配电系统和控制系统中，主要用做电路的短路保护，有时也可用于过负载保护。常用的熔断器有瓷插式、螺旋式、无填料封闭式和有填料封闭式。使用时串联在被保护的电路中，当电路发生短路故障，通过熔断器的电流达到或超过某一规定值时，熔断器以其自身产生的热量使熔体熔断，从而自动分断电路，起到保护作用。

熔断器的安装要点：

① 安装熔断器时必须在断电情况下操作。

② 安装位置及相互间距应便于更换熔件。

③ 应垂直安装，并应能防止电弧飞溅在临近带电体上。

④ 螺旋式熔断器在接线时，为了更换熔断管时安全，下接线端应接电源，而连接螺口的上接线端应接负载。

⑤ 瓷插式熔断器安装熔丝时，熔丝应顺着螺钉旋紧方向绕过去，同时注意不要划伤熔丝，也不要把熔丝绷紧，以免减小熔丝截面尺寸或拉断熔丝。

⑥ 有熔断指示的熔管，其指示器方向应装在便于观察侧。

⑦ 更换熔体时应切断电源，并应换上相同额定电流的熔体，不能随意加大熔体。

⑧ 熔断器应安装在线路的各相线（火线）上，在三相四线制的中性线上严禁安装熔断器；单相二线制的中性线上应安装熔断器。

5. 配电板的安装训练（如图 5.48 所示）

（1）闸刀开关的安装

动画：配电板的外形

安装固定闸刀开关时，手柄一定要向上，不能平装，更不能倒装，以防拉闸后，手柄由于重力作用而下落，引起误合闸。

（2）单相电能表的安装要点

① 电能表应安装在箱体内或涂有防潮漆的木制底盘、塑料底盘上。

② 为确保电能表的精度，安装时，表的位置必须与地面保持垂直，其垂直方向的偏移不大于1°。表箱的下沿离地高度应在1.7~2m之间，暗式表箱下沿离地1.5m左右。

③ 单相电能表一般应装在配电盘的左边或上方，而开关应装在右边或下方。与上、下进线间的距离大约为80mm，与其他仪表左右距离大约为60mm。

④ 电能表的安装部位，一般应在走廊、门厅、屋檐下，切忌安装在厨房、厕所等潮湿或有腐蚀性气体的地方。现住宅多采用集表箱安装在走廊。

⑤ 电能表的进线出线应使用铜芯绝缘线，线芯截面不得小于1.5mm。接线要牢固，但不可焊接，裸露的线头部分不可露出接线盒。

⑥ 由供电部门直接收取电费的电能表，一般由其指定部门验表，然后由验表部门在表头盒上封铅封或塑料封，安装完后，再由供电局直接在接线桩头盖上或计量柜门封上铅封或塑料封。未经允许，不得拆掉铅封。

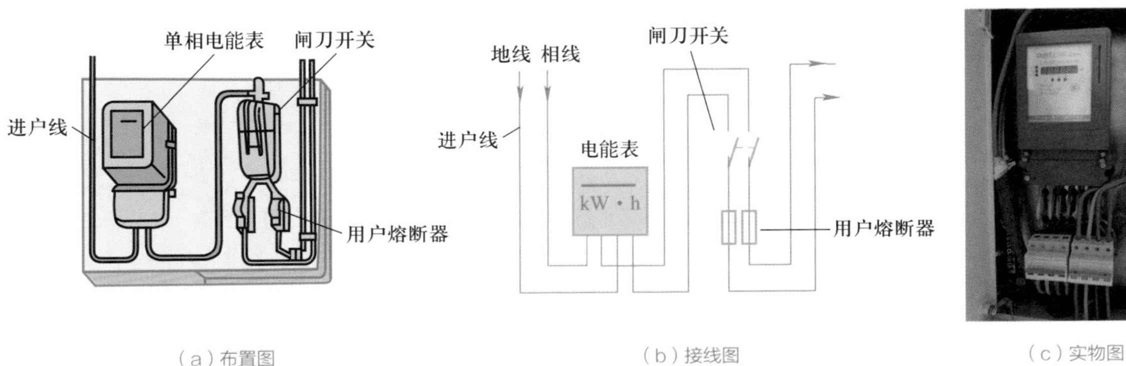

（a）布置图　（b）接线图

（c）实物图

图 5.48 配电板

（3）单相电能表的接线

具体接线时应以图5.49为依据 。

单相电能表接线盒里共有四个接线桩，从左至右按1、2、3、4编号。直接接线方法是

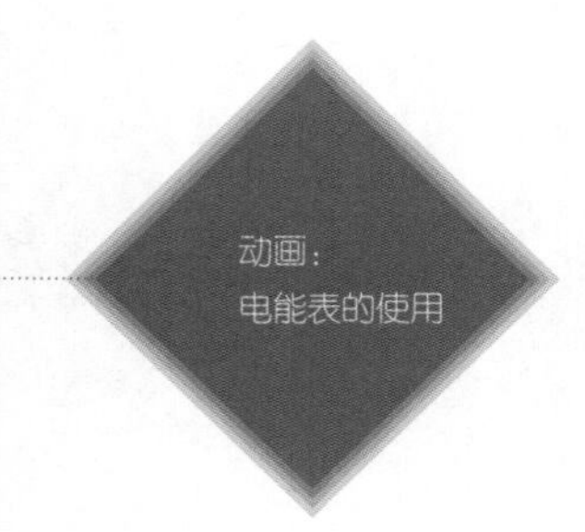

按编号1、3接进线（1接相线，3接零线），2、4接出线（2接相线，4接零线），如图5.49所示。注意：在具体接线时，应以电能表接线盒盖内侧的线路图为准。

注意：

实施过程中，必须时刻注意安全用电，严禁带电作业，严格遵守安全操作规程。

安装好后必须经实训教师检查后方可通电检测，不能自行通电，防止事故的发生。

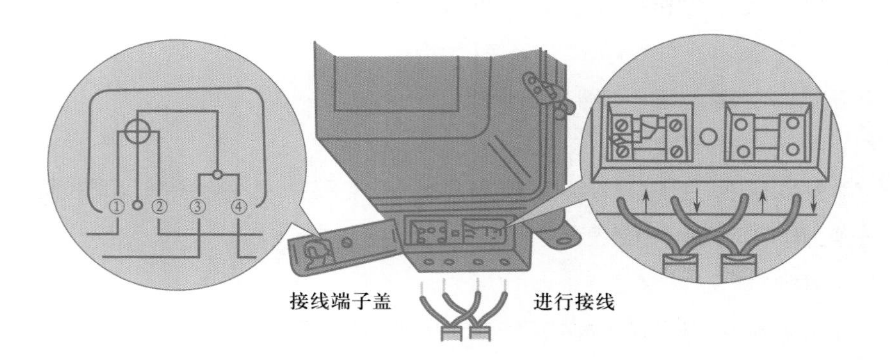

图5.49
单相电能表的接线方法

【思考与练习】

一、填空题

1. 在直流电路中的电压和电流，其大小和方向________，而交流电路中电流的大小和方向则是________。

2. 交流电的三要素是________、________和________。

3. 交流电的周期，用字母________表示，其单位为________。

4. 交流电的频率，用字母________表示，其单位为________。频率与周期之间的关系为________。

5. 角频率与周期之间的关系为________。

6. 我国工频交流电的频率为________Hz，周期为________s。

7. 交流电的有效值与最大值之间的关系为________。

8. ________和________所构成的三相电路称为对称三相电路。

9. 三相电路中相电流是指流过________上的电流，线电流是指流过________上的电流，中线电流是指流过________上的电流。线电压是指________与________之间的电压，相电压是指________与________之间的电压。

10. 对称三相电路中，当负载采用星形联结时，线电流是相电流的________倍，线电压是相电压的________倍。中线电流等于________。相位上，线电压总是________于相应的相电压________。

11. 对称三相电路中，当负载采用三角形联结时，线电流是相电流的________倍，线电压是相电压的________倍。相位上，线电流总是________于相应的相电流________。

12. 为了防止中线断开，中线上不允许装设________和________，而且中线连接要可靠，并具有一定的机械强度。

13. 三相电路的瞬时功率不论电路对称与否，都等于________；三相电路的有功功率不论三相负载采用何种接法、电路对称与否，都等于________；同样，总的无功功率等于________。

14. 平均功率是指________，它又叫做________。

15. 纯电感正弦交流电路中，电压有效值与电流有效值之间的关系________，电压与电流在相位上的关系为________。

16. 感抗与频率成______比，其值X_L=______，单位是______。

17. 在正弦交流电路中，已知流过电感的电流I=10A，电压u=28.28sin1 000tV，则电流i=______，感抗X_L=______：电感L=______，无功功率Q_L=______。

18. 纯电容正弦交流电路中，电压有效值与电流有效值之间的关系为________，电压与电流在相位上的关系为________。

19. 容抗与频率成______比，其值X_C=______，单位是______。

20. 在正弦交流电路中，已知流过电容元件的电流I=10A，电压u=28.28sin1 000tV，则电流i=______，容抗X_C=______，电容C=______，无功功率Q_C=______。

21. 基尔霍夫定律的相量表达式为________和________。

22. 电路中出现________的现象，称为谐振。

23. 串联正弦交流电路发生谐振的条件是________。谐振时，谐振频率f=______，品质因数Q=______。

24. 发生串联谐振时，电路中的感抗与容抗______，此时电路中阻抗______，电流______，总阻抗Z=______。

25. 在RLC串联正弦交流电路中，用电压表测得电阻、电感、电容上电压均为10V，用电流表测得电流为10A，此电路中R=______，P=______，Q______，S=______。

二、选择题

1. 交流电的周期越长，说明交流电变化得（　　）。

A. 越快　　B. 越慢

2. 三个一样的电阻负载，将它们分别接成星形联结和三角形联结，然后接至相同的三相电源上，其线电流是（　　）。

A. 一样大　　B. 星形联结的大　　C. 三角形联结的大

3. 三相四线制电路中的中线上不准安装开关和熔断器的原因是（　　）。

A. 中线上无电流

B. 开关接通或断开对电路无影响

C. 安装开关和熔断器降低了中线的机械强度

4. 日常生活中，照明电路的接法为（ ）。

A. 三相三线制

B. 三相四线制

C. 可以是三相三线制，也可以是三相四线制

5. 在三相交流电路中，一相负载的改变对其他两相负载有影响的是（ ）。

A. 三相四线制电路

B. 无中线的星形联结电路

C. 三角形联结电路

6. 在纯电感正弦交流电路中，电压有效值不变，增加电源频率时，电路中电流（ ）。

A. 增大　　B. 减小　　C. 不变

7. 在纯电容正弦交流电路中，增大电源频率时，其他条件不变，电路中电流将（ ）。

A. 增大　　B. 减小　　C. 不变

8. 在纯电容正弦交流电路中，当电流 $i=I\sin(314t+\pi/2)$，电容上电压为（ ）。

A. $u=I\omega C\sin(314t+\pi/2)$

B. $u=I\omega C\sin(314t)$

C. $u=I\dfrac{1}{\omega C}\sin(314t)$

9. 若电路中某元件两端的电压 $u=36\sin(314t-180°)$V，电流 $i=4\sin(314t+180°)$A，则该元件是（ ）。

A. 电阻　　B. 电感　　C. 电容

10. 若电路中某元件两端的电压 $u=10\sin(314t+45°)$V，电流 $i=5\sin(314t+135°)$A，则该元件是（ ）。

A. 电阻　　B. 电感　　C. 电容

11. 在 RL 串联正弦交流电路中，电阻上的电压为16V，电感上电压为12V，则总电压 U 为（ ）。

A. 280V　　B. 20V　　C. 4V

12. 在 RC 串联交流电路中，电阻上电压为8V电容上电压为6V，则总电压 U 为（ ）。

A. 2V　　B. 14V　　C. 10V

13. 正弦交流电路图5.50所示，已知电源电压为220V，频率 f=50Hz时，电路发生谐振。现将电源的频率增加，电压有效值不变，这时灯泡的亮度（ ）。

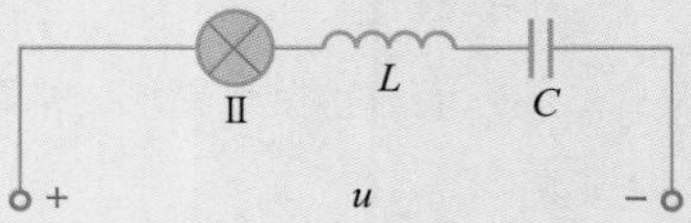

图 5.50
题 13 电路图

A. 比原来亮　　B. 比原来暗　　C. 和原来一样

14. 在电阻、电感串联再与电容并联的电路发生谐振时，RL 支路电流（ ）。

A. 大于总电流　　B. 小于总电流　　C. 等于总电流

15. 电力工业中为了提高功率因数，常采用（　　）。

A. 给感性负载串联补偿电容，减少电路电抗

B. 给感性负载并联补偿电容

C. 提高发电机输出有功功率，或降低发电机无功功率

16. 在电源电压不变的情况下，电阻、电感串联再并联电容后（　　）。

A. 总电流增加　　B. 总电流减小　　C. 总电流不变

三、简答题

1. 让8A的直流电流和最大值为10A的交流电源分别通过阻值相同的电阻，问：相同时间内，哪个电阻发热最大？为什么？

2. 一个电容量只能承受1 000V的直流电压，试问能否接到有效值1 000V的交流电路中使用？为什么？

3. 在RLC串联电路中，如何判别电路的性质？

四、计算题

1. 已知电压$u_A=10\sin(\omega t+60°)$V和$u_B=10\sqrt{2}\sin(\omega t-30°)$V，指出电压$u_A$、$u_B$的有效值、初相、相位差，画出$u_A$、$u_B$的波形图。

2. 已知正弦量的三要素分别为：（1）$U_m=311$V；$f=50$Hz；$\varphi_1=135°$；（2）$I_m=100$A；$f=100$Hz；$\varphi_1=-90°$。试分别写出它们的瞬时值表达式，并在一个坐标系上做出它们的波形图。

3. 写出图5.51所示正弦电流波的数学表达式。

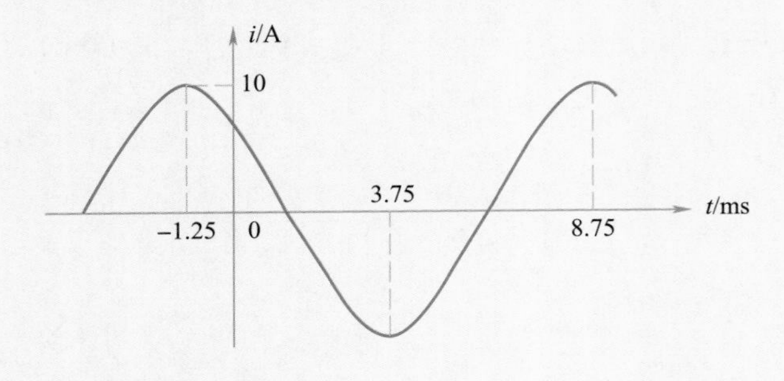

图 5.51 题3波形图

4. 已知某正弦电压的振幅为15V，频率为50Hz，初相位为15°。

（1）写出它的瞬时值表达式，并作出它的波形图。

（2）求t=0.002 5s时的相位和瞬时值。

5. A为复数，已知$R_e=(6+j4)A=42\,\Omega$，$I_m=(6+j4)A=2$A，求复数A。

6. 写出下列正弦量对应的相量，并画出相量图。

（1）$u=10\sqrt{2}\sin(\omega t+30°)$V，$i=4\sqrt{2}\sin(\omega t+120°)$A

（2）$u=15\sqrt{2}\sin\left(\omega t-\dfrac{\pi}{3}\right)$V，$i=5\sin\left(\omega t+\dfrac{\pi}{4}\right)$A

（3）$u=110\sin(\omega t-45°)\text{V}$，$i=10\sin\left(\omega t-\dfrac{\pi}{2}\right)\text{A}$

7. 写出下列相量对应的正弦量表达式，并在同一复平面上画出它们的相量图。设$\omega=100\text{rad/s}$。$\dot{U}_1=100\angle{-120°}\text{V}$，$\dot{U}_2=(-50+\text{j}86.6)\text{V}$，$\dot{U}_3=50\angle{45°}\text{V}$。

8. 已知两个同频率正弦交流电流瞬时值表达式：$i_1=8\sqrt{2}\sin\omega t\text{A}$，$i_2=6\sqrt{2}\sin\left(\omega t+\dfrac{\pi}{2}\right)\text{A}$，用相量分析法求$i=i_1+i_2$，并画出相量图。

9. 一个220V，60W的灯泡接在电压$u=220\sqrt{2}\sin\left(314t+\dfrac{\pi}{6}\right)\text{V}$的电源上，求流过灯泡的电流；写出电流瞬时值表达式，并画出电压、电流的相量图。

10. 一个L=0.5H的线圈接到220V、50Hz的交流电源上，求线圈中的电流和有功功率。当电源频率变为100Hz时，其他条件不变，线圈中的电流和有功功率又是多少?

11. 将电感L=25mH的线圈接到频率可调且电压为$u=362\sin(\omega t+30°)\text{V}$的交流电源上。

（1）当ω=400rad/s时，求感抗、线圈中的电流，并做出电压、电流的相量图。

（2）当角频率升高到800rad/s时，求感抗、线圈中的电流。

12. 一只5μF的电容器接到电压220V，频率为50Hz的正弦交流电源上，试求电容器的容抗、电流I，若将电源频率增大到10倍，再求上述各值。

13. 把电容C=25μF的电容器接到$u=\sqrt{2}\sin\left(10t-\dfrac{\pi}{3}\right)\text{V}$的电源上，（1）试求电容上流过的电流$i$；（2）做出电压和电流的相量图；（3）求电路的有功功率和无功功率。

14. 把一个电容器接到$u=220\sqrt{2}\sin(314t)\text{V}$的电源上，测得流过电容器上的电流为10A。现将这个电容器接到$u=\sqrt{2}\sin(628t)\text{V}$的电源上，（1）试求电流的瞬时值表达式；（2）做出电压和电流的相量图。

15. 图5.52所示电路为对称三相四线制电路，电源线电压的有效值为380V，$Z=(6+\text{j}8)\Omega$，求线电流$\dot{I}_1$、$\dot{I}_2$、$\dot{I}_3$。

16. 对称三相电路如图5.53所示，已知$\dot{U}_{12}=380\angle{30°}\text{V}$，$Z=(8-\text{j}6)\Omega$，求下列情况下的线电流：（1）$Z_1=0$；（2）$Z_1=\text{j}2\Omega$。

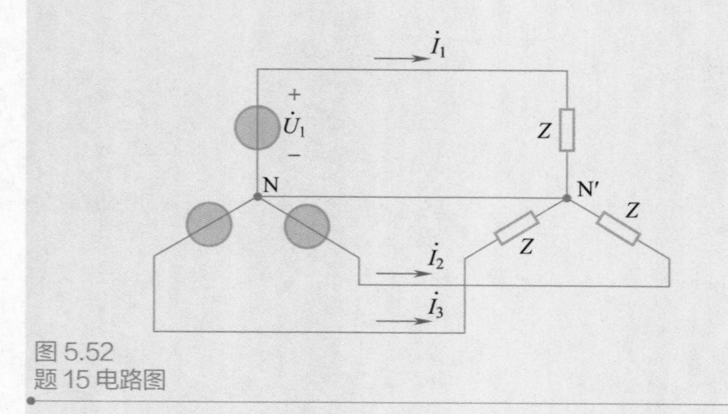

图5.52
题15电路图

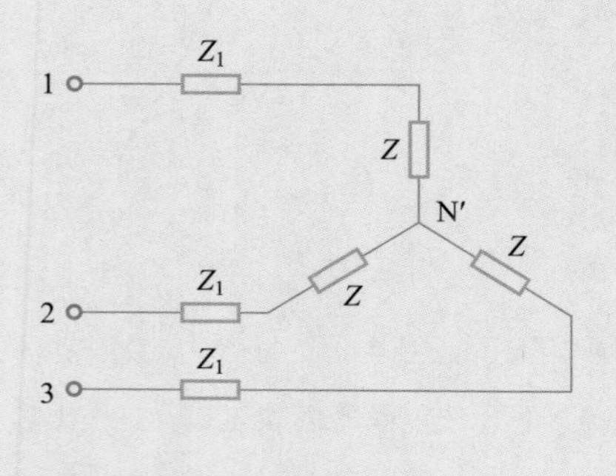

图5.53
题16电路图

17. 对称三相电源向三角形联结的负载供电，如图5.54所示，已知三相负载对称，$Z_1=Z_2=Z_3$，各电流表读数均为1.73A，突然负载Z_3断开，此时三相电源不变，问各电流表读数如何变化，是多少?

18. 对称三相电源向对称Y形联结的负载供电，如图5.55所示，当中线开关S闭合时，电流表读数为2A。试求：（1）若开关S打开，电流表读数是否改变，为什么？（2）若S闭合，1相负载Z断开，电流表读数是否改变，为什么？

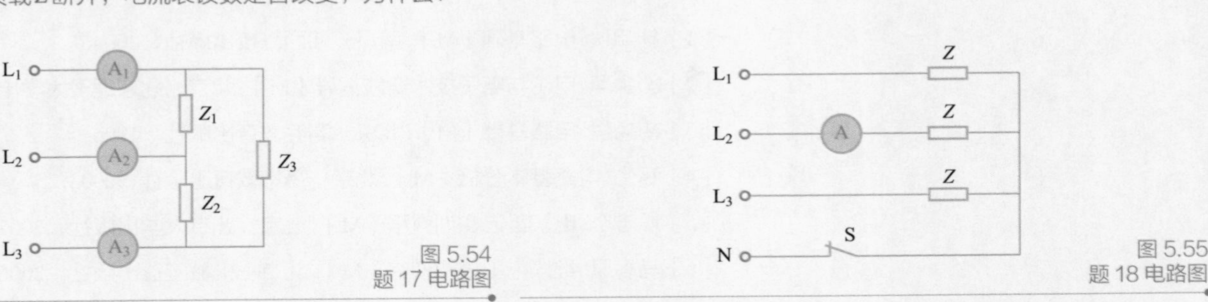

图5.54 题17电路图

图5.55 题18电路图

19. 已知三相对称电源的相电压为220V。A相接入一只220V，40W的灯泡，B、C相各接入一只220V，100W的灯泡，当中线断开后，试求各灯泡的电压。

【课外阅读】

《低压配电装置及线路设计规范》

参考文献

[1] 林知秋.电路基础[M].南昌：江西高校出版社，2004.

[2] 邬金萍.电工与电子技术实践指导[M].北京：北京理工大学出版社，2013.

[3] 胡翔俊.电路基础[M].北京：高等教育出版社，1996.

[4] 石生.电路基本分析[M].北京：高等教育出版社，2003.

[5] 殷志坚.电子工艺实训教程[M].北京：北京大学出版社，2007.

[6] 马高原.维修电工技能训练[M].北京：机械工业出版社，2006.

[7] 申凤琴.电工电子技术及其应用[M].2版.北京：机械工业出版社，2008.

郑重声明

一、注册/登录

访问http://abook.hep.com.cn/，点击“注册”，在注册页面输入用户名、密码及常用的邮箱进行注册。已注册的用户直接输入用户名和密码登录即可进入“我的课程”页面。

二、课程绑定

点击“我的课程”页面右上方“绑定课程”，正确输入教材封底防伪标签上的20位密码，点击“确定”完成课程绑定。

三、访问课程

在“正在学习”列表中选择已绑定的课程，点击“进入课程”即可浏览或下载与本书配套的课程资源。刚绑定的课程请在“申请学习”列表中选择相应课程并点击“进入课程”。

如有账号问题，请发邮件至：abook@hep.com.cn。